中国科学技术协会 主编

中国风景园林学学科史

中国学科史研究报告系列

中国风景园林学会 / 编著

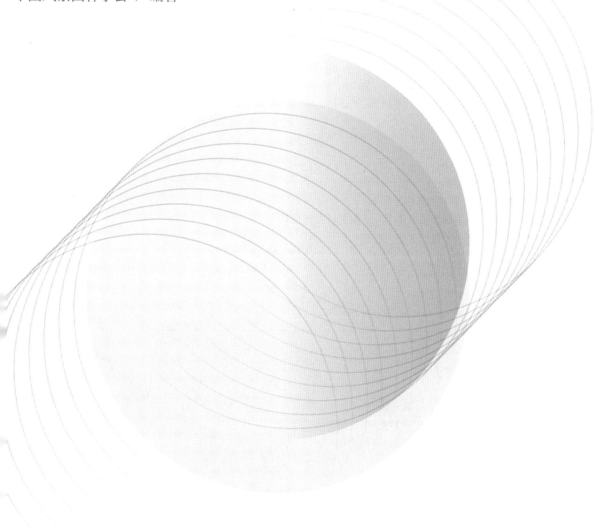

中国科学技术出版社

·北 京·

图书在版编目（CIP）数据

中国风景园林学学科史 / 中国科学技术协会主编；
中国风景园林学会编著 . -- 北京：中国科学技术出版社，
2022.9

（中国学科史研究报告系列）

ISBN 978-7-5046-8904-7

I. ①中… II. ①中… ②中… III. ①园林建筑－建
筑史－中国 IV. ① TU-098.42

中国版本图书馆 CIP 数据核字（2020）第 220700 号

策　　划	秦德继	
责任编辑	王　菡	
封面设计	李学维	
装帧设计	中文天地	
责任校对	焦　宁	
责任印制	李晓霖	

出　　版	中国科学技术出版社	
发　　行	中国科学技术出版社有限公司发行部	
地　　址	北京市海淀区中关村南大街 16 号	
邮　　编	100081	
发行电话	010-62173865	
传　　真	010-62173081	
网　　址	http://www.cspbooks.com.cn	

开　　本	787mm×1092mm　1/16	
字　　数	380 千字	
印　　张	14.75	
版　　次	2022 年 9 月第 1 版	
印　　次	2022 年 9 月第 1 次印刷	
印　　刷	北京顶佳世纪印刷有限公司	
书　　号	ISBN 978-7-5046-8904-7 / TU・126	
定　　价	85.00 元	

《中国风景园林学学科史》编委会

丛书序

　　学科史研究是科学技术史研究的一个重要领域，研究学科史会让我们对科学技术发展的认识更加深入。著名的科学史家乔治·萨顿曾经说过，科学技术史研究兼有科学与人文相互交叉、相互渗透的性质，可以在科学与人文之间起到重要的桥梁作用。尽管学科史研究有别于科学研究，但它对科学研究的裨益却是显而易见的。

　　通过学科史研究，不仅可以全面了解自然科学学科发展的历史进程，增强对学科的性质、历史定位、社会文化价值以及作用模式的认识，了解其发展规律或趋势，而且对于科技工作者开拓科研视野、增强创新能力、把握学科发展趋势、建设创新文化都有着十分重要的意义。同时，也将为从整体上拓展我国学科史研究的格局，进一步建立健全我国的现代科学技术制度提供全方位的历史参考依据。

　　中国科协于2008年首批启动了学科史研究试点，开展了中国地质学学科史研究、中国通信学学科史研究、中国中西医结合学学科史研究、中国化学学科史研究、中国力学学科史研究、中国地球物理学学科史研究、中国古生物学学科史研究、中国光学工程学学科史研究、中国海洋学学科史研究、中国图书馆学学科史研究、中国药学学科史研究和中国中医药学科史研究12个研究课题，分别由中国地质学会、中国通信学会、中国中西医结合学会与中华医学会、中国科学技术史学会、中国力学学会、中国地球物理学会、中国古生物学会、中国光学学会、中国海洋学会、中国图书馆学会、中国药学会和中华中医药学会承担。六年来，圆满完成了《中国地质学学科史》《中国通信学科史》《中国中西医结合学科史》《中国化学学科史》《中国力学学科史》《中国地球物理学学科史》《中国古生物学学科史》《中国光学工程学学科史》《中国海洋学学科史》《中国图书馆学学科史》《中国药学学科史》和《中国中医药学学科史》12卷学科史的编撰工作。

上述学科史以考察本学科的确立和知识的发展进步为重点，同时研究本学科的发生、发展、变化及社会文化作用，与其他学科之间的关系，现代学科制度在社会、文化背景中发生、发展的过程。研究报告集中了有关史学家以及相关学科的一线专家学者的智慧，有较高的权威性和史料性，有助于科技工作者、有关决策部门领导和社会公众了解、把握这些学科的发展历史、演变过程、进展趋势以及成败得失。

研究科学史，学术团体具有很大的优势，这也是增强学会实力的重要方面。为此，我由衷地希望中国科协及其所属全国学会坚持不懈地开展学科史研究，持之以恒地出版学科史，充分发挥中国科协和全国学会在增强自主创新能力中的独特作用。

源远流长　水到渠成

——祝贺《中国风景园林学学科史》付梓

在党中央"不忘初心，牢记使命"的感召下，受中国科学技术协会立项资助，中国风景园林学会陈重理事长领导下，由副理事长杨锐担任项目负责人，组织了五十余位中青年专家开展了《中国风景园林学学科史》研究，系统、全面地研究学科发展和演变的历史，对学科发展断代、历史阶段特征和对社会的影响进行了深入的研究并编著成书出版发行。我以广大会员给我学会名誉理事长的名义对致力于本书的全体人员致以崇高的敬意和诚挚的感谢，功在当代，利在千秋。

水到渠成必须确定起始点，把学科的发端定在公元一九一〇年至一九四〇年是科学的，符合史实。学科在中国萌芽大事记分为世界和中国，再次感谢杨锐、刘晖、成玉宁、林广思、郑曦、杜春兰、付彦荣等各部分牵头专家和参研人员辛勤的劳动。本书意义深远而难度特大，但"先难而后得"、广采博览、从史出论、大成细就、守正创新。

我听说，找三江源头就认为很难，上游上面还有上游，故视其为源远流长，这就容易理解。《千字文》的开篇"天地玄黄，宇宙洪荒"是史实，夏禹在"天人合一""人与天调"的哲理引导下，疏濬（疏浚）河流导江入海，挖出之土沿岸筑"九州山"救人民性命，有"为山九仞，功亏一篑"之喻，更有将生产斗争上升到哲学的"知者乐水，仁者乐山；知者动，仁者静；知者乐，仁者寿"。"外师造化，中得心源"是画理，也是园林艺术根本理法，既尊敬自然又深悟"景物因人成胜概"。中国儒道释是统一的，可概括成道，即人对宇宙之总观，哲理带出文理和书法绘画，意在手先以"以文载道"体现。文是通过书落实的，谓"以书耀文"，中国文化以书法为基础，西方以素描为基础，书法之"因白守黑"有布局道理，也有理微的道理，意在手先，相地立意成诗源。景名为地宜加人文的诗化，峨眉山有一处两涧夹三山的天上美景，两水在下游合涧激一石。中国人不满足淳朴的自然，两涧一自西来，一自北来，西白虎、北玄武。又因"对牛弹琴"是民间常语，故设计者将景名定为"黑白二水洗牛心"，将社会美融于自然美而创造风景园林艺术美。

中国意象艺术从意化为象要依靠"迁想妙得"。迁想就是借景，亦即文学艺术之"比兴"。《园冶》谓"巧于因借，精在体宜"是巧于觅因成果，精湛之处在于体现地宜。"人之本在地，地之本在宜。"杭州岳坟入口前中有半壁亭展示"精忠柏"，岳飞在风波亭遇害，柏树谓他（它）也不活了。用柏树木化石为象，入门后墙背猶（犹）英雄背刻有岳母刺字的四个大字"尽忠报国"。墓园中水池和城墙是以"金城汤池"，说明墓主人是抵抗外侮的国防英雄，门外以生铁铸成秦桧等跪像，有联曰："青山有幸埋忠骨，白铁无辜铸佞臣"。更有妙者，借奸佞之名"桧"是一种树，设计出"分尸桧"，原用类似苏州木渎清、奇、古、怪遭雷劈的柏树。借景的最高境界是"臆绝灵奇"，"分尸桧"达到至高水平了。

我赘述以上内容无非是强调中国文人写意自然山水园是以"景面文心"满足中国人"赏心悦目"的要求。中国风景园林的效益是综合的，但归根结底是生生不息的文化艺术。钱学森先生说："中国园林是科学的艺术"，美学家李泽厚先生说："中国园林是人的自然化和自然的人化"。由是才能理解"虽由人作，宛自天开"是循"天人合一"的哲理而来的，又是通过书落实的，"以书耀文"。

孟兆祯

2021 年 1 月 5 日

前　言

　　受中国科学技术协会立项资助，中国风景园林学会开展了"中国风景园林学学科史"研究。这是一次系统地研究风景园林学科发展和演变的历史，对学科发展断代、阶段特征、社会影响等进行全面整理的过程，必然对我国风景园林学科和风景园林事业的发展具有积极意义。

　　风景园林学的研究对象是人地关系，从其孕育、产生到发展的整个过程，一直紧紧面向人类栖居问题，旨在守护和营造人类理想家园。风景园林学是科学、人文与艺术的结合体，既强调科学性，又突出人文特色和艺术价值。同时，风景园林学又是一个应用型工程学科，具有工程科学的一般特征。所不同的是，植物所具有的生命体，是风景园林学主要工作对象，因而比一般工程科学更显"生命"特征。正因如此，在生态文明、美丽中国的背景下，风景园林学体现出巨大的社会需求和旺盛的生命力。

　　风景园林在中国有数千年历史，但中国现代风景园林学科从产生至今却只有数十年时间，仍是一个年轻的学科，而且尚处于快速的发展变化中。开展风景园林学科史研究，非常必要、也有相当的难度，极具挑战性。

　　为了做好学科史研究，学会组成了由孟兆祯院士担任总顾问的顾问专家组，由副理事长杨锐担任项目负责人，组织了由十余家高等院校、规划设计院和科研单位等，50余位中青年专家学者组成的课题研究团队和5位青年专家组成的学术秘书组。

　　经过多次讨论，研究确定为如下部分：

　　概论。研究现代风景园林学科的内涵、外延和典型特征。分析风景园林学科面临的社会、经济等背景，分析学科未来发展趋势。

　　中国古代风景园林的知行传统（1911年以前）。研究从有风景园林的记载到辛亥革命为止数千年的时间跨度里，中国古代风景园林传承发展的认知和实践。

中国风景园林学科的发端（1910—1940年）。研究从辛亥革命至中华人民共和国成立，现代风景园林学学科在中国的萌芽和发展。

中国风景园林学学科的产生和曲折发展（1950—1970年）。研究从中华人民共和国成立到改革开放约30年，现代风景园林学科在中国的产生过程和发展经历。

中国风景园林学学科的蓬勃发展（1980—2010年）。研究从改革开放到一级学科设立约30年，现代风景园林学科在中国的发展、特征和社会影响等。

中国风景园林学学科的全面发展（2011年之后）。研究从一级学科到现在，现代风景园林学科在一级学科背景下，全面发展的形势、特征和社会影响等。

最后并附，世界风景园林学科发展大事记和中国风景园林学科发展大事记。

感谢杨锐、刘晖、成玉宁、林广思、郑曦、杜春兰等各部分牵头专家和参研人员的辛苦努力和巨大付出。

感谢本研究顾问专家吴良镛院士、陈晓丽总规划师、陈重理事长、刘家麒先生和已故的孟兆祯院士、《中国园林》主编王绍增先生等为研究方案和书稿大纲提出许多宝贵意见。

感谢中国科协学会学术部领导和项目负责人对研究提供的帮助和指导。

感谢项目秘书组付彦荣、林广思、赵纪军、邬东璠、赵智聪，以及学会秘书处刘艳梅等人认真负责的工作。

中国风景园林学会
2021年10月30日

目　录

概　论

中国风景园林学学科史是以风景园林学学科为研究对象，以全新、开阔的视野，在分析梳理数千年中国风景园林知行传统的基础上，全面系统地研究中国风景园林学学科发端、创立和发展的成果。

一、中国风景园林学学科史概述

1. 中国风景园林学学科史的特征

作为第一部中国风景园林学学科史，其研究和写作的过程必然会遇到很多困难和挑战。其中，最大的挑战是研究基础薄弱，首先是学科史的史料少、分散且没有系统收集整理过，同时学科史的研究也很少。在这种情况下，目前呈现在读者面前的成果，是在反反复复讨论的过程中逐渐成形的。其特征体现在以下三个方面：第一，视野宽。将国土、风景名胜区、城邑、田园、园林、水利、交通与军事工程，以及陵寝等纳入学科史研究视野。第二，跨度长。虽然作为一个独立的学科（专业），中国风景园林学学科只有70年的发展历史，作为一级学科的风景园林学更是只有短短10年左右的发展历史。但是作为学科发展根源、基础和背景的中国风景园林知行传统却有数千年的发生、发展和演变的历史，并取得了辉煌、广泛、深刻的实践和认识成果。因此，这次学科史的研究涵盖了农耕文明、工业文明和生态文明三个文明阶段，大约数千年的时间。第三，突出中国主体性。中国风景园林学学科不是西方风景园林学学科的简单引入和复制，而是一个有着自己发展土壤、发展逻辑和发展特征的相对独立的学科。因此，这次学科史的研究以中国内容为主线，除了在第一章概论中，利用一部分篇幅简述了世界风景园林学学科发展简史和9个主要国家风景园林学学科发展概况以外，其他章节都以阐述中国内容为主。

2. 中国风景园林学学科史的内容与结构

研究学科史，首先要明确学科的概念。学科（Discipline）的概念产生于19世纪，涵盖"学术领域、课程、纪律、严格训练、规范、准则、约束以及熏陶"等多重含义。从传统学问到现代学科的发展，是从个体学者到学术共同体的发展，是知识产出的制度化、系统化和职业化的结果。因此，中国风景园林学学科史的研究重点包括如下7组关键词：学科史断代、学科发展环境、课程与教育、学科领域、组织和期刊、学术交流，以及学术影响。学科史断代是风景园林学学科史研究的基础，也是中国风景园林学学科史研究的首要内容，其他六个方面的内容都是建立在断代基础之上。而风景园林学学科在不同历史时期的发展由其时代特征、社会思潮、技术进步、国际交往、相关学科等发展环境制约，因此风景园林学学科史的研究离不开对学科发展环境的梳理。课程与教育是学科制度化、系统化和职业化的关键，是一个学科区别于其他学科的本质特征，因此是学科史研究的主要内容之一。学科领域包括研究领域和实践领域两个方面，同样也是学科史研究的主要内容之一。组织和期刊是学术共同体的人员和知识的组织方式，学术交流是学科进步的必要条件，学术影响是衡量一个学科贡献的重要指标，因此以上三个方面也是学科史研究不可或缺的重要内容。

中国风景园林学学科史由以下 6 部分组成："概论"定义了风景园林学学科的内涵和外延，对世界范围风景园林学学科发展进行了断代划分和特征描述，对中国风景园林学学科发展进行了断代划分和特征归纳，对中国风景园林学学科发展的未来前景进行了展望；第一章"中国古代风景园林知行传统"对中国数千年农耕文明时期的风景园林现象进行了系统研究和梳理，它们是中国现代风景园林学学科发展的历史渊源，是中国现代风景园林学学科的"木之根、水之源"；第二章"中国风景园林学学科的发端"是中国风景园林学学科发展前史；第三章至第五章"形成和曲折发展""蓬勃发展"和"全面发展"是中国风景园林学学科发展的主体部分。从第二章到第五章，每一章的主要内容都包括时代特征、教育与课程、学术研究、工程实践、组织和期刊、学术交流和学术影响 7 个方面内容。

3. 中国风景园林学学科的内涵和外延

国际风景园林师联合会（International Federation of Landscape Architects，IFLA）和美国风景园林师协会（American Society of Landscape Architects，ASLA）是世界上最有影响力的两个行业组织。了解他们对风景园林学和风景园林师的定义，对于明确中国风景园林学的学科内涵和外延是有益的。ILFA 认为："风景园林学将环境和设计结合起来，将艺术和科学结合起来。它关乎户外环境的方方面面，横跨城乡，联结人与自然。风景园林师工作的范围多样而广泛。从奥林匹克场区的总体规划，到国家公园和杰出自然美地区的规划管理，再到我们都会使用的城市广场和公园的设计，风景园林学滋养（Nurtures）社区并且使他们的环境人性化和宜居。"ASLA 的定义为："风景园林师分析、规划、设计、管理和滋养（Nurture）建成环境和自然环境。风景园林师在社区和生活质量方面具有重要影响力。他们设计公园、校园、街道景观、步游道、广场和其他项目以帮助界定社区。"

2010 年，中国风景园林学会编撰的《风景园林学科发展研究报告 2009—2010》定义风景园林学（Landscape Architecture）是保护、规划、设计和可持续管理人文与自然环境、具有中国传统特色的综合性学科，是科学、技术和艺术高度统一的应用型学科。

本书编委会经过权衡，采用数十位学者在编制《高等学校风景园林本科指导性专业规范》（2013 年）时字斟句酌，形成的学科定义：风景园林学是综合运用科学和艺术手段，研究、规划、设计、管理自然和建成环境的应用型学科。以协调人和自然的关系为宗旨，保护和恢复自然环境，营造健康优美人居环境。

风景园林学学科的外延，可以按照学科方向和实践尺度的两种方法进行分类。按照学科方向，风景园林学一级学科涵盖 6 个二级学科方向，即①风景园林学历史与理论；②园林与景观设计；③生态修复与地景规划；④风景园林遗产保护；⑤风景园林植物应用；⑥风景园林技术科学。按照尺度，风景园林学可划分为 4 种尺度，即①国土尺度；②区域尺度；③城镇尺度；④园林尺度。

二、世界风景园林学学科简史

世界风景园林学学科的发展基本可以划分为 5 个阶段：造园阶段（1828 年以前）、孕育和创立阶段（1828—1900 年）、现代主义运动阶段（1900—1960 年）、生态风景园林阶段（1960—1980 年）、多元发展阶段（1980 年之后）。

1. 造园阶段（1828 年以前）

世界上许多古老民族的传说和主要宗教经典中都有关于"乐园"的描写。中国古代广为流传着"瑶池"和"悬圃"的神话，体现了人们对于理想生活环境的憧憬和向往，成为后世造园的灵感源泉。

果木蔬圃（Forest Gardens）产生于初级农业文明阶段，是最早的园林雏形，也可能是人类利用土地适应自然环境的最早方式之一。此时，园林的"生产性"特征十分明显。最早的园林史料记载在公元前 2700 年古埃及石墓壁画上。古埃及、古巴比伦园林是早期园林的代表，以果木蔬圃为雏形，具有生产性以及创造宜居小气候环境的实用性。

发达农业文明阶段先后产生了囿、苑、宅院、林园、庄园等园林形态，功能包括狩猎、休闲和观赏等，此时，"生活性"已经超越"生产性"成为园林的主要特征。由于农业文明时期，"人类生产使用的能源，主要是人力、畜力、风力和水力等可再生能源"，因此对自然的破坏和干扰能力大体来说是有限的。

生产力的发达以及相应的物质、精神生活水平的提高，促成了造园活动的广泛开展，而植物栽培、建筑技术的进步则为大规模兴建园林提供了必要的条件，园林也经历了由萌芽、成长而臻于兴旺的漫长过程，在发展中逐渐形成了丰富多彩的时代风格、民族风格、地方风格，如西方的古希腊和古罗马园林、中世纪欧洲庭园、文艺复兴园林、法国古典主义园林、英国自然式风景园，伊斯兰园林，以及东方的中国园林、日本园林、印度园林、东南亚园林等。这些园林体系体现了不同文化中的审美意趣和精神追求差异。

从造园手法和园林形式上来划分，基本可归为两类：规则式和自然式。规则式园林以西方古典园林为代表，强调人工美、秩序美，是理性审美的产物，也是人类控制和改造自然力量的体现；自然式园林在东方以中国和日本园林为代表，在西方以英国自然风景园为代表，显示出了对自然美的追求。

这些不同风格的园林又都具有四个共同特点：①绝大多数是直接为统治阶级服务，或者归他们所私有；②主流是封闭的、内向型的；③以追求视觉的景观之美和精神的寄托为主要目的，并没有自觉地体现所谓社会、环境效益；④造园工作由工匠、文人和艺术家来完成。

这一时期主要的园林专著有：11 世纪末，日本橘俊纲（1028—1094）作《作庭记》一书；1631 年，中国明代造园家计成（1582—1642）的造园专著《园冶》成稿，也是目前已知的中国第一部园林艺术理论专著；1638 年，法国雅克·布瓦索（Jacques Boyceau de la Barauderie，1560—1633）出版西方最早的园林专著《依据自然和艺术的原则造园》（*Traité du Jardinage Selon les Raisons de la Nature et de l'art*）；1709 年，法国让·勒布隆（Jean Le Blond，约 1635—1709）与阿尔让韦尔（Antoine-Joseph Dezallier d'Argenville，1732—1769）出版《造园理论与实践》（*La théorie et la Pratique du Jardinage*）一书，被看作是"造园艺术的圣经"，标志着法国古典主义园林艺术理论的完全建立；1772 年，英国威廉·钱伯斯

（William Chambers，1723—1796）出版《东方造园论》（*Dissertation on Oriental Gardening*），促使了"英中式园林"在法国的兴起；1773 年，德国著名造园理论家、美学教授赫希菲尔德（Christian Cajus Laurenz Hirschfeld，1742—1792）著的《风景与造园之考察》（*Anmerkunger über landhäuser und Gartenkunst*）出版，1775 年出版《造园理论》（*Theorie der Gartenkunst*），对德国造园理论和实践产生的巨大影响；1803 年，胡弗莱·雷普敦（Humphry Repton，1752—1818）著《风景造园的理论与实践考查》（*Observation on the Theory and Practice of Landscape Gardening*）一书出版，将英国自然风景园的造园水平向前推进了重要一步。

2. 孕育和创立阶段（1828—1900 年）

18 世纪中叶，蒸汽机和纺织机在英国广泛使用促成了产业革命。许多国家随着工业文明的崛起，陆续由农业社会过渡到工业社会。工业文明兴起，带来了科学技术的飞跃进步和大规模的机器生产方式，为人们开发大自然提供了更有效的手段。同时，城市快速扩张、环境恶化也对现代风景园林学学科的诞生与发展产生了重大的影响。

1828 年，*On the Landscape Architecture of the Great Painters of Italy* 一书的出版使苏格兰人吉尔伯特·莱恩·梅森（Gilbert Laing Meason，1769—1832）成为创造英文词汇"Landscape Architecture（风景园林）"的第一人。1830 年，英国社会改革家罗伯特·欧文（Robert Owen）开始推动为底层百姓提供公共室外环境的运动。1840 年，另一位苏格兰人约翰·克劳迪乌斯·劳登（John Claudius Loudon，1782—1843）出版了 *The Landscape Gardening and Landscape Architecture of the Late Humphry Repton* 一书，从而使"Landscape Architecture"扩展到艺术理论以外的风景园林规划和城市规划实践之中。劳登在大尺度规划、植物园设计、风景园林教育以及《园林大百科全书》和《园林师杂志》（*Gardener's Magazine*）编撰方面的贡献，使他成为现代风景园林学的先驱之一。由约瑟夫·帕克斯顿（Joseph Paxton，1803—1863）设计的具有里程碑意义的利物浦伯肯海德公园于 1847 年向公众开放，虽然从严格的意义上讲，它并不是世界上第一个城市公园，但确实是由公共资金建设的第一个公园。

城市公园的出现是从造园阶段转变为风景园林学阶段的标志性事件。

随着美国大城市的发展以及城市人口的膨胀，城市环境越来越恶化，作为改善城市卫生状况的重要措施，在美国出现了大量的城市公园。美国借鉴并进一步发展了从英国开始的风景园林近现代化运动。安德鲁·杰克逊·唐宁（Andrew Jackson Downing，1815—1852）倡导美国乡村景观的保护，推进美国城市公园的建设，并积极引导迅速增长的美国中产阶级审美品位。1841 年，唐宁著《论适应北美的风景式造园的理论与实践》（*Treatise on the Theory and Practice of Landscape Gardening，Adapted to North America*）一书出版，为风景式园林在美国的发展奠定了基础。

1854 年，继承唐宁思想的奥姆斯特德（Frederick Law Olmsted，1822—1903）在纽约市修建了面积达 3.6 平方千米的中央公园，传播并进一步实践了城市公园的思想。随后，由他主持又陆续设计建成费城的"斐蒙公园"、布鲁克林的"前景公园"、波士顿的公园系统"蓝宝石项链"等。他把自己所从事的工作称为风景园林（Landscape Architecture），以区别于传统的造园（Landscape Gardening）。1863 年 5 月 12 日，他与卡尔弗特·沃克斯（Calvert Vaux，1824—1895）一起在一封有关纽约中央公园建设的官方信件中落款"Landscape Architects"，被学者们认为是"风景园林职业（Profession of Landscape Architecture）"的诞生日。

　　奥姆斯特德的城市园林化的思想逐渐为公众和政府所接受，于是，"公园"作为一种新兴的公共园林在欧美的大城市中逐步普及，并陆续出现街道、广场绿化，以及公共建筑、校园、住宅区的园林绿化等多种形式的公共园林。世界进入现代风景园林发展时期，风景园林师开始以独立的职业登上历史舞台。奥姆斯特德也是开创自然保护的先驱者之一，这位自学成才的美国风景园林学家把保护自然的理想付诸实现，他协助联邦政府划定一些原生生物区和特殊的景区永久加以保留，以"国家公园"的形式禁止任意开发。

　　奥姆斯特德以其丰富的人生经历、充满睿智和前瞻性的思想，在城市公园、风景道、公园体系、国家公园等各种尺度上实践他的风景园林思想。其子小奥姆斯特德（F.L.Olmsted Jr.，1870—1957）继承父业，1900年在哈佛大学创办风景园林专业（Landscape Architecture Program），专门培养这方面的从业人员，即现在所称的风景园林师（Landscape Architect），标志着作为严格意义上风景园林学"学科"和"教育"的开端。

　　3. 现代主义运动阶段（1900—1960年）

　　19世纪中叶，一直到20世纪20年代初，是现代风景园林的探索时期。受到绘画、雕塑、建筑等其他艺术领域的深远影响，风景园林的内容发生了翻天覆地的变化，引发了新的现代主义园林风格的到来。这一时期，众多的设计师开始反对古典的教条，探索适合工业革命后社会需求的设计风格。

　　19世纪下半叶，艺术评论家约翰·拉斯金（John Ruskin，1819—1900）和诗人威廉·莫里斯（William Morris，1834—1896）倡导工艺美术运动（Arts And Crafts Movement），反对机械产品的粗制滥造和装饰的矫揉造作，主张设计从大自然中汲取创作的灵感，并以纯净的设计风格呈现出对清新自然的追求和崇拜，同时也强调设计的社会性、实用性与艺术性的结合。受其思想的影响，风景园林的风格开始出现更加单纯、更加浪漫的形式，对城市公园的兴起及小庭院的景观设计具有积极的影响，代表人物包括才华横溢的植物学家鲁滨孙（William Robinson，1838—1935）、园艺家杰基尔（Gertrude Jekyll，1843—1932）以及建筑师路特恩斯（Edwin Lutyens，1869—1944）。

　　新艺术运动（Art Nouveau）是19世纪末、20世纪初在欧洲发生的一次大众化的艺术实践活动。它的起因是受英国"工艺美术运动"的影响，反对传统的模式，在设计中强调装饰效果、希望通过装饰来改变由于大工业生产造成的产品粗糙、刻板的面貌。新艺术运动中的园林以家庭花园为主，面积较大的园林特别是公园居多。新艺术运动中的格拉斯哥学派、青年风格派、维也纳分离派以及后来出现的德意志制造联盟，以雅致的直线与几何形状作为主要设计形式，摆脱了单纯的装饰性，向功能主义方向发展，成为现代主义中"风格派"和"包豪斯学派"的基石。这些设计师多是联系新艺术运动与现代主义运动的关键人物，他们的探索为日后的现代风景园林奠定了形式的基础。可以说，这场世纪之交的艺术运动是一次承上启下的设计运动，它预示着现代主义时代的到来。

　　两次世界大战之间，是西方现代风景园林产生和风格形成的时期。从20世纪20—60年代，现代风景园林经历了从产生、发展到壮大的过程，但是它并没有表现为一种单一的模式。从法国到英国，从欧洲到美洲，各个国家的风景园林师们结合各国的传统和现实，形成了不同的流派和风格。早期现代风景园林的代表——法国现代园林、美国加利福尼亚学派、瑞典的斯德哥尔摩学派、英国的杰里科（Geoffery Jellicoe，1900—1996）、拉丁美洲的布雷·马克斯

（Roberto Burle Marx，1909—1994）和巴拉甘（Luis Barragan，1902—1988）等，均是吸取了现代主义的精神，结合当地的特点和各自的美学认识而形成的多样化的面貌。

从 20 世纪初开始的立体主义、超现实主义、风格派、构成主义，到 20 世纪 60 年代的大地艺术、波普艺术、极简艺术，都为密斯（Ludwig Miesvan der Rohe，1886—1969）、柯布西耶（Le Corbusier，1887—1965）、阿尔托（AIvar Aalto，1898—1976）、丘奇（Thomas Church，1902—1978）、野口勇（Isamu Noguchi，1904—1988）、安德松（Sven-Ingvar Andersson，1927—2007）、拉茨（Peter Latz，1939—）、沃克（Peter Walker，1932—）、施瓦茨（Martha Schwartz，1950—）、哈格里夫斯（George Hargreaves，1952—）等人提供了合适的设计语言。

现代主义风景园林的主要特征包括：反对模仿传统的模式；追求的是空间，而不是图案和式样；是为了人的使用，这是它的功能主义目标；构图原则多样化；建筑和景观的融合。

4. 生态风景园林阶段（1960—1980 年）

生态学的概念是 19 世纪末开始出现的，到 20 世纪中叶已经建立了完整的生态系统和生态平衡的理论，而且逐渐向社会科学延伸。在生态风景园林阶段开始之前，风景园林学学科已经开始探索与生态的各种结合，只不过并没有系统化的理论框架和技术方法。

1893 年，被誉为"生态规划奠基人"的查尔斯·埃利奥特（Charles Eliot，1859—1897）在波士顿都市公园体系规划中提出了景观调查分析方法，将风景园林从艺术表达、自然模拟和空间营造提升到了专业化和生态化的层面，并首次将叠图技术应用到以自然生态系统为基础的规划实践中，其理论和方法成为伊恩·麦克哈格的"千层饼模式"和土地适宜性分析方法的直接来源。20 世纪初，在埃利奥特理论的基础上，美国风景园林师沃伦·曼宁（Warren H. Manning，1860—1938）和苏格兰生物学家帕特里克·盖迪斯（Patrick Geddes，1854—1932）结合了地理学、生态学及生物学等相关学科理论，将景观分类和系统分析作为土地利用的依据，并在分析自然、经济、文化信息的基础上筛选有效的因素和景观单元，以确定景观调查与分析的逻辑结构，强调风景园林设计的前提是对区域自然景观资源、人类活动趋向、经济结构及文化积淀等相互关系的系统分析与理解。其中，沃伦·曼宁关注土地与资源的特征及其组织、反馈的信息。1912 年，沃伦·曼宁首次使用地图叠加技术，以获得新的综合信息。曼宁收集了数百张关于土壤、河流、森林和其他景观要素的地图，做了一个全美的风景园林规划：规划了未来的城镇体系、国家公园系统和休憩娱乐区系统，主要高速公路系统和长途旅行步道系统。而帕特里克·盖迪斯则关注景观的特征与社会过程之间的联系与相互作用关系，强调将"自然生态区域"作为规划的基本单元，关注其反映出的自然气候条件、植被覆盖情况和动物的分布状态，把人文地理学与城市规划紧密地结合在一起，并创造性地赋予风景园林设计以"调查 – 分析 – 规划"的逻辑框架。其后，劳伦斯·哈普林（Lawrence Halprin，1916—2009）在此基础上融合了生态学原理，将风景园林的自然性、乡土性和生态性视为设计的根本，关注生命体活动过程的参与性及其对环境的影响力。他坚信生态调查与评价是规划设计展开的基本前提，在开始设计项目之前，首先要查看区域的景观，并试图理解形成这片区域的自然过程，再通过设计来反映这个自然过程。

20 世纪 60 年代，乔治·安格斯·希尔（George Angus Hills，1902—1979）、菲利普·列维斯（Philip H. Lewis Jr.，1925—2017）和伊恩·伦诺克斯·麦克哈格（Ian Lennox McHarg，1920—2001）三位著名的学者、设计师、理论家分别创立了各自的景观系统分析与评价方法，其理论发现与设计实践成为轰动一时的创举，并且最终形成了生态因子评价与土地适宜性分析的重要组成部分。1961年，乔治·安格斯·希尔运用数据信息叠加技术完成了加拿大安大略省规划，使之成为土地分类及适宜性分析的首个典型案例。由希尔提出的这种"分解－比较－重归－排序"的土地利用及景观格局分析方法基于对区域土地气候及地文特征的调查与分析，虽然简单甚至粗陋，却构成了生态因子叠加和土地适宜性评价方法的雏形。其后，威斯康星州资源开发部的首席顾问菲利普·列维斯应用图纸叠加分析技术对该州的自然资源进行了评价。与乔治·希尔关注环境的生物物理特征不同，列维斯更加关注景观的自然性、人文性及社会性。在进行威斯康星州环境规划的过程中，列维斯将独立的景观元素叠加整合为一张综合地图，勾勒了威斯康星州重要环境区域的基本轮廓和自然资源固有的土地格局，并结合土地的规划用途、发展潜能与制约，最终确定了220处自然和文化资源，内容涵盖了水资源、野生动物生境、历史遗迹，这些多样性节点连接成为线性的环境廊道，并以环境廊道概念为核心制定了威斯康星州公园系统规划。

1969年，伊恩·伦诺克斯·麦克哈格出版著作《设计结合自然》（*Design with Nature*），以丰富的资料和精辟的论断，阐述了人与自然环境之间不可分割的依赖关系，革命性地将生态因素引入到风景园林规划和设计中，描述了自然过程如何引导土地开发。同时其"设计结合自然"的生态设计思想和适应性分析的生态规划方法在现代风景园林设计中开拓了崭新的领域，使设计师第一次站在科学和生态系统的角度去认识风景园林学学科，对风景园林学中生态规划方法的探索与实践具有鲜明的指导意义。

20世纪80年代以后，风景园林学与景观生态学的紧密结合以及地理信息技术等高新科技的强有力支持，使生态规划在方法论和操作技术层面都取得了突飞猛进的发展，并在一定程度上弥补了麦克哈格生态规划方法对景观管理及生态系统水平作用关系的忽视，风景园林的生态规划也因此迈入了后麦克哈格时代。1980年，弗兰德里克·斯坦纳（Frederick Steiner，1949—）提出了包含11个步骤的生态规划框架，进一步探讨了生态规划的核心思想，即人类生态学、公众参与性和设计的重要性。斯坦纳认为生态规划是运用生物、生态学原理及社会文化信息，就景观利用的决策提出可能的机遇和约束的过程，其生态规划方法更加注重问题与机遇的确认、规划目标的确立、生物物理环境的调查和分析、概念的发展与方案的比较遴选、规划方案的确定、公众参与教育、详细设计的必要性，以及规划的实施和管理，并将反馈、影响与调整的机制引入生态规划的逻辑流程中，使原本单一的线性过程上升到综合分析与交互作用的层面，并呈现为一种循环的、动态的、相互影响的、可不断重复的、不断获得信息反馈的非线性状态。由斯坦纳组织起来的综合生态规划法摆脱了麦克哈格"生态决定论"的束缚，将设计引向了自然环境、社会环境与经济环境的全面综合，本着对公众的健康、安全和参与充分负责的宗旨，为风景园林师提供了可参考的操作流程和方法，并以景观生态学和人类生态学为科学基础和导向，将风景园林学上升到跨越自然科学和社会科学的综合性学科。

相比麦克哈格生态规划方法中流露的激进的"唯自然论"和"唯技术论"，以及对生态系统垂直过程的压倒性关注，卡尔·斯坦尼兹（Carl Steinitz）提出的多解生态规划方法强调将公众的感性认识和设计师的主动性融入规划过程中。与前者认为风景园林设计是一个基于生物生态学的适应性原理而被动追求最佳方案的理念不同，斯坦尼兹认为设计是解决问题的决策导向和"自上而下"的影响和作用过程。因此,其更加关注规划过程的目标和即将解决的问题,并强调以此为导向,进行数据的采集,以寻求多样化的解决方案。基于这种思维方式,斯坦尼兹于1990年提出了系统模式与规划框架,通过"自上而下"和"自下而上"两种作用模式的三次反复,最终得出多方面的解决方案;且方案随着设计尺度、模型的复杂程度、公众的理解力和决策的组织方式而变化。2002年,斯坦纳出版了著作《人类生态学:追随自然的指引》(*Human Ecology:Following Natures Lead*),总结了人类生态学的基本原理,探索了风景园林与地区文化、自然栖息地、群落、保护区的融合等问题,将人们对自然的理解及景观与居住环境的融合推向了新的高度。

从麦克哈格"自上而下"垂直流动的生态规划方法到卡尔·斯坦尼兹的"自上而下"关注水平作用的多解规划方法,风景园林的生态价值逐渐摆脱了自然主义和浪漫主义的生态认识,转而成为探索自然过程与城市环境关系的有效途径、连接生态过程与城市环境的重要纽带和积极的生态介入手段。生态主义思想的发展与成熟赋予了风景园林以崭新的空间组织模式、动态交互方式、生态关系描述和关键性的生态材料与分析技术,甚至新的思维模式。

生态规划实践领域,主要有绿带、绿道、生态廊道、生态网络、绿色基础设施(GI),代表性的实践项目有:大伦敦绿带、美国佛罗里达州际绿道、美国马里兰州绿图计划等。生态设计实践领域,主要有最佳管理措施(BMPs)、低影响开发(LID)、棕地修复等项目。具体实践项目有:德国杜伊斯堡风景公园、美国西雅图煤气厂公园、德国海尔布隆市砖瓦厂公园、德国科特布斯露天矿区生态恢复等。

5. 多元发展阶段(1980年之后)

当代风景园林实践的内容早已突破了传统的学科界面,自然环境、建成环境、区域景观、乡村景观、风景区、城市绿地、雨洪系统等都是现代风景园林学关注的对象。农业、工业、矿山、交通、水利等自然开发工程都与园林绿化建设紧密地结合,从而达到改善环境的目的,跨学科的综合性和公众参与性已经成为风景园林创作的主要特点。

进入21世纪,城市的飞速发展改变了建筑和城市的时空观,建筑、城市规划、风景园林三者的关系已经密不可分,往往是"你中有我、我中有你"。跨越设计、规划、艺术、研究和交流的项目逐渐崭露头角,这一过程中,风景园林学学科外延得到更大的拓宽,实践领域和形式更加多元化。

可持续发展已经成为当今风景园林领域的重要战略主张。城市及其郊区,甚至更广阔的区域都被视为一个完整的生态系统,风景园林除了在城市内发挥生态、社会和美学效益之外,还向着广阔的国土范围延展,开展了大量区域性的大地景观规划。2005年8月,国际风景园林师联合会(IFLA)与联合国教科文组织(UNESCO)发表了《国际风景园林教育宪章》(*Charter for Landscape Architectural Education*),正式申明:"我们,风景园林师,关注迅速变化的世界中风景园林的未来发展与变化。我们相信,户外环境的营建、使用和管理,是可持续发展与人类幸福安康的基础。"

面对复杂的巨系统,风景园林师更加需要在大范围、多层次、多目标的视角下认识人居环境逻辑结构和空间秩序。伴随着电子计算机的发展,空间信息技术、互联网技术、智能终端等现代科技的进步,场所信息采集、环境评价与分析、复杂系统模拟、交互式实时呈现等先进数字技术在风景园林学中得以运用,促使风景园林研究从定性走向定性与定量相结合。

当代数字技术在风景园林行业的应用主要集中在 4 个方面：风景园林信息采集与管理技术、景观分析与评价技术、景观模拟与可视化技术、参数化设计与数字建造技术等，涵盖了风景园林从规划、设计、施工直至管理的全过程。

今天的世界风景园林，呈现一种多元化的发展趋势：是分支结构的，而不是收敛聚集的；是多元价值论的，而不是去适应一套被普遍承认的价值观。未来风景园林学的学科内涵将会更充实，范围将会更大。它向着宏观的人类所创造的各种人文环境全面延伸，同时又广泛地渗透到人们生活的各个领域。

三、代表性国家风景园林学学科发展概况

1. 美国

美国风景园林师协会（ASLA）是代表着全美国风景园林师的一个专业组织，其目的和宗旨是"发展风景园林学的知识、教育、艺术和科学技术，服务社会大众"。美国风景园林设计师协会创建于 1899 年，截至目前拥有 1.35 万名成员。主要工作包括举办年度会议和展览会、编辑风景园林学杂志、提供在线电子服务、举办职业工作室和讨论会、开展领导能力培训、职业举荐、工程示范和奖励计划等。

目前，美国有 47 个州实行了风景园林师发牌制度。牌照赋予风景园林师两种权利：名称权和执业权。"名称权"是获得风景园林师名称的权利，"执业权"是从事风景园林规划设计的权利。虽然每个州都有自己不同的风景园林师发牌制度，但是所有牌照的申请人都必须通过全美统一的风景园林师注册考试（The Landscape Architecture Registration Examination，简称 LARE）。许多州还需要应试者在获得注册考试资格之前，必须接受指定的风景园林专业教育，而且必须在有牌照的风景园林师监督指导下完成规定时间的风景园林专业实践。

美国风景园林学专业教育评估是由美国风景园林师协会下属的风景园林学教育评估委员会（The Landscape Architectural Accreditation Board，简称 LAAB）进行的，对风景园林学的本科和硕士专业学位的课程进行定期的评审，检查其教育体系是否在整体机构和个别科目上符合并达到了风景园林专业教育体系的预期和目标。

美国风景园林（Landscape Architecture）教育的历史可以追溯到赠地大学（Land-grant Colleges）中的农学学科，以及在哈佛大学首次创办的专业计划。在密歇根州立大学，造园（Landscape Gardening）教育则早在 1863 年便设立了。除了密歇根州立大学，在 1900 年以前，至少有 10 所学校开设了造园教育，包括伊利诺伊大学（1868 年）、马萨诸塞州大学（1868 年）、艾奥瓦州立大学（1871 年）、堪萨斯州立大学（1871 年）、肯塔基大学（1878 年）、俄亥俄州立大学（1879 年）、密西西比州立大学（1880 年）、威斯康星大学（1888 年）、明尼苏达大学（1890 年）、华盛顿州立大学（1893 年）。在 20 世纪的第一个十年，后继的赠地大学中，大多是在园艺系中开设景观设计（Landscape Design）课程和专业。这些造园（Landscape Gardening）课程的内容与后来的风景园林（Landscape Architecture）课程极为相似，尤其是核心内容都包括了总体设计、城市公共艺术、职业实践以及种植设计。在对学生要求的文献阅读方面也有着相同的关注内容，特别是在设计作业中强调了公共空间、公墓、道路以及路旁的空间设计。目前，在美国共有 60 所大学开设风景园林学课程，其中有 26 所大学只开设风景园林学本科课程，16 所大学只开设风景园林学硕士课程，共有 18 所大学同时开设风景园林学

本科和硕士课程。

21 世纪初，美国风景园林界先后涌现出一些新的概念，如可持续场地（Sustainable Sites）、景观都市主义（Landscape Urbanism）以及地理设计（Geo-Design）等，引领着风景园林规划设计新的思潮与实践。

2. 加拿大

1934 年，加拿大风景园林师协会（The Canadian Society of Landscape Architects，缩写为 CSLA）成立。加拿大第一本全国性的风景园林刊物《加拿大风景园林设计师》（The Canadian Landscape Architects）于 1959 年出版。20 世纪 60—70 年代，其他的刊物陆续发行。刊物《风景》（Landscaps/Paysages）于 1999 年作为加拿大风景园林师协会的正式杂志而问世。1987 年，加拿大风景园林基金会（The Landscape Architecture Canada Foundation，简称 LACF）成立，为学术研究提供资助，奖励学术成就，筹划学术交流。

早在 19 世纪 80 年代，安大略农学院（现已合并到桂尔夫大学），曾开设过一些关于园林设计的课程，随后一直到 20 世纪 60 年代，加拿大的大学才开始开设风景园林专业学位课程。桂尔夫大学风景园林学院于 1964 年正式招生。随后，多伦多大学也开设了风景园林学士学位教程。1972 年，马尼托巴大学（University of Manitoba）首次开设了研究生教育课程。加拿大目前设有风景园林学士学位教育的有桂尔夫大学（英语教学）和蒙特利尔大学（法语教学），风景园林研究生教育的大学有不列颠哥伦比亚大学（Universities of British Columbia）、马尼托巴大学、桂尔夫大学、多伦多大学、蒙特利尔大学。

加拿大的风景园林在 20 世纪经历了巨大变化。早在 20 世纪初，加拿大建设了许多有趣且出色的项目，但绝大多数是舶来品，很少有加拿大人自己的设计。这种状况在 21 世纪初发生了巨大改变，几乎所有的风景园林项目都是由加拿大学校培育的学生设计，且设计水平很高，项目的数量和类型毫无疑问已经远超 20 世纪初人们对此的想象。2000 年，梅蒂斯花园举办了第一届国际花园展，这是北美第一个花园展，也是加拿大独具特色的园林活动之一。

3. 德国

德国风景园林师协会（Bund Deutscher Landschaftsarchitekten，缩写为 BDLA）前身为 1913 年在法兰克福成立的德国造园师协会（Bund Deutscher Gartenarchitekten），1972 年改为现在的名称。该协会拥有 1300 名会员，其中大约 800 名会员是独立执业的风景园林师。德国风景园林师协会从 1993 年起设立的德国风景园林奖（Deutscher Landschaftsarchitektur-Preis），每 2 年 1 次，奖励代表性风景园林项目的规划设计师。2013 年，德国风景园林师协会成立 100 周年之际特别召开了主题为"风景园林中的基础设施（Infrastructure in Landscape）"的学术会议，并在线展出了 100 年来德国的风景园林项目。风景园林工程与管理会议（Conference for Landscape Construction Supervision）和以风景园林与城市空间规划为主题的设计师论坛（Planer Forum）是 BDLA 每年最重要的 2 次活动。

风景园林教育在德国有着悠久的历史。1824 年，彼得·约瑟夫·林奈（Peter Joseph Lenné）在波茨坦创立第一所专业学校——皇家园艺师学校（Königliche Gärtnerlehranstalt）。在这里，学生分为 4 个级别进行学习。完成了为期 4 年的最高级别学业者将被授予"园林艺术家"头衔。"园林艺术家"（Gartenk ü nstler）这一头衔随后被德国其他学校广泛接受，甚至一直延续到今天，如盖森海姆（Geisenheim）、埃尔福特（Erfurt）和德勒斯顿的皮尔尼茨

（Dresden-Pillnitz）等地大学的风景园林专业。波茨坦皇家园艺师学校则于 1971 年并入了今天的柏林应用科技大学（Technische Fachhochschule Berlin），其悠久传统被该校的风景园林系延续至今。20 世纪 70 年代初，出现了一系列多样化的课程，它们使用了各不相同的名称。慕尼黑理工大学（Technical Universities in Munich）使用的是风景保护（Landespflege），而柏林理工大学（TU Berlin）则使用风景园林规划（Landschaftsplanung）或花园与风景设计（Garten- und Landschaftsgestaltung）。当时德国只有一所学校采用了"风景园林师"作为学位名称，那就是德勒斯顿大学（The University of Dresden）。

目前，在德国已有 15 所大学或学院开设风景园林相关课程。欧盟博洛尼亚进程为教育系统带来了彻底的变革，学士学位和硕士学位取代了原有的"工程学位"，这一头衔曾长期代表了设计与工程技术之间的特殊关联。现在，德国风景园林师协会（BDLA）和其他相关组织正尝试在提高毕业生的教育质量，拓展其专业知识上做出更大的努力。

在德国，哲学、科学、社会和艺术等领域的许多思想影响了风景园林。德国的风景园林师在不同的历史阶段也曾提出过许多理论和思想，最主要的包括：①可持续思想；②公园；③家庭园艺花园；④生态思想；⑤文化景观；⑥现代主义。除了理论研究外，在德国风景园林的众多实践中，不乏具有深远影响的作品和实践成果，主要包括：①德骚（Dessau）园林群；②慕尼黑"英国园"（Englischer Garten）；③柏林和波茨坦的城市绿地系统；④园林展；⑤棕地景观；⑥生态设计。

德国的风景园林一直非常重视风景园林的社会意义和环境价值。风景园林规划也与其他规划学科相结合：如交通规划、铁路规划、水道、雨洪管理和防洪规划。在自然保护法不同条例的监管下，自然保护区的深入规划措施包括制定自然保护区、景观保护区、自然公园和自然文化遗产的特殊保护、维护及发展规划。定期举办的国家级和州级"园林展"或"园艺博览会"在德国是一种独特且非常受欢迎的风景园林活动。联邦级园林展每 2 年在大都市地区或大城市举办 1 次；州级园艺博览会大多在 16 个州内的中等城市举办。

4. 英国

英国风景园林学会（The Landscape Institute，缩写为 LI）是英国注册风景园林师（Chartered Landscape Architects）的专业组织，成立于 1929 年。随着风景园林行业范围的扩展，协会所涉及的专业内容也逐渐扩大并涵盖了学科的各个方面，包括技术、规划、设计、施工和管理，以及景观评估、保护、可持续性发展等。英国风景园林学会认为风景园林职业旨在创造并提高人居环境的良好审美价值和使用功能，并保持生态平衡与物种多样性。同时，旨在保护自然、利用自然并提高自然与人工环境的和谐发展，如城市环境和乡村环境。英国风景园林学会在学科的研究与实践中起着桥梁的作用，定期出版专业性期刊《景观设计》（*Landscape Design*）。

1997 年，英国风景园林学会被授予皇家特许状，从此与皇家建筑师学会（RIBA）、皇家市镇规划师学会（RTPI）并驾齐驱，在相关规划设计领域的重要性日益凸显。

英国风景园林教育最早起始于伦敦大学、纽卡斯尔大学和雷丁大学等几所高校。纽卡斯尔大学开设了英国第一个风景园林系，至 1960 年左右，爱丁堡大学、谢菲尔德大学、曼彻斯特城市大学等也陆续开设了风景园林课程。至 20 世纪末，英国许多高校都设立了风景园林相关专业教育。各高校根据自身的特点和办学理念，提供各具特色的本科及研究生教育。英国风景园林教育的显著特点之一是大学课程设置与英国风景园林学会联系紧密。根据规定，要成为英国风景园林学会认证的合法注册风景园林师，通常需要完成"3+1"年制的课程学习，方可获得助理风景园林师资格，再通过注册考试，才能成为正式的风景园林师。"3+1"年制的课程是指对于本科教育为风景园林相关专业的学生，第三年本科结束时可获得学士学位（BA/BSc），一般需要工作实习 1 年，再经过 1 年的硕士文凭（Diploma）课程学习后，即获得硕士学位 / 文凭和助理风景园林师资格。对于本科教育为非风景园林相关专业的学生，则需通过 2 年全日制的硕士课程（MA）学习。目前，共有 12 所大学的本科教育和 11 所大学的研究生教育通过了英国风景园林师学会认证。

当前，英国风景园林领域关注的主要议题包括：景观特征评估、风景园林设计生态学、城市公共空间与城市绿地的社会学、英国当代风景园林设计思潮和景观感知等。景观特征评估给英国大尺度国土评估研究带来质的飞跃，它逐步被广泛地运用到各种尺度规划、保护与管理上。

5. 俄罗斯

18 世纪中期，在圣彼得堡出现了为皇室培养造园和花园养护管理人才的中等园林技术学校。1917 年，十月革命及苏维埃政府成立后，根据当时苏联城市绿化建设的需要，在一些农林类高等院校开设了园林绿化方面的课程；城市及居民区绿化作为高等院校的一个专业也在 20 世纪 30 年代苏维埃政府加速国家工业化和城市化进程的大背景下应运而生。1933 年，苏联列宁格勒林学院（1803 年建校，今俄罗斯圣彼得堡国立林业技术大学）率先在林业系设置了城市绿化建设专业并成立了相应的教研室。1945 年，该校组建了城市绿化建设系，同年改称为城市及居民区绿化系，当时该系下设两个教研室，即园林艺术教研室和观赏植物教研室。

在苏联和俄罗斯，城市及居民区绿化专业一直以来被认为是农林学科群里的一个专业或者专门化，这一科系隶属关系及专业名称一直延续到 1991 年苏联解体，并对当时社会主义阵营包括中国在内的许多国家相关学科的创建和发展产生了深远影响。苏联的城市及居民区绿化专业和专门化在 1991 年俄罗斯联邦独立后更名为花园、公园及风景营建，并沿用至今，以和西方接轨。该专业名称的英文直译为"Landscape Design, Gardening and Park Construction"（景观设计，园艺，公园建设），但在对外交往中，也约定俗成地以景观建筑（Landscape Architecture）代替。

截至 2006 年末，俄罗斯联邦所属 560 余所国立高等院校中，共有 24 所大学正式设置了 5 年制风景园林专业。莫斯科林业大学和俄罗斯圣彼得堡国立林业技术大学是俄联邦风景园林学学科教育历史最为悠久和规模最为庞大的大学。莫斯科林业大学独立设立风景园林系。该校风景园林系下设风景园林营建、建筑制图、画法几何、园林观赏植物、测量、人居安全等 6 个教研室，设置风景规划设计与观赏园艺两个专门化。俄罗斯圣彼得堡国立林业技术大学的风景园林专业设置在林业系里。2010 年，俄罗斯联邦已经完全转变为学士和硕士两级教育体系。

在苏联时期（1917—1991 年），俄罗斯风景园林受到社会和政治的强烈影响。文化与休憩公园就是在 20 世纪 20 年代末出现的。在 1941—1945 年的卫国战争中，有数千万人失去了生命，1710 座城镇被摧毁，于是出现了胜利公园、综合性纪念公园和纪念陵园等其他苏维埃风景园林形式。在 20 世纪 60—80 年代的"发达社会主义"时期，又有了纪念苏维埃政府和苏维埃领导人特别纪念日的苏维埃公园的新类型。苏维埃风景园林的另一个重要内容是对优秀的历史园林进行修复，进而发展为一些学术流派。为"俄罗斯人"兴建私家别墅之风的盛行是后苏联时代（1991 年至今）风景园林的特征。风景园林职业此时也在俄罗斯兴盛起来，风景园林的全球化和西方化进程非常迅速。同时，在俄罗斯媒体和业界有很多关于风景园林发展趋势的讨论。

俄罗斯有两本风景园林专业杂志，即《风景园林设计》（Landscape Architecture Design）和《风景设计》（Landscape Design）。

6. 法国

1982 年，法国风景园林联合会（Fédération Française du Paysage，缩写为 FFP）成立。

目前，中央政府劳动部承认的风景园林行业相关的职业名称有：风景园林设计师（Architecte Paysagiste）、风景园林工程师（Ingénieure Paysagiste）、风景园林养护师（Jardinière Paysagiste）。法国能够颁发"政府颁发文凭"（DPLG）的风景园林设计类学校有 3 所：凡尔赛 – 马赛国立高等风景园林学校（L'École Nationale Supérieure du Paysage Versailles–Marseille，缩写为 ENSP）、波尔多国立高等建筑与风景园林学校（École Nationale Superieure D'architecture et de Paysage de Bordeaux，缩写为 ensap-Bx）、里尔国立高等建筑与风景园林学校（École nationale supérieure d''architecture et de paysage de Lille，缩写为 ENSAPL）。风景园林工程师所涉及的工作范围有：工程施工设计、管理及风景园林维护。法国现有 2 所培养风景园林工程师的专业院校：国立高等自然与风景园林学校（Ecole Nationale Supérieure de la Nature et du Paysage，缩写为 ENSNP）以及国立园艺与风景园林学院（Institut National d'Horticulture et de Paysage，缩写为 INHP）。风景园林养护师在法国整个行业中占的比重最多，但只需接受中等职业教育。

法国既有深厚的园林文化渊源，又有独到的现代景观理念，并且将传统园林与现代景观完美结合，堪称典范。

法国古典主义园林是地域性景观的典型代表，浓缩了法国的国土景观特征，是科技和艺术的结晶，融合了当时最先进的透视原理、艺术美学，以及土建、水利和园艺等工程技术；法国古典主义园林跳出封闭式园林的樊篱，将自然与城市联系在一起，具备了现代区域规划的意识。园林的理论与格局开始渗透到城市建设领域，不仅将园林景色引入城市，而且以园林艺术的手法改造传统的城市格局。

从 19 世纪后期开始，法国作为欧洲的文化艺术中心，各种现代艺术思潮不断涌现，不断消亡。在各种"新艺术"潮流的推动之下，园林设计师开始从现代艺术中寻求设计灵感，使得"新型园林"层出不穷。1925 年巴黎的装饰艺术博览会，又掀起一轮探索"现代园林"的热潮，如"立体派"花园、装饰艺术园林、新巴洛克前卫艺术园林、花园城市运动等。

法国现代风景园林师的工作内容，除了传统的风景园林任务，比如历史园林的修复、新型城市公共园林的营建、城市景观整治、郊区景观的重建等，从 20 世纪 90 年代起，逐步扩展到乡村景观和区域景观规划设计，包括城乡接合部、工业园区、各类荒弃地、公路、铁路、高压走廊、海滨、河流流域等。

1993 年的《风景法》之后，风景园林的法律工具开始多样化：风景标签（le label de

paysage)、申请建造许可证的风景研究报告（le volet paysager du permis de construire）、村镇地区自然公园宪章的风景研究报告（le volet paysager de la charte intercommunale des parcs naturels régionaux）。1994年起，又出现了风景合同（les contrats de paysage），1995年出现风景规划策略（les plans de paysage），1996—2006年出现了风景地图（les atlas de paysage）。这些都成为保障风景园林创作的有力工具。

7. 日本

1918年，日本设立了社团法人日本庭园协会。之后，为了适应园林绿化事业发展的形势，在上原敬二博士等人的努力下，于1925年创立了日本造园学会（Japanese Institute of Landscape Architecture，缩写为JILA），标志着日本风景园林学会组织的正式形成。学会杂志《造园学杂志》于1925年创刊，1934年改为《造园杂志》。1995年，《造园杂志》改为《景观研究》，每年刊行4期。此外，还将每年在全国大会上发表的论文编辑成册，以《景观研究》第5号的形式出版，每年1期。为了登载会员的优秀规划设计作品，日本造园学会于1993年开始出版作为《景观研究》增刊的《造园作品选集》（隔年发行）；为了造园技术的提高与普及，于2002年开始刊行作为《景观研究》增刊的《造园技术报告集》（隔年发行）。

1873年，随着太政官对最初的国立公园制度在全国各府县的公布，日本的公园制度与城市绿化进入了崭新的局面。20世纪初期，东京帝国大学（现东京大学）开设的造园学讲座是日本高校中关于造园教育的先驱。20世纪20年代，京都帝国大学（现京都大学）开设了造园学课程，20世纪30年代，镜保之助在千叶高等园艺学校（现在的千叶大学园艺学部）开设了日本庭园课程。其后，随着欧美留学归国者上原敬二博士等学者将新思潮的引入，于1924年设立了东京高等造园学校（现在的东京农业大学造园学科）。至此，日本的造园教育与造园学科基本形成。

现在，日本各大学的造园专业主要设置在农学（林学、园艺、农林工学等）、工学（土木、建筑、环境、城市工程等）、艺术设计、生活科学以及社会工学等学科门类。不同大学的研究重点各有侧重，其中，东京大学以景观分析和绿地生态学为主要研究课题，京都大学以造园史为主，北海道大学以风景资源的保护、利用为主，东京农业大学以景观生态学为主，筑波大学以造园专业中的信息处理与利用为主，大阪府立大学以知觉认识、景观评价等为主，信州大学、南九州大学、立命馆大学等都具有独特的研究课题和特长。千叶大学和东京农业大学由于规模较大，几乎包括了以上所有的研究课题。

8. 新西兰

新西兰风景园林师协会（New Zealand Institute of Landscape Architecture，缩写为NZILA）于1973年成立，是新西兰风景园林行业发展的重要事件。在新西兰有5个风景园林的实践领域，分别为：①风景的评估；②项目评估；③总体规划和设计；④风景管理；⑤专家见证。

20世纪40年代，环境设计已成为大规模住宅建设和水电项目的一个重要组成部分，为了在一定程度上响应由此产生的需求，新西兰林肯大学（Lincoln University）率先开启了高等教育风景园林培训。

新西兰《资源管理法》（Resource Management Act，简称RMA）于1991年由国会通过，1993年进行了修正。该法替代了之前59个相关资源和环境法规，成为目前新西兰统一的自然资源管理的综合性的框架法律，也是支撑风景园林行业的重要法律。

9. 澳大利亚

在澳大利亚的风景园林设计历程中，经历了原始的土著阶段和"复制"英国景观阶段。在原始的土著文化阶段，土著民族敬重土地，与大自然保持一种高度的融洽。而在英国文化统治阶段，英国的景观理念在这片土地上生根发芽，使得澳大利亚的景观形态在第二次世界大战前一直以英国为蓝本。第二次世界大战以后，澳大利亚人开始从自身的历史和文化审视风景园林设计，强调地域性和澳大利亚自身风格。同时，伴随着澳大利亚国内 20 世纪 50 年代城市规划的迅猛发展，越来越多的人从乡村迁入城市，城市中心出现了人口膨胀，给城市带来交通和环境问题。澳大利亚人把目光投向了美国，美国的风景园林思想在澳大利亚广为传播。到了 80—90 年代，全球化的经济、文化交流，以及澳大利亚国内多元化的移民文化，使得澳大利亚风景园林设计越来越呈现出多元化。90 年代中期，澳大利亚一批主要城市为了在地区及区域竞争中更具优势和建设更具活力的城市，纷纷提出自己的发展战略，体现了澳大利亚城市风景园林设计的新趋向。

1966 年，澳大利亚风景园林师协会成立（The Australian Institute of Landscape Architects，缩写为 AILA）。1968 年 6 月，澳大利亚风景园林师协会出版了它的第一份季刊。从 1978 年起更名为 *Landscape Australia*，2006 年又更名为 *Landscape Architecture Australia*，记录着澳大利亚当代的风景园林、城市设计和土地利用规划。

目前，开设风景园林专业教育并获澳大利亚风景园林师协会认可的大学共有 10 所，包括阿德雷德大学、墨尔本大学、西澳大学、新南威尔士大学、堪培拉大学、塔斯马尼亚大学、悉尼科技大学、昆士兰技术大学、迪肯大学和皇家墨尔本理工大学。

四、中国风景园林学学科发展脉络

中国风景园林学孕育、创立和发展过程中主要有三股推动力，分别是中国风景园林知行传统、西方尤其是美国的风景园林学学科，以及苏联和东欧风景园林相关教育和实践。整体来看，这三股力量对中国风景园林学学科的推动力度是不均衡的。中国风景园林知行传统理应是中国风景园林学的根源和基础，是中国风景园林学发展的内生动力，但由于各种历史原因，中国风景园林知行传统对中国风景园林学科的推动和影响是不充分、不全面的，在大多数时期，其影响也是隐性大于显性的，但这股力量的韧性和生命力是最强的，潜力也是最大的。由于学科的概念产生于西方，尤其现代风景园林学（Landscape Architecture）的创立是在美国发生的，美国也是风景园林学教育和实践发展最成熟的国家，因此以美国为代表的西方风景园林学学科对中国风景园林学的推动和影响是广泛的、深入的和决定性的，甚至在某些时期可以说是过分的和泛滥的。但西方这股力量的推动和影响是时断时续的，与苏联、东欧风景园林的这股力量交替发生，彼此排斥。西方的推动力主要发生在孕育和萌芽阶段（1912—1949 年），发力乃至泛滥于蓬勃发展阶段（1978—2011 年），持续影响于全面快速发展阶段（2011 年以后）。苏联和东欧风景园林相关教育和实践对中国风景园林学学科的推动具有阶段性和暂时性 2 个特征，其影响主要发生在中国风景园林学学科曲折发展时期（1950 年），在其他历史阶段，这股力量是可以忽略不计的。

1. 中国风景园林知行传统

中国风景园林的知行传统主要是指 1912 年以前，中国人在农耕文明时期对风景和园林的认知和实践。在长达数千年的时间中，这种知行传统在相对稳定的发展路径上不断深化、完善，并登峰造极，在各种不同空间尺度，不同程度地影响了中国人生活、生产和生存的方方面面。除了园林这个类型以外，这个知行传统是一项长期未被充分挖掘、深入研究和系统整理的巨大宝藏。

农耕文明时期，中国人对风景园林的认知建立在独树一帜的自然观、人文观和实践观基础之上。和西方传统相比，中国传统自然观的特征是其"整体性"，即不将人从自然中分离出去，而是将人和自然视为一个相互映射的有机整体。这种自然观在风景园林领域，体现为以"山水"和"形胜"这两个概念认知中国人所处的自然环境。中国传统人文观的特征是现世关怀，中国社会主要建构于"礼制""宗法""道德"等儒家伦理基础之上，而非宗教基础之上。道家思想更进一步将一小部分的个人或个人的小部分从社会伦理中解放出来，拓展了中国人的精神空间，丰富了中国人的审美体验。以禅宗、净土宗、华严宗、天台宗等为代表的汉传佛教，撷取了印度、中国等东方文化的智慧精华，打通了"心""物"之间的阻隔，将中国文化的精神和审美推向了更加"空灵""微妙""无拘无束""不可思议"的极致境界。以"整体性"自然观和"现世关怀"人文观为基础，中国传统风景园林的实践观是"人与天调"，即站在"人"和"自然"之间的"中道"立场上，相互调适，以达成"最佳实践"的目的。"最佳"体现为人和自然的和谐，功能与审美的统一。

农耕文明时期，中国风景园林的"最佳实践"全面出现在国土空间营造的不同层面。虽然大尺度的山水名胜和中小尺度的园林是中国传统风景园林的核心和精华，但除此之外，城邑、乡村田园、水利、交通与军事工程，甚至陵寝墓园等也无不体现着整体风景营建的思路和做法。农耕文明时期，中国等级不同的城邑、村落、陵园，无一不是山 – 水 – 城/村/陵的有机整体，无一不是在大的山水形势之中选址、布局、理水、营景。即使是在运河、堰渠、圩田、桥梁、驿道、关隘等基础设施的营建过程中，也处处可以看到风景营建的痕迹，产生了以"西湖""都江堰""长城"为代表的无数风景遗产。

2. 中国风景园林学科的孕育和萌芽

中国风景园林学学科在民国孕育、萌芽并不是偶然的，而是与这一时期的时代背景密不可分。民国总体来说是一个破旧立新的时代，政治上的封建制度被推翻，经济上资本主义和民族工业加速发展，社会上产生了新的资本家和工人阶级，新文化运动树立起"民主"和"科学"两面旗帜，教育上大批留美、留日、留欧的学生将西方的哲学思想和科学知识较为系统地带到中国。

风景园林新气象首先出现在实践领域，紧随其后的是课程与教育、学术研究，以及学术组织和期刊。从 1913 年朱启钤倡导将北京皇家园林社稷坛改建成为中央公园（现北京中山公园）以后，城市公园的建设蔚然成风，各地陆续建设了北戴河莲花石公园、广州第一公园、厦门中山公园、汉口市中山公园等一批城市公园。大学校园、国立公园、植物园、都市园林绿化等现代风景园林实践也在民国期间陆续展开。

从 1916—1940 年末期，刘敦桢、陈植、童寯、梁思成、毛宗良、程世抚、陈俊愉等先后留学日本、美国和欧洲。其中，刘敦桢、童寯和梁思成是建筑学背景，陈植是林学背景，毛宗良、程世抚、陈俊愉是园艺学背景。他们归国以后，先后在不同大学的园艺学、林学和建筑学学科中开设造园学课程，或者提出建设"造园系"的计划，对中国现代风景园林学学科孕育和萌芽做出了杰出贡献。在上述三个学科中，与风景园林学相关的课程名称包括：庭园学、庭园制图、庭园设计、造园学、造庭学、种植设计、都市广域设计等。从 1920—1940 年，上述课程的开设为中国风景园林学学科的创立做出了准备，到 1940 年末，独立的风景园林学学科和风景园林系的创立已经开始呼之欲出了。1949 年 7 月 10—12 日，《文汇报》连载了由梁思成执笔的《清华大学营建学系（现称建筑工程学系）学制及学程计划草案》，提出了在"体形环境观"基础上，成立"营建学院"，设立建筑学系、市乡计划学系、造园学系、工业艺术学系和建筑工程学系等。

孕育和萌芽阶段中国风景园林的学术研究主要集中在中国古典园林研究、城市绿地系统、国立公园与城市公园，以及庭园 4 个方面。代表性学术成果有《造庭园艺》（童玉民，1926）、《中国庭院概观》（叶广度，1932）、《中国苑囿园林考》（乐嘉藻，1931）、《造园学概论》（陈植，1935）、《园林计划》（莫朝豪，1935）、《庭园中之主要树木及其配置》（毛宗良，1935）、《江南园林志》（童寯，1936）等。

民国期间，与风景园林学相关的学术组织主要有中国营造学社和中国园艺学会等。中国营造学社在 1930 年至 1937 年，在其汇刊上发表了 29 篇有关中国园林研究的论文，并整理出版了明代计成所著的《园冶》等 3 本古籍。

3. 中国风景园林学科的创立和艰辛曲折发展

中华人民共和国成立后前 30 年（1949—1978 年）的历史可细分为 4 个阶段：新民主主义向社会主义的过渡阶段（1949—1956 年）、社会主义探索阶段（1957—1965 年）、"文化大革命"阶段（1966—1976 年）以及拨乱反正阶段（1977—1978 年）。

中国风景园林学学科的创立是在新旧交替的过渡阶段完成的。过渡阶段（1949—1956 年）是指从新民主主义社会向社会主义社会的过渡，主要特征是新旧交替，主要任务是完成了从私有制到公有制的革命，主要的历史事件包括土地改革、三大改造（对农村、手工业、资本主义工商业的社会主义改造）和"一五"计划。1951 年，汪菊渊与吴良镛一拍即合，在梁思成和周培源的支持下，具有园艺背景的北京农业大学和具有建筑背景的清华大学联合创办"造园组"，以满足"新中国建设展开后，造园专才各方面迫切需要"。1951 年 9 月，汪菊渊、陈有民带领从北京农业大学园艺系三年级中选出的 10 名学生赴清华大学，在吴良镛、朱自煊、莫宗江、刘致平、华宜玉等老师的精心培养下，1953 年 8 月，第一批 8 名学生顺利毕业。第一期"造园组"开设的课程包括：素描、水彩、制图（设计初步）、城市计划、测量学、营造学、中国建筑、植物分类、森林学、公园设计、园林工程等。这一课程体系基本体现了现代风景园林学的特征，因此 1951 年"造园组"的成立标志着中国风景园林学学科的成功创立。

自 1956 年开始，中国风景园林学学科进入艰辛发展的历史时期，其时代背景是社会主义探索阶段。十年探索阶段的主要特征是计划经济，主要任务是试图将落后的农业国迅速建设成为先进的工业国。1956 年 3 月 22 日，高教部发文将北京农业大学造园专业调整到北京林学院（现北京林业大学），同年 8 月，决定将造园专业正式定名为"城市及居民区绿化专业"并转属于北京林学院。"城市及居民区绿化专业"是风景园林学学科"全面学苏"的必然结果，也是中国风景园林学学科史中的重大历史事件。其进步意义在于，中国风景园林学学科从"造园"向"大地景物规划"的革命性拓展，其消极影响在于中国风景园林学学科在发展初期就丧失了中国风景园林知行传统的滋养。

20世纪50年代末至60年代初，苏联和东欧对中国的技术援助中断，对中国高等教育的影响也逐步弱化。1964年1月，林业部指示将北京林学院的城市及居民区绿化专业改名为园林专业，城市及居民区绿化系改名为园林系。中国风景园林教育似乎有希望重启与中国传统园林的连接。同年7月，取消盆花和庭园工作直接导致了从1965年起，园林专业的停办、园林系建制的撤销，以及随之而来的"园林教育革命"。1972年，随着中美关系、中日关系解冻，中国的国际环境和国内政策发生了一些变化。1974年，云南林学院（即被下放到云南的北京林学院）恢复园林系建制，开始招收工农兵学员。1978年，云南林学院迁回北京，并恢复北京林学院的名称，中国风景园林学学科艰辛发展的一段历程才告结束。

中华人民共和国成立前30年，中国风景园林学术研究主要集中在园林研究和城市绿化两个方面，代表性研究成果包括：《绿地研究报告》（程世抚、冯纪忠、钟耀，1951）、《颐和园测绘图集》（清华大学建筑系，1953）、《苏州园林》（陈从周，1956）、《园林艺术》油印讲义（孙筱祥，1958）、《街坊绿化》（建筑科学研究院区域规划与城市规划研究室，1959）、《中国古代园林史》油印讲义（汪菊渊，1950s）、《绿化建设》（沈国尧、潘百顺、王溢伦，1962）、《园林规划设计》（上下两册）油印讲义（孙筱祥、郦芷若、梁永基，1962）、《岭南庭园》书稿（莫伯治，1963）、《建筑史论文集》（清华大学土木建筑系建筑历史教研组，1964）等。工程实践主要集中在城市绿化、城市公园建设、城市绿地系统规划、风景疗养区规划建设等4个方面，其中"大地园林化"作为一项群众运动，其影响已经超出了风景园林的领域。

4. 中国风景园林学科的蓬勃发展

党的十一届三中全会之后，中国进入到生机勃勃的改革开放历史潮流之中。在"解放思想、实事求是"的开明政治氛围下，中国的经济、文化、社会、教育等各个领域均打开了全新的局面，启动了从阶级斗争向经济建设，计划经济向市场经济，农村化向城镇化，自力更生向对外开放等重大的历史变革，极大地激发了社会活力，取得了举世瞩目的历史成就。根据相关统计数据，从1978—2011年，中国经济总量迅速增加了约133倍，普通高校在校人数增长约25倍，城镇人口率从17.92%增加到52.57%。

中国风景园林学学科也在这一时代背景下进入了蓬勃发展的阶段。勃勃生机首先出现在学术研究领域，从1979年起，许多资深学者将其几十年积累的重要研究成果整理发表，包括《苏州古典园林》（刘敦桢，1979）、《张南垣生卒年考》（曹汛，1979）、《中国造园艺术在欧洲的影响》（陈志华，1979）、《园林谈丛》（陈从周，1979）、《外国造园艺术》（陈志华，1980）、《园冶注释》（陈植，1981）、《造园史纲》（童寯，1983）、《说园》（陈从周，1984）、《长物志校注》（陈植，1984）、《中国古典园林分析》（彭一刚，1986）、《中国园林艺术概观》（宗白华，1987）、《中国大百科全书——建筑·园林·城市规划卷》（1988）、《中国古典园林史》（第一版）（周维权，1990）、《园综》（陈从周，2004）、《中国造园史》（陈植，2006）、《中国古代园林史》（汪菊渊，2006）等。

风景园林学术研究范围也大幅拓展，在中国古典园林研究、风景名胜区／文化景观和世界遗产、国家公园和自然保护地、城市绿地、园林工程技术和西方园林等诸多方面，据不完全统计，产出了5500余篇硕士和博士论文，以及47000余篇学术论文。

这一时期，比学术研究发展势头更强的是风景园林工程实践。国家、社会和市场对风景园林的需要快速增长，风景园林的实践范围也得到了较大的拓展。除了传统的城市绿地建设以外，世界遗产和风景名胜区、城市开放空间和城市景观设计、园林博览会、乡村生态环境，以及生态修复等领域的实践全面铺开。风景园林的实践尺度覆盖了从国土到庭院的广阔范围。

蓬勃发展时期，风景园林教育和课程的特征体现为不同背景的院校多元办学。这一时期，共有5类不同背景的院校开办风景园林专业：建筑背景、林学背景、农学背景、艺术背景和理学背景。1984年7月，教育部和国家计委印发的《高等学校工科本科专业目录》中，首次出现了"风景园林"的名称，并将其归入土建类专业之中。1987年，教育部正式设立"风景园林专业"。1997年，风景园林教育遭遇波折，教育部对研究生学科目录调整，将建筑学一级学科下的"园林规划与设计"二级学科归并为城市规划与设计（含风景园林规划与设计）二级学科，这个调整损害了风景园林的发展势头和独立性。直到2005年，国务院学位办批准25所不同背景的高校授予风景园林硕士专业学位，风景园林学学科的发展势头才得以继续。

风景园林学术共同体的建设在蓬勃发展期也取得长足进步。1989年，中国风景园林学会成立，作为全国性一级学会，下设城市绿化、园林植物、风景名胜区、风景园林经济与管理、园林规划设计5个专业学术委员。风景园林类学术期刊在这一时期也有了较快增长，先后创刊发行的刊物有：《古建园林技术》（1983）、《风景名胜》（1984）、《中国园林》（1985）、《园林》（1988）、《风景园林》（1993）、《景观设计》（2002）、《国际新景观》（2008）、《景观设计学》（2008）等。2009年，中国风景园林学会首届年会在北京召开，主题为"融合与发展"，极大地促进了不同背景的风景园林教育和实践的交流，风景园林学作为一级学科具备充分的基础。

国际学术交流是蓬勃发展期的另一亮点，主要集中在参与国际学术活动和国际竞赛、国际教学合作、聘请国际学者教学和中外园林合作4个方面。1983年，国际风景园林师联合会（IFLA）邀请孙筱祥作为中国个人代表参加会议。20世纪80年代末，国内高校开始邀请国外知名教授来华交流合作，曾任美国哈佛大学风景园林系主任的劳瑞·欧林（Laurie Olin）教授更是于2003—2006年担任清华大学建筑学院景观学系首任系主任。这一时期，国内很多风景园林项目和在校大学生积极参加国际上奖项评选活动，并屡获大奖。

5. 全面规范发展

2011年3月8日，国务院学位委员会、教育部印发《学位授予和人才培养学科目录（2011年）》的通知，其中，风景园林学增设成为工科门类一级学科。在清华大学、重庆大学、西安建筑大学、同济大学、天津大学、湖南大学等学校学科负责人的精诚合作、高效工作下，在住房和城乡建设部、中国风景园林学会的领导下，在学界和业界同人的共同努力，以及相关部门和专家的广泛支持下，风景园林学终于从二级学科的下设分支一跃成为独立的一级学科。2012年9月，教育部颁布《普通高等学校本科专业目录（2012年）》。在清华大学、北京林业大学、华中农业大学等学校学科负责人的共同努力下，"风景园林"又正式成为工学门类建筑类三个基本专业之一，摆脱了"目录外专业"的尴尬被动局面。以上两项学科发展重要进展，直接推动中国风景园林学学科迈入了全面规范发展阶段。

一级学科平台上的风景园林学首先体现出全面发展的特征，具体体现在学科框架的完整性、培养层次的完备性、课程体系的完善性，以及各级学科点的规模化增长4个方面。

风景园林学一级学科设计出6个二级学科方向，即风景园林历史与理论、园林与景观设计、地景规划与生态修复、风景园林遗产保护、风景园林植物应用和风景园林技术科学。这6

个二级学科方向，既有理论，也有实践，覆盖了风景园林保护、规划、设计、建设的全过程，是一个相对完备的一级学科框架。2011 年后，不论是教育与课程、学术研究还是工程实践，基本都是按照这 6 个二级学科方向展开的（工程实践不包括风景园林历史和理论二级学科方向），在每个二级学科方向上也都取得了丰富的理论和实践成果。

风景园林学学科的学位培养层次也终于完备，可以授予的学位包括学士（工学、艺术学）、硕士（工学、农学、风景园林硕士专业学位）、博士（工学、农学）。

成为一级学科，以及进入工学门类建筑类本科专业目录后，风景园林学的规范性程度也得到极大提升。目前教育部 / 国务院学位委员会有关风景园林学学科的组织机构有 3 个："教育部高等学校建筑类风景园林专业教学指导分委员会""全国风景园林专业学位研究生教育指导委员会""国务院学位委员会风景园林学科评议组"。这 3 个机构在促进风景园林学规范化发展方面发挥了重要作用，先后出台的《高等学校风景园林本科指导性专业规范》（2013）、《全日制风景园林硕士专业学位研究生指导性培养方案》（2016）、《〈风景园林学〉学位授权审核申请基本条件（试行）》（2017）是风景园林本科专业、专业硕士和学术型学位授权点管理的基础性文件。

五、中国风景园林学学科展望

展望 21 世纪前半叶，中国风景园林学学科的发展拥有巨大的机遇。学科发展的机遇首先来自人类文明的生态转向。1999 年，美国著名生态思想家托马斯·贝里（Thomas Berry）提出了"生态生代（Ecozoic）"的概念，2000 年荷兰诺贝尔奖获得者保罗·克鲁岑（Paul Crutzen）提出了"人类世"的概念，并且越来越得到科学界的广泛认同。中国早在 2002 年就提出了"生态文明"的概念。党的十八大以来，是我国生态文明体制改革密度最高、推进最快、力度最大、成效最多的几年。生态文明作为国家战略的推进，其覆盖范围之广，力度之大，意志之坚定，在我国历史上是没有的，在世界范围也是罕见的。在这个背景下，中国风景园林学学科的发展机遇可以说是千载难逢的。

中国风景园林学学科的另外一个重要机遇来自中国的城市化进程，几十年来不论其规模、速度、复杂程度和环境社会影响程度都是人类历史上前所未有的。更进一步，目前中国的城市化已经从粗放转化为精细，从"有没有、有多少"转化为"好不好、有多好"。在这个过程中，中国风景园林学学科如果能够将"更美丽、更健康、更自然"的因素更多地注入中国的城市化进程，则可以为学科的发展找到另外一个引擎。

在如此巨大的发展机遇下，中国风景园林学学科有机会和潜力在生态文明建设中成为领导型学科之一，并在实践、理论和教育等方面对世界范围内的风景、园林学发展做出重要贡献。

要完成以上学科发展目标，中国风景园林学术共同体应该采取以下发展战略。

（1）明确定位。明确定位需解决两个方面的问题，即风景园林学的时代性和中国化。"时代性"解决的是古今关系，"中国化"针对的是中外关系。中国的风景园林学具有双重基因：一为中国传统风景和园林文化，二为作为西方风景园林学科。风景园林学既不是传统风景和园林文化的机械生长，也不是西方风景园林学科在中国的简单拷贝。虽然风景园林学是从卓越的中国传统园林中生长出来，并将继续从中汲取营养，但我们也应清醒地认识到，现代风景园林学的实践领域已大大超越了传统园林的围墙，理论和实践中的生态因素、社会因素、经济因素及它们之间的复杂程度也是传统风景和园林所未见的。因此，可以说风景园林学与中国传统园林同根同祖而不同架构，换句话说，其知识结构、服务对象、尺度已经发生了根本性质变。另一方面，虽然风景园林学需要借鉴19世纪以来，以美国为代表发展而来的现代风景园林学科的成长经验，但毕竟风景园林学与一般的自然科学（如数学、物理）不同，有着很强的地域文化特征，因此中国的风景园林学也不必亦步亦趋，照着西方风景园林学的模样走路。中国的风景园林学完全有条件走出既具有"时代性"又具有"中国性"的学科之路。

（2）建立学科价值观。以现代"环境伦理学""社会伦理学"和中国传统"山水思想"为基础，建立风景园林学的学科价值观。"科学是以价值为基础的事业，不同创造性学科的特点，首先在于不同的共有价值的集合。"不同学科有着不同的价值观，不同时代其学科价值观也会有所变化。从广义上来讲，价值观包括对真、善、美3个层次的认识，分别对应哲学、伦理学和美学。中国的山水思想和山水美学在思考人和自然环境的关系上达到了很高的境界；现代环境哲学、环境伦理学和环境美学又进一步将生态学等现代科学的最新成果融入人与自然环境关系的思考之中。如何从中国"山水思想""环境哲学 – 环境伦理学 – 环境美学"和"社会伦理学"中融合提炼出风景园林学的学科价值观，是风景园林学学科建设的首要任务。

（3）团结与合作。风景园林学目前还是一个弱势学科，对于弱势学科来讲，团结是发展和壮大的基础，任何分化分裂的行动只会使这个学科更为弱势，从而损害风景园林学术共同体的共同利益。日本和中国台湾地区学科名称争议和一业多会的局面就是我们的前车之鉴。风景园林学在上一轮学科调整中能够取得一级学科的地位，就是因为学科内部的团结，以及有底线的妥协。团结和妥协的结果带来了学科名称（风景园林学）和所属门类（工学门类）上的共识，而这两个共识成为风景园林学成功晋升一级学科的两大支柱。虽然很多学者对学科名称都有不同的思考，但现在并不是合适的时机重新讨论学科名称问题。因为名词之争，只会破坏风景园林学术共同体来之不易的团结局面，将风景园林学学科推入下一轮学科调整时可能降级的危险之中。学科内部团结需要各种层次的合作和交流、不同背景院校之间的合作交流、不同地区之间的合作交流、院校和企业之间的合作交流等。学科还需要主动寻找外部合作机会，如相关学科间的合作、国际合作等。团结越紧密，合作越深入，风景园林学学科将会越强大，前景也将越广阔。

（4）强化硬核。硬核是一个学科发展的引擎，是它存在、发展和强大的最关键的因素。风景园林学需要找到自己的"学科枢纽"，清晰地描述它，建构它的逻辑框架，并通过理论研究和广泛实践持续强化它。硬核越强大，学科越强大，学科的吸引力也才会越来越强，从而逐渐开始发挥领导性学科的作用。

（5）拓展和深化。拓展是在广度层面完成的。在生态生代、人类世、生态文明背景下，风景园林学学科将有很大机会发现新的广阔领域。2011年前后在上一轮学科目录调整时，对"生态修复"确定为风景园林学的一个二级学科方向，尚有不同看法。但几年后城市生态修复就成为一个巨大的实践领域。如今，风景园林学不再蜷缩在园林的"围墙"中，正在生态文明、美丽中国等国家战略中，确立新的着力点，开拓新的学科领域，例如国家公园与自然保护地、棕地修复、城市雨洪管理、低影响开发、城市生物多样性保护等。

风景园林学学科需要全面深化研究其在这一时代的思想、价值观、方法、技术、功能、实现机制、形态和文化，并研究能将上述各方面整合成为独特的风景园林学学科的途径。只有实现了这种层次的深化和细化，学科的潜力才能得到最大程度的变现。

（6）知行合一。如果将风景园林学比喻成为一辆自行车，风景园林学学科的前进要靠理论和实践两个轮子共同作用，两者缺一不可，同时还要互联互动。

在上述战略的指导下，重点推进以下7个方面的行动：①建设使命与价值观高度一致，充满活力和生机的风景园林学术 – 实践共同体；②确立风景权的法律地位，研究《中华人民共和国风景权法》的可行性；③尽快推进执业制度的出台，并配套相应的教育评估和认定；④积极推动全民尤其是中小学风景教育和环境教育活动；⑤加强对全球变化和国家大政方针的敏感度，倡导、参与和制定风景园林全球战略和国家战略；⑥推动全国性景观评估，加强景观评估技术的研究与实践；⑦积累和宣传优秀的保护、规划、设计、建设、管理以及教育实践范例，引导学生正确的风景园林价值观的形成。

参考文献

[1] 安亚明，倪琪. 当代澳大利亚景观设计概述 [J]. 华中建筑，2007（3）：157–160.

[2] 陈弘志，林广思. 美国风景园林专业教育的借鉴与启示 [J]. 中国园林，2006（12）：5–8.

[3] 陈晓彤. 传承·整合与嬗变——美国景观设计发展研究 [M]. 南京：东南大学出版社，2005.

[4] 邓位，申诚. 英国景观教育体系简介 [J]. 世界建筑，2006（7）：78–81.

[5] 迪尔·雷瓦德，夏欣. 德国的风景园林教育 [J]. 中国园林，2014，30（11）：13–17.

[6] 杜安，林广思. 俄罗斯风景园林专业教育概况 [J]. 风景园林，2008（2）：48–52.

[7] 方晓灵. 法国景观概况——景观概念及发展中的主要问题 [J]. 城市环境设计，2008（2）：12–14.

[8] 弗雷德里克·斯坦纳，马冀汀. 风景园林教育在美国 [J]. 中国园林，2013，29（6）：26–29.

[9] 华勒斯坦等. 学科·知识·权力 [M]，北京：生活·读书·新知三联书店，1999.

[10] 李树华，李玉红. 日本LA教育体系与学会组织对我国LA教育与学会发展的启示 [J]. 中国园林，2008（1）：24–28.

[11] 郦芷若，朱建宁. 西方园林 [M]. 郑州：河南科学技术出版社，2001.

[12] 林广思，朱红. 法国风景园林高等教育院校设置 [J]. 中国园林，2013，29（6）：30–34.

[13] 罗恩·威廉，文森特·爱斯壮，吴新壮. 20世纪加拿大风景园林 [J]. 风景园林，2007（3）：42–55.

[14] 玛丽亚·伊格纳季耶娃，维克托·斯摩丁，傅凡. 俄罗斯风景园林的全球化趋势 [J]. 风景园林，2008（2）：44–47.

[15] 玛丽亚·伊格纳季耶娃，金荷仙，史琰，等. 俄罗斯风景园林的历史与现在 [J]. 中国园林，2007（1）：41–48.

[16] 迈克·巴塞尔梅，吴沁甜，晁文秀，等. 新西兰风景园林行业概况 [J]. 中国园林，2013，29（1）：5–8.

[17] 斯蒂芬·布朗，庄优波. 新西兰景观规划 [J]. 中国园林，2013，29（1）：12–17.

[18] 王向荣. 风景园林领域的德国制造 [J]. 中国园林，2014，30（11）：5–6.

[19] 王向荣，林箐. 西方现代景观设计的理论与实践 [M]. 北京：中国建筑工业出版社，2002.

[20] 西西利亚·潘妮，吉姆·泰勒，冯娴慧. 加拿大风景园林的起源与发展 [J]. 中国园林，2004（1）：56–60.

[21] 杨锐. 风景园林学的机遇与挑战 [J]. 中国园林，2011（5）：18–19.

[22] 杨锐. 论风景园林学发展脉络和特征——兼论21世纪初中国需要怎样的风景园林学 [J]. 中国园林，2013（6）：6–9.

［23］杨锐. 风景园林学科建设中的 9 个关键问题［J］. 中国园林，2017（1）：13-16.

［24］英格伯格·帕兰德，章晖. 德国风景园林师协会：风景园林师的职业协会［J］. 中国园林，2014，30（11）：7-8.

［25］于冰沁. 寻踪——生态主义思想在西方近现代风景园林中的产生、发展与实践［D］. 北京林业大学，2012.

［26］章俊华，张安. 日本园林专业的大学教育及千叶大学园艺学部的绿地环境教育课程［J］. 风景园林，2006（5）：40-45.

［27］针之谷钟吉，邹洪灿. 西方造园变迁史——从伊甸园到天然公园［M］. 北京：中国建筑工业出版社，1991.

［28］周维权. 中国古典园林史［M］. 北京：清华大学出版社，2008.

［29］中国风景园林学会. 风景园林学科发展研究报告 2009—2010［M］. 北京：中国科学技术出版社，2010.

撰稿人：杨　锐　张晋石　林广思　付彦荣　邬东璠

第一章　中国古代风景园林知行传统

中国风景园林知行传统，是以学科的视野来认识和梳理中国古代风景园林的核心价值和知识体系。"知"与"行"，属于中国哲学中古老的认识论范畴，是对认识和实践关系的表述。先哲认为"道之德之行"之谓善，"道之德"是"知"的终极追求，只有"知"和"行"统一，才能至"善"。纵观中国古代风景园林历史发展，认识思想与营造实践密切联系，彼此互动，呈现"知行一体"的显著特征。

中国古代人居环境以自然为基础，通过逐世积累艰辛的劳动实践，逐渐确立了构建人与自然的适宜秩序，是人居环境建设的第一要义的基本经验。中国古代风景园林思想与实践，起源和发展于农耕文明时期，呈现出先民生活生产的营建活动与中华大地独特自然环境之间互为化育的融通和谐联系，成为中华文化传统的重要组成。从早期为生存需求工程营建中敬畏、顺应自然，到风景游赏与造园艺术再现自然的山水文化，中国古代人工工程表现的生存智慧、人生情趣、审美观念、空间意识等风景园林的传统内涵，一脉相承，延绵几千年，至今不衰。今天以学科史的角度，认知中国古代风景园林传统思想的核心要义，梳理各个历史时期各类风景园林实践活动中营建手法与风格特质，对研究中国古代风景园林的当代价值和意义，依然十分重要。

中国古代风景园林实践涵盖了两大体系，"风景"和"园林"。关于"园林"实践活动的概念范畴，成果丰富，界定清晰。而有关"风景"的思想和营建，不仅存在于山水名胜，也蕴含于古代各种人工工程营建所体现的空间艺术观念和营建手法中。

本章内容涵盖中国古代风景园林思想基础，以及风景园林各类实践活动类型的形成与发展，主要有山水名胜、园林，以及城邑、乡村田园、水利、交通、军事工程和林陵墓园中的风景营建。梳理其主要形式特征，及其在历史文化过程中的价值和作用，从而探究中国风景园林"知行一体"传统内涵。

第一节　中国古代风景园林的思想基础

中国历史上各类风景园林营建活动，无不受到中国传统文化思想的影响，逐渐形成中国特有的风景园林知识体系和形式，并成为中国文化的重要组成部分，源远流长。这些传统思想历经几千年的时空变迁，内涵丰富而复杂，但这一体系存在着基本思想脉络和表现形式，主要包含三个方面。

一是"山水形胜"的观念，表现为古人对自然环境利用需求下的辨识和认知，代表了传统山水美学、风水相地学的自然观和审美观，是中国风景园林思想的基础。

二是中国文化思想体系中的人文关怀，表现为"推天道以明人事"的中国哲学观，即以人和社会为中心的中华民族入世品格。儒家"礼制""比德"，道家"以简驭繁""神仙""隐逸"，佛家"净土""禅宗"，以及中国文学绘画艺术等思想，都反映了人文思想对风景园林营建思路和手法的影响。

三是以"人与天调"为代表的中国传统风景园林营建活动的实践观。天地代表着自然，具有物性与神性。天地化育万物，人是万物之一，被天地化育，但人可"赞天地之化育"，人的作为要遵循自然的规律。人与天调体现在"外师造化，内得心源"的创作理论中，既尊重、保护、利用自然，又强调"景物因人成胜概"。

一、山水形胜：古人对自然环境的认知

"山水"在中国传统文化的语境中，具有丰富的内涵。伏羲先天八卦将"山"和"水"作为表达自然界物质或现象的元素，以自然环境元素辨方定位，使其具有独特的文化含义，阴阳互动，相依成形。以山水引申为整体自然环境，呈现出独特的美学意义，并表达了古人对人性美德的追求。

"形胜"一词，最早出现在战国《荀子·强国》，是孙卿子对秦国秦川地理环境形势优势、险要、便利等功能特征的认知和表达，并赋予了美学的含义。汉代管辂所著《地理指蒙》将地理景象的"形胜"理念与人文心理观念相融合，开启了风水学说。"形胜"是中国古人认知地理景象功能和美学意义的表达，最初表现为对地理环境形势的优越、险要、便利等特征的描述，后演绎为风景优美、山川壮丽的普遍认知。古代地方志中专门设立独立条目，从位置、地理条件、历史因素等诸方面对"形胜"加以描述，可见形胜特征对地方社会文化的重要影响。

"山水形胜"作为中国风景园林思想体系的核心，主要体现在以下三个方面。

（1）"山水形胜"代表了中国古人对地理景象的认知

中国先民自古对其生存所处的地理空间环境有逐步认知的过程，在不断探索中形成了中国传统时空观念。距今约4800年前，伏羲氏推演绘制先天八卦，认定天、地、水、火、山、泽、风、雷八种自然物质与自然景象，辨识东西南北方位。公元前十一世纪，周文王被囚于汤阴羑里（今河南），著《周易》绘制后天八卦，以探天人之理。《周易·大传》中"在天成象，在地成形"表达了"形"与"象"的美学概念。周公继之作爻辞，卦爻中呈现山川、风云、雷雨及物体的自然景象。孔子作系辞，子夏、邹衍、荀况、管辂等后人不断探索记述，对自然景象认知逐渐深入。

公元前5—前3世纪，《荀子·强国》对秦国地理形胜的记载："其固塞险，形势便，山林川谷美，天材之利多，是形胜也"。220—280年，管辂所著《地理指蒙》中阐述了"相土度地"的理念，并以龙的形象去象征山岳、河川；将山岭、湖泽、森林视为国家宝藏；将山岳、河川自然景象的近形与远势视为"形胜"；将适宜于人居的缓地、坦地、台地视为明堂（宜居佳地）。进而，管辂将"形胜"功能作用与人的心理观念相融合，形成风水学的基本思想。

581—860年隋唐时期，帝王选址营建离宫、宫城、陵墓，广泛应用"形胜"思想，隋

宇文恺（555—612年）规划营建长安、洛阳、修建仁寿宫，表现了"笼山水为苑""冠山抗殿""包山通苑，疏泉抗殿""因山借水""因山为陵"等风景营建的手法。

宋、辽、元时期形胜思想持续发展，自然景象认知与文学绘画充分结合，使得风景形胜的认知与表达上升到艺术形式。北宋汴京时代，城邑选址营建于平川之地，无地形利用，便着意于对水的因藉。工部尚书丁谓（966—1037）利用城市水网、水运来营建宫殿、街道及金明池等，再显"形胜"之意。至南宋时，庙观、寺院逐渐增多，遍布山岳，泰山岱顶玉女祠（现碧霞元君祠），华山玉泉院、云台观等，无不显示"山因寺得名，寺因山增色"的中国风景名胜内涵，逐步形成"绘画乃造园之母"的思想。辽代大宁宫的营建继承秦兰池宫和汉建章宫太液池的一池三山模式，元大都布局中自西山引水入城，修太液池并做三山，为后来明清北京宫苑布局奠定了基础。

明清时期是继承形胜思想用以工程营建蔚为大成的时代。明代都城选址借钟山、牛首山、秦淮河、玄武湖等自然形胜要素营建建康城。清代帝王工程规模更是气势宏大，东陵环山麓"集帝王墓群为陵"；避暑山庄北倚金山、黑山山脉，东靠磬锤峰、罗汉山，东邻武烈河，笼山水于人工营建构景之中；颐和园"笼瓮山与瓮山泊为苑""冠万寿山抗佛香阁"，更是将形胜思想发挥极致。

（2）"山水形胜"表达了中国风景园林的美学思想

"山水"一词引申为整体自然环境，赋予了古人对人性美德的比拟和追求。《论语·雍也》中"仁者乐山，知者乐水"，这一中国传统审美心理体现着人与天地山川相通合的基本特征。山水成为中国风景园林美学思想的内核，也是中国传统文化的核心。中国的风景园林、山水诗、山水画的产生和发展，都是以山水来抒发情感，表达志向。

早在先秦时期，先民就表达出对山水的朴素审美意识。《诗经·小雅·天保》中"天保定尔，以莫不兴。如山如阜，如冈如陵，如川之方至，以莫不增""如南山之寿，不骞不崩"等文字已有表述。秦汉"上林苑"因借山水，建筑物点缀其中，具备游赏与审美功能；对"昆仑山""天池""蓬莱仙岛"的尊崇也在造园中有所体现。魏晋时期，会稽山"兰亭"典故表达士大夫寄情山水的精神志趣和"曲水流觞"的文化意趣，对东方造园思想影响深刻。同期，"隐逸"思想广布，陶渊明田园诗诸如《归去来兮辞》中"乐书琴以消忧""登东皋以舒啸，临清流而赋诗"的表述，表达了对乡村生活境界的追求，让自然山水审美增添了田园美学思想。宋元明清时期，追求"画境文心"所表达的山水文化艺术风格，成为风景园林营建的审美追求，写意山水园附有文学主题，咫尺之间，运用虚实、藏露、疏密等手法来营造游憩活动场所，充盈着诗情画意。

（3）"山水形胜"影响下形成了风水相地学

风水相地学又称堪舆学，是古代人工工程选址的思想依据和营建手法，构成了当代风景文化内涵的空间结构形式。《周易》中"观乎天文以察时变，观乎人文已化成天下"，《系辞上传》中"仰则观像于天，俯则观法于地"都描述这种堪天舆地的观物取象文化，并逐渐形成观察评价人居环境选址营建的方法。南唐何溥《灵城精义》中对风水相地的要点总结为：一是山水与气势，"大地无形看气概，小地无势看精神，水成形山上止，山成形水中止，龙为地气，水为天气"；二是山水与阴阳，山形水势的气脉有阴有阳，"阴胜逢阳则止，阳胜逢阴则住"，阴阳协调才能形成佳地。因此，气势是人对自然山水感知形成气质和动势的综合意象，地理阴阳，是依据气候和自然环境选择聚居地的基本条件。

从相地中所说的"审龙脉""审砂势""审水流"和"审穴位"四要素来看，龙脉（山）、水气（河流）、砂势（大山与小冈阜）、穴位（地盘）等，都是自然地理因素，也是自然山水景观构成要素。自然山水景象构成的美学规律，常常与风水佳地具有趋同性。

二、人文思想：风景园林中的文化精神

中国古代风景园林是物质文化和精神文化的双重体现，其物质形态中包含着一定的文化精神与审美意识。可以说，古代的风景园林营建是文化心理和审美意识的物化过程，使其生动鲜明的物质形态具体、形象地传达出一个民族的精神气质或时代的文化心理特征。

中华民族自古就是一个重人伦、重体验、富有现实实用理性精神的民族。经世致用和修身养性，在中国文化系统中有悠久的传统。中国儒释道三教思想在其不同体系中表达人生哲学，构成中国文化的世界观，影响着中国的文学绘画艺术，成为中国古代风景园林的传统思想基础。因此，中国园林有"景面文心"之说，"以文载道"，"山水以形媚道"。

（1）中国传统哲学的自然观

传统天人合一思想是最具自然性与人本性的中国哲学思想。"人道"即"天道"，这是"天人合一"命题的根本所在。"人道"与"天道"相通，表明中国古代思想体系具有鲜明的主体意识。中国儒道两家都有"天人合一"的思想。儒家更侧重道德、伦理由自我内省而外推，赋予自然以伦理价值而实现"天人合一"；道家则侧重从个体自由出发，强调通过体悟人与自然共同的本体——"道"，来达成"物我为一"。因此，无论是从人到自然还是从自然到人，都是以物我相通为起点去实现"天人合一"的理想。

从先秦的"山水比德"到魏晋之际人性的觉悟，从先秦的思想繁荣到魏晋南北朝的思想活跃，是中国历史上一次人性思维的大解放。在这样的前提下，更体现了具有中国文化特色的人文精神。南朝画家宗炳（375—443）说"山水以形媚道"，故而只要以虚静的心态去审视山水，便可透过山水之形来体悟自然之道。换言之，也就是人的感觉进入到自然的本体而存在。东晋陶渊明（约365—427）诗"采菊东篱下，悠然见南山"，王国维称之为"无我之境"，所谓"以物观物"呈现出主体与客体融为一体的审美状态，进而也就实现了人与山水共同的自在本体，即"道"。南北朝谢灵运（385—433）提出"夫衣食，人生之所资；山水，性分之所适"。人的物质需求在于衣食，而精神需求则在于山水，满足精神需求即"适性"。

流连山水、愉悦情怀以"通神会气"是通往天道自然的中介，也是取得人性自由的必由之路。中国人对于人文关怀的精神是以泯灭物我之间的界限而实现的，通过人与自然的和谐来倡导对人的关注。"德配天地"和"与物化一"等都具有这样的属性和特征。

所以，中国古代风景园林审美的主体意识包含在自然山水形势之中，主客体间的和谐以山水之自然体现出来，人文关怀以自然山水形态为载体。

（2）儒家的礼制与比德思想

儒家思想是中国文化发展的主脉，这种精英文化借助政治的力量渗透到古人思想中，成为他们立世行事的观念和标准。由于儒家思想的普世性和深入性，中国古代艺术无不打上了"儒"的印记。儒家思想对风景园林最根本的影响体现在礼制思想与比德思想，能够反映在风景园林空间布局和园林要素应用等方面。

"礼制"是中国传统风景园林的重要思想渊源之一。随着古代社会制度的发展，中国古人对"天"的崇拜转化为对以"天子"自居的君王的尊崇。"礼"的观念逐渐演变为敬天祭祖、尊同于具有政治寓意的祭祀活动和等级制度。商、周时期，对"礼"所代表的秩序感的追求，形成了一种空间组合秩序、构筑形式和符号象征的表达方式，对中国传统风景园林产生了重要的影响。在山川形胜方面，体现为五岳四渎的封禅和祭祀制度，由此形成了山水名胜的文化现象。在城邑营建中，《周礼·考工记》确定了战国时期"匠人营国"的制度，形成宫苑居中、突出中轴、工整对称，宫苑、宗庙、衙署、市集、民居分区布置的城市格局和营造特色。在乡村田园中，礼制早期体现为井田制的农业生产和社会管理制度，后期以宗法礼俗的形式影响到聚落的选址与布局。在造园方面，某些景致是帝王身份的象征，为皇家园林所专有，如圆明园的营建，以西北高山、东部福海、中部九州来象征着国土疆域。在林陵墓园方面，礼制体现为不同阶层的墓葬制度，如圣人之墓称"林"，帝王之墓称"陵"，王侯之墓称"冢"，百姓之墓称"坟"，根据等级的不同，坟墓的规格和规模都有一套严格的制度。

"比德"是从功利、伦理的角度来认识自然，把山水当作道德精神的比拟对象。儒家认为山水林木之所以具备美感，是因为它们表现出与人的道德品行相类似的特征，如"仁者乐山，知者乐水"的比德山水观反映了儒家的道德感悟，认为山代表仁厚，水代表睿智，实际是引导人们通过对山水的真切体验，去反思体味"仁""智"等社会品格的意蕴。此外，以松柏象征长寿永固，以兰竹象征淡泊高洁，某种程度上都可视为自然的拟人化。到魏晋南北朝时期，又发展出人的拟自然化，以山水风景中的自然景物来品评人物的相貌德行，如嵇康（224—263）被比拟为孤松之独立，王衍（256—311）被比拟为瑶林琼树，甚至以山水形胜预示某地的人物风神，即所谓"地灵则人杰"。人与自然的这种双向密切关系，其内核之一源自前面提到的"人与天调"。比德思想影响到名山风景区和园林的建设，前者如对浙江仙都山等孤高耸拔的山峰的欣赏，体现了君子独立不倚的精神；后者如清代清漪园的"扬仁风"、北海的"延南薰"皆为扇形平面，用比德的手法来表现皇帝仁泽天下、与民同乐的精神。儒家对中国传统园林艺术构成方式的形成和影响虽然不如庄、禅那么直接、明确，但它所倡导的和谐精神及其道德内涵，使中国传统风景园林成为真正的修身养性之所。

（3）道家的神仙与隐逸思想

道家崇尚自然，从人和自然的联系中探讨生命问题。"人法地，地法天，天法道，道法自然"，老子认为自然是人、地、天的规范。道家学说始终在追寻和参悟冥冥之中形而上的"道"，认为人的观照应该上升到"道"的层次，也就是对万物本体和根源的把握。正是基于道家学说的超越性，人才能够清醒地认识现实、认识自我。"道可道，非常道""少则多，多则惑"，老子为中国传统艺术思想奠定了化繁为简、以简驭繁的哲学基础。老庄崇尚自然、虚静的精神，直接影响并促成文人士大夫们以山水园林的自然环境为依托，刻造出超脱、散淡的园林环境。这种出世的哲学观念所崇尚的审美理想，超越了自然物质的本体，使人的精神从实用的因果束缚中超脱出来。正是因为这种哲学气质的影响，中国传统风景园林艺术才有了想象丰富的"别有洞天"和隐逸山林的遁世情怀。

道家思想对于中国传统风景园林的影响可归结为神仙思想与隐逸思想，两者对风景园林营建有着深刻影响。上古时期，流传着山岳是人类始祖盘古的躯体化身而成的神话，使山岳崇拜和祭祀成为社会生活的重要内容。战国末期产生了神仙思想，到秦汉大为盛行，糅合了原始的鬼神崇拜、山岳崇拜和老庄学说,形成了西方昆仑和东海仙山两大神话体系。西方的昆仑神话起源较早,《山海经》《淮南子》《穆天子传》皆有描述,汉画像石中则有相关的图像描绘。而山与水成为并列的两大主题,是在昆仑神话流传到东方后,与大海结合形成蓬莱神话:竖向的三层高山转变为横向的三座仙岛,岛上有灵芝丹桂和金银宫阙,周围是万顷汪洋。除了昆仑神话和蓬莱神话,古人还通过天文星象构想出一套天庭系统。

神仙思想影响了古代城市、名山胜境和园林的营建意向与模式。如秦代都城咸阳模拟天文星象,以渭水为银河,主殿为紫微宫;西汉长安则模拟"北斗七星"构筑"斗城"。在名山胜境方面,人们更多地关注山海洲岛景象,并在自然山川中寻求幻想中的仙境,形成道教的洞天福地体系。同时,山水结合而成的海上仙山具备了后世园林营建的众多特征,启发了壶中天地和桃源仙境的营造。

隐逸思想可追溯到尧帝时期,后来又有披裘公、荣启期、安期生、商山四皓等,形成蔚为大观的隐逸文化。隐士或是受到神仙思想的影响,或是逃避朝堂而选择山居。汉唐以来,隐逸呈现多样化的趋势,按所处位置有朝隐、市隐和山隐等;按隐逸程度有大隐、中隐和半隐等,甚至有将隐逸作为获取官职的"终南捷径"。据记载从东晋十六国到隋唐时期,终南山就有草堂译经、避难兴法、盛世宗师、幽谷英魂和异国学僧等各种修行高僧,隋唐时期终南山中就建有包含祖庭在内的二十余座著名寺院,"终南山自古就有隐逸的传统,被誉为'隐士的天堂'"。所以隐逸环境也加入了自然山水的审美,成为怡情寄兴之所。隐逸思想促进了山林郊野的开发、山水情怀的养成和山水文化的积淀,众多名山胜境中都留下了隐士的足迹。同时,隐士以及他们的诗文又将山水文化带入城市园林中,使其成为中国传统风景园林营造的内核。

(4)佛家的净土宗和禅宗思想

佛教最初传入中国时被视为神仙方术的一种,后来教义广布,宗派确立,才开始在思想层面影响风景园林的营建,重点体现在净土宗思想和禅宗思想两个方面。

净土宗提到须弥世界、华藏世界和极乐世界三种佛国世界。据说佛国是由无数个须弥世界构成,更有"芥子纳须弥"之说,以此比喻微小却包罗万象的园林,并模仿须弥山进行营建,如北海北岸的极乐世界、清漪园北山的须弥灵境和承德普宁寺的藏传寺庙。华藏世界处于香水海中的大莲华内,以金刚轮山围绕,众宝为林,香草布地,妙华开敷,珠玉满饰,因而有"一花一世界"之说,经常成为寺庙园林效仿的原型。极乐世界中有七宝池,八功德水充盈其中,池底铺着金沙,池中莲花大如车轮,池上楼阁饰以金银。佛教的经义影响了隋唐的佛寺庭园,敦煌莫高窟有多幅壁画描绘了这种"水庭"的形制:周围是一组高大的殿阁建筑群,中央开凿巨大的方整水池,池中架设平台,有一至三处不等,以释迦牟尼为中心的佛教人物井然有序地分布在各处平台上,反映了佛寺庭园对极乐世界的效仿。

传说禅宗由佛祖的大弟子迦叶尊者创立,后来由古印度高僧菩提达摩传到中国。传入中国后进一步本土化,作为一种哲理渗透进社会思想意识的各个方面,并在宋代与传统儒学结合产生理学。禅宗作为中国化的佛教,一定程度上与道家思想是相通的,两者都强调对现实世界的超越,强调站在更高的层次上观照人生。禅宗追求的是一种超凡脱俗、虚静无为的境界,崇尚"佛我一体"。禅宗强调"心"的作用,"即心即佛"的观念直接导致了其艺术美学重心、重意、重内的特点。禅宗强调自然美,通过欣赏自然悟道,产生了"见山是山,见水是水"的命题，影响到名山胜境的游赏开发。禅宗有大量的"传灯录"和"语录"，深受文人士大夫欢迎，文人间禅悦之风盛行，一部分僧侣也呈现出文人化的现象，两者的密切交流使参禅悟道影响到中国传统风景园林的营建。

（5）文学绘画对风景园林的影响

山水文学、绘画和园林通常被视为同样源出自然的姊妹艺术。中国传统风景园林受到文学、绘画等艺术形式的影响，体现在名山胜境、城市、乡村和园林等多个方面。

山水诗产生于魏晋南北朝，突破了早期"比德"的范畴，使寄情山水、探索山水之美的内蕴，成为文人士大夫精神生活的重要方面。诗人直接以自然风景为描写对象，运用精练的语言状写山川之美，并借物言志、抒发感情。这些诗文激发了文人的山水热情，许多风景名胜因此而知名于世，成为重要的游赏胜地。在城市和乡村的营建中，也常将人文精神纳入其中，综合对风景的所见所感，加以作画题词、凝练概括，形成古代以"八景"命名城乡胜景的文化习俗。在园林方面，体现在园名和景名的诗化上，甚至应用山水诗意为主题进行造园。唐代以前的园名与景名多直接用地名，较为朴实，如王维（693—767年）辋川别业、李德裕（787—850年）平泉山居和牛僧孺（780—848年）归仁里园都是地名，白居易（772—846年）履道里园的粟廪、书库和琴亭各景也皆为实指。宋代以来则出现诗化的特征，如司马光（1019—1086年）独乐园、苏舜钦（1008—1048年）沧浪亭、沈括（1031—1095年）梦溪园皆含有寓意，洪适（1117—1184年）盘洲园的洗心、啸风和琼报各景则是化用诗意。此后，随着匾题、楹联的出现，山水诗文更深入地影响了造园活动。

山水画也产生于魏晋南北朝，如南朝画家宗炳将山水名胜画在室内以供卧游；汉代画像砖出现人的日常生活在山水林石环境的场景画面；到唐代，画中描绘园林已很常见，最著名的是据传为王维的《辋川图》，进入"以园入画"阶段。山水画到宋元时期真正成熟，并在明代达到顶峰，进入"造园如画"阶段。明代绘画流派众多，画家们常以园林为创作题材，园林与绘画两大领域的蓬勃发展使其产生深入的互动，最终使园林绘画作为一种类型存在，画意指导造园作为一种原则，真正得以确立，也使"诗情画意"内化为中国传统风景园林的重要特色。

三、人与天调：中国古人的风景园林实践观

"天"和"人"是中国历史文化中代表"自然"与"人"的重要观念，"人与天调"思想对风景园林营建活动具有更深刻的影响。对"天人"关系的追求贯穿着整个中国传统风景园林的历史发展，风景和园林的形式也随着对"天人关系"的认识而发生了相应变化，经历了从"天人相分""天人相调"到"天人合一"的历程。中国古代认为人与自然是相协调的，人的作为要遵循自然的规律。"人与天调"体现了中国古人的自然观，带有朴素的生态意识，主张人是自然的一部分，而非自然的主宰。中国传统风景园林艺术是为"人"营建的居游场所，采用以"人"为主体的价值标尺和对自然宇宙的深切情感，因而中国传统风景园林营建与"人与天调"这一思想精神具有许多共通之处。

现实而言，因古人工程营建技术条件有限，不具备大规模改造自然的能力，人类社会的物质需求也比较节俭，无论帝王将相，还是民间百姓，兴建土木都十分注重对所在地区自然条件的利用，包括山水木石气相及土地在内的一切与人有利的自然物，敬畏天地万物滋养生

灵之德性，并不断认知自然规律，顺从而巧妙利用，工程营建顺应自然，永续造福子孙后代，由此人与自然间就形成了一种和谐关系，在我国不同地区成就了丰富多样的营建智慧，如"居高临水"是先民理想的生活环境，以致在漫长的岁月中演变成一种风景的"定式"。

所以，"人与天调"思想对风景园林营建具有更深刻的影响，上古时期的苑囿以高耸的灵台为主要景观，是基于人们对天的崇拜和敬畏，其后的士人园林则通过对自然山水、林野某一片段尽可能真切地模仿，表现出士大夫融入自然的意趣。如唐代白居易《池上篇》称："凡三任所得，四人所与，泊吾不才身，今率为池中物"，宋代欧阳修（1007—1072年）《六一居士传》将自己与藏书、金石、琴、棋、书并列为园中六景，都是"人与天调"思想和实践观的体现。中国传统风景园林既然以创造与自然山水尽可能协调的生活环境为艺术目的，那么其基本的方法必然是以艺术的手段在园林中再现山水等自然形态，因而使"人与天调"成为古代造园的主导意识和实践导向。园中的山水花木、禽鱼鸟兽都要保持顺乎自然的纯天然状态，形成有别于西方规整式园林的中国自然式园林，明代计成（1582—1642）《园冶》提出的"虽由人作，宛自天开"为中国园林艺术的最高境界，正是对"人与天调"思想和实践观的传承和发展。

第二节　山水名胜

中国版图中，山约占66.6%，因此，地方志多有"园必依山水"之说。山水名胜是中国古代风景园林中"风景"所指的主要内涵，"风景"一词最早出现在东晋末年至南朝初年陶渊明、鲍照、刘义庆等人的诗中，特别是刘氏文中"风景不殊，正自有山河之异"是指个体对环境的视觉体验。受到"山水形胜"思想、道家隐逸思想、山水诗画的影响，从古人对大山大水的崇拜，到文人远足游历寄情等活动，后来促发社会普及性的游赏、营建活动，成为中国文化和社会生活中常见的名胜、胜迹。山水名胜分为以山岳为主体的名山胜境，和以水体为主景的江湖胜境。其实名山亦有河川水景，江湖也有山峦围绕，山水一体，只是主体存在一些差异。山水名胜亦是园林挖池筑山、各类工程营建追求理景审美境界的原型。

一、名山胜境

古之"名山"的定义主要可归为两方面：一是指高山、大山；二是魏晋后因优美的自然景色或优越的地理条件，通过文人墨客的吟咏、描摹或宗教人士传道授法而声名远播的山岳地域。可见，初始山岳仅仅是具有朴素自然本意的自然实在，然而随着社会文化发展，后世不断向自然山注输主观意义，因为山产万物，后世常将自然之山附会"爱人""达人"的道德含义，以"仁"喻之。自然山岳向宗教名山的文化跃升依赖于三类人群的群体实践：一是精英统治阶级帝王、士族的祭祀、扶持和归隐；二是僧道和信众的朝山修习和请愿；三是非宗教人士、群众的游历。但三个群体趋山目的往往有所互涉。在名山的建构过程中，建构主体将群体或个人目的、理想、知识对象化到自然山岳之中，他们行为实践的结果便是改变后的"自然"——名山。

从"禹封九山"开始，中国名山已有4000多年历史。从魏晋山水欣赏算起，名山历史也有 1600 多年。春秋战国时期，对山神的崇拜已经遍及神州诸国。《山海经》共记载的 451 座山，都有不同形式的祭祀活动。《史记·封禅书》记载："管仲曰，古者封泰山禅梁父者七十二家。"可见封禅活动由来已久，口传已经 72 代了。从名山的历史发展来看，存在"昆仑山与东海三山""五岳和五镇""宗教名山"和"名山遍及"的发展过程。

（1）昆仑山和东海三山

中国古代神话有两个重要系统，一个是发源于西部的昆仑神话，另一个是受昆仑神话影响而形成于东部沿海地区的蓬莱神话。昆仑神话源于我国西部高原，由西传东至于大海，渐次于燕齐吴越沿海区域，形成了蓬莱神话。昆仑蓬莱，山海仙境；相隔万里，黄河贯穿。两个神话体系以华夏文明为载体，以黄河为主线，位于以中原汉文化为核心的东西两端，构成了先民神话想象与现实理想的交织。神话是远古时代自然在人类意识中的真实再现，自然通过神话传说得以表达。古代的中国园林或多或少地成为昆仑和蓬莱的意境再现。

昆仑山主要位于新疆，西接帕米尔高原，东延至青海境内，层峰叠岭，势极高峻。《山海经》说："昆仑之丘，地首也，是实惟帝之下都。"古人认为昆仑山是最高的山，是万山之源，是天帝在地上的都城，是百神集居之所；昆仑山可以通达天庭，人如果登临山顶便能长寿不死；半山有黄帝在下界的行宫——悬圃，又是"通天"和"长生"必须的境界。

昆仑山和古代的夏、周、羌几个朝代和民族的活动空间都有密切联系，昆仑神话是他们的精神信仰。西王母与东王公、后羿射日、周穆王巡游、瑶池传说、嫦娥奔月等对中国园林有着长盛不衰的影响力。先民对昆仑山的崇拜更影响到了后人对国家地理的认知：天下山脉从昆仑山发源，伸向四面八方。中国最古老的通灵构筑物就是灵台。台是山的象征，是对昆仑仙境的模仿和再造。

蓬莱神话属于秦汉以后兴起的神仙信仰的产物，其核心就是海上仙境。传说东方的海上有五座仙山：岱屿、员峤、方壶、瀛洲、蓬莱，在海岛中有仙人居住，都快乐逍遥长生不死。据《列子·汤问》记载："其上台观皆金玉，其上禽兽皆纯缟。珠玕之树节丛生，华实皆有滋味，食之皆不老不死。"……最后只剩下方壶（方丈）、瀛洲、蓬莱三山了。这便是东方的"三仙山"之说。东方蓬莱神话兴起之后，逐渐取代了西方昆仑神话，成为长盛不衰的仙人家乡，对后来的皇家园林"一池三山"的山水模式产生了决定性影响。

（2）五岳和五镇

《周礼·职方氏》记载，禹时天下九州各有镇山。在先秦"五行"思想指导下，五岳成为国家社稷的疆域象征。以后与五岳相对应，而取五方之主山为五镇。汉代五岳包括东岳山东泰山、南岳安徽天柱山（隋代改为湖南衡山）、中岳河南嵩山、西岳陕西华山与北岳河北岱茂山（清朝顺治后改为山西恒山）。汉族先民大体居住在以西起陇山、东至泰山的黄河中、下游华夏文明圈为代表的活动地区。东、西、中三岳都以中原的汉文化为核心，位于华夏祖先最早定居的中华民族摇篮的黄河岸边。而南岳的南拓、北岳的北展，也显示出中原文化圈的逐渐丰满和拓展。此外，东镇山东沂山、南镇浙江会稽山、中镇山西霍山、西镇陕西宝鸡吴山、北镇辽宁医巫闾山，共同构成了五镇名山。

五岳和五镇既不是中国海拔最高的山，也不是风景最美的山，也未必是生态系统最原真、最完整的山，但是"五山"都高耸在平原或盆地之上，相对高度都非常突出，显得格外险峻，都作为人神沟通、封禅祭祀的仙山。

五岳和五镇的核心功能是封禅，其实质就是帝王期望向上可以通天通神、上报天功，向下镇物镇邪、祭祀封禅之地，是祈求社稷安全和保障臣民福祉的具体安排。随着封建大帝国的建立，封禅活动成为国家法定的礼仪。

古人从山岳丘壑的万千气象变幻中演绎出乾坤构架之原理，五岳成为中华大好山河的代名词，并以此构筑了中国名山风景区体系的结构。五岳现象并不局限于中国古代的中央政府。在一些古代的地方割据政权，比如大理国，也曾以自己的视角封过五岳：中岳点苍山、北岳玉龙雪山（鸡足山）、西岳高黎贡山、南岳无量山、东岳乌蒙山（《南诏野史》）。朝鲜半岛也明显受到中国五岳文化的影响，形成了自己的五岳名山。

（3）宗教名山

"南朝四百八十寺""天下名山僧占多""山不在高有仙则灵"都是说山与寺的关联，山野是修道修心的理想环境。

春秋战国时诸子百家对山水的"神圣"有了全新的认识。他们赞美山水、敬仰山水、借山比喻君子之德、借水比喻志士仁人的山水观有所萌发。古人在认识到有形山水之外，进一步认知到无形自然的属性：气乃自然之本源、演化之依据、修身之大道，具有朴素唯物主义思想。《黄帝内经》描述万物本源之气时，也有："在天成气，在地成形，形气相感，而化生万物。"古人借助神奇的山川采气、练气，在风水宝地中构建各家的修行道场，以此奠定了中国古代名山体系的框架。

东汉以后诸家由学变教，宗教使原本是人的神奇功能异化成为鬼神之力，通灵活动开始集中在寺观中的僧侣阶层。宗教中的各种神仙思想可以概括为神圣、神奇、神秘、超凡脱俗，而众多僧侣竞相选择恍若仙境、鬼斧神工的风景幻境作为道场，艰辛开始"筚路蓝缕，以启山林"。（《左传·宣公十二年》）

到了南北朝，帝王贵族更多好佛，大多数寺院选址于自然优美、清幽寂静的山林之中，有利于众僧超脱"红尘"，潜心修持；名山大川成为僧人修行的理想去处，寺庙建设也就成为名山建设的组成部分。道教以崇尚自然、返璞归真为主旨，认为高山是神仙之所居，于是上山采药、炼丹、修身养性，以求得道成仙。

原始的荒山只有经过"开光"活动，方成就名山，才汇聚灵气。名山风景区因优美神奇、超凡脱俗的自然景色，吸引了佛、道、儒等诸家教派纷纷广修琳宫、营建书院、传播思想。他们进而彼此相互融合，深刻影响了中国古代哲学思想的发展，同时改变了山水的纯粹自然面貌，逐渐形成"天下名山僧占多"的风景格局。僧因山而名，山因教而盛；山水承载了修行，修行也重塑了山水。

许多名山构成宗教的文化祖庭，甚至形成一山一宗。比如四大佛教名山五台山、普陀山、峨眉山、九华山和四大道教名山武当山、青城山、龙虎山、齐云山，以及天台山、崆峒山、崂山风景区等，都属于此类宗教与山水有机结合、相互融通的名山典型，奠定了当今中国的风景名胜区体系和"文化景观"基础。

（4）名山遍布

随着华夏文明的扩散和民族迁徙，名山文化也随之分布到全国，护佑着华夏各个民族聚落，也影响了整个东亚地区。

虽然名山从早期的"诸子百家"修炼之地，演变成了以释、道各家为主的宗教道场，但是如果我们剥离开各家宗教的外衣，其内核依然是：人神沟通，护国佑民；传经布道，修身养性。古代的通灵活动进而演变成为启迪智慧的功能，风景山水也逐渐成为文人雅士的修身养性之所。这一时期寻求人生灵感和自然求真的主体进一步扩展到了文人阶层，再通过知识的传播，服务于社会大众。比如在庐山，东晋时期慧远（334—416）作为净土宗的开山鼻祖，构建了第一座佛寺——东林禅寺，他在此一住三十年，组织"白莲社"聚众讲学。唐代白居易（772—846年）在香炉峰北构建"庐山草堂"，宋代理学家周敦颐（1017—1073年）在莲花峰麓修筑"莲溪书院"并效法慧远的前尘结"青松社"，朱熹（1130—1200年）在五老峰南麓建"白鹿洞书院"聚徒讲学。李白（701—762年）、欧阳修（1007—1072年）、苏洵（1009—1066年）、苏轼（1037—1101年）、陆游（1125—1210年）等都一再登临庐山，留下了许多不朽的诗文。

山岳形胜从诸子山水比德，僧、道修炼，文人名士自省，到大众相随观光欣赏，以寺观为主体的宗教建设与世俗的风景建设相结合，这就是历代名山风景区开发建设的一贯方式。随着风景美感和精神享受的主体扩大到了社会大众，古代的名山体系演变成当今中国的风景名胜区体系。

名山只是个空间载体，古人的宇宙观、人生观、认识论和方法论才是名山演进的内在驱动力。古人将人生理想、自然认知、修行活动与自然山岳相互作用，才形成了名山。它经历了山水崇拜、神话传说、君子比德、山水审美、科学认知、大众观光等阶段，演变成为今天的中国风景名胜区体系的主体。

二、江湖胜境

中国古代的文化中江河湖海作为一种集自然造化和人文沁润的自然图示和精神图示，一直以来都是风景营造中的一个重要部分。"江湖"作为一种风景，既是自然之景象，也是文人墨客寄情山水的精神指涉。江湖胜境主要有四种类型，分别是自然形胜型、文人"因寄"型、纪念型和标志型。

因自然形胜而成的江湖胜境体现了人们对自然山水的欣赏和崇拜。秀丽的江湖之景引人入胜，是天地造化的精工巧饰，"江湖……此天地间自然之文也"。如鄱阳湖的石钟山，耸立在鄱阳湖和长江的交汇之处，苏轼（1037—1101年）《石钟山记》将其描述为"微风鼓浪，水石相搏，声如洪钟"，因而得名石钟山。再如南通紫琅山，在长江的最宽之处，因为其处之地甚险，而石多紫色，因而得名紫琅山。

文人"因寄"型的江湖胜境，体现了文人对抗政治失意时向往逍遥自适生活的精神追求，以及隐逸于山林、放浪形骸之外、因寄所托的"中隐"思想，如范仲淹在《岳阳楼记》中的"处江湖之远，则忧其君"。焦山就是因东汉焦光隐居此地而得名，有文形容焦山胜景为"一峰横江，浮玉耸翠，若有畎左右而寄傲者，以隐士隐之，山以隐重，而可为隐士所隐，即谓山之隐者亦宜"，就是以山之隐而象征焦光之隐。安徽歙县沿练江江岸太平桥西端而建的太白楼，就是相传李白来歙访隐士许宣平不遇在此饮酒而得名。

纪念型江湖胜境通常是为纪念重要的历史或人物沿江湖而建的。如镇江的北固山、蒲圻的赤壁，因其作为《三国演义》中发生重要战役的地点而得名。著名的滕王阁，是唐太宗李世民的弟弟滕王李元婴（628—684）被调职到江西洪州，筑滕王阁以表其功，后来因为王勃

（650—676）的《滕王阁序》中描绘江景之句"落霞与孤鹜齐飞，秋水共长天一色"而名扬天下。

标志性江湖胜境主要是人为地建造扼守、镇水、引渡的江湖标志，通常位于交通的要道，渡口交汇之地，镇水辟邪、导航引渡，是其所在之地中标识性的景观节点。很多标志性的江湖胜境因文人墨客所到题诗、题词而名声大震，如岳阳楼，建在江滨，常引文人题咏，以李白的《与夏十二登岳阳楼》这首诗而得名，因范仲淹（989—1052）的《岳阳楼记》而垂名千古，书法家何绍基（1799—1873）曾为岳阳楼题有对联："洞庭湖南极潇湘，扬子江北通巫峡，巴陵山西来爽气，岳阳城东道崖疆。潴者，流者，峙者，镇者，此中有真意，问谁领会得来？"说明了标志性江湖胜境的现实作用。武汉的黄鹤楼，也是长江之畔的镇水景观，因李白（701—762）诗而扬名。还有安庆迎江寺，寺内的镇风塔依山而高耸独峙，呈八角形，屋檐下有铁铃，江风吹来的时候，铃声阵阵，起到了引渡和镇水的作用。

江湖胜境在水中、水岸的布局主要有围岛环水、半岛环水、背山面水、石矶临水、平冈面水、两山夹水等类型。风景营造的手法有整体序列法、散点分布法、沿江建筑组合法、点穴布置法四种。整体序列法是借助建筑的起点、高潮、终点的布置增强山的形式，形成与江面"平远"之势的对比。散点分布法是根据地形地势的特征，在不同时期逐步营建而成的散点分布的风景构筑，如安徽马鞍山的采石矶，是江面的一处重要转折型渡口，因地形奇险而引分散构筑建筑，大江之畔有太白楼，还有广济寺等。沿江建筑组合法，通过对地形的"合形辅势"，排列大小高低错落的建筑群，如洞庭湖畔的岳阳楼处于中央，两侧有辅亭等建筑，形成一个建筑的组团，凸显了江边风景之"势"。点穴布置法，是指在沿江的风景营建中，建筑作为画龙点睛之笔，提升此处景观之势，如杭州钱塘江月轮山上的六和塔，在钱塘江转折之处，三面环山，建得高大醒目，成为此处风景中的视觉焦点。

第三节　园林

园林是中国传统风景园林思想和实践的重要组成，它产生于农耕文明时代，代表了中国人与自然关系的一种空间艺术形式，其空间布局和要素的构成源于自然、高于自然，糅合诗画和精神志趣，追求人文意境。

中国传统园林受到道家思想、儒家思想和佛家思想的影响，又与山水诗、山水画等相关艺术形成理论上的交流和互动。中国传统园林始于公元前11世纪的商周时代，迄于19世纪末叶的鸦片战争，这段长达3000余年的历程可分为五个时期：商周秦汉的生成期，以皇家园林为主流；魏晋南北朝的转折期，士大夫阶层开启了文人造园，寺观园林开始出现；隋唐全盛期，文人园林兴起，各类园林兴盛繁荣，形成完整的体系；两宋成熟期，上至皇家园林、贵族园林，下至文人园林、公共园林，惠及各个阶层；元明清成熟后期，中国园林整体进入不断完善和精致化阶段，绘画与造园深入互动，造园名家大量涌现，促进造园走向专业化进程。就园林分类而言，按基址不同分为人工山水园和天然山水园；按归属不同分为皇家园林、私家园林、寺观园林和其他园林。

本节从思想和实践两个层面论述中国各类园林的理念与营建手法。

一、皇家园林

中国皇家园林的营建具有两种特征：一是表达"通天""象天"和"法地"的帝王身份；二是满足帝王生活、娱乐的功能需求，例如，日常生活的大内御苑和围猎、巡狩、避暑等功能的离宫、行宫御苑。

最早的园林可追溯到传说中黄帝在昆仑山修建的悬圃，但到商周时期才有确切的文献记载和考古证据，如商纣王的鹿台、周文王的灵台、春秋时期楚国的章华台和吴国的姑苏台等，选址营建高台成为皇家园林的初始，体现古人的自然崇拜，目的在于"通天"，即与天神交流以获政权。

真正意义的皇家园林是秦始皇修建的咸阳宫、六国宫和上林苑，三者隔着渭水遥相呼应，其主旨在于"象天"：渭水象征银河，咸阳宫象征紫微宫，信宫象征北极星，河上横桥象征牵牛星。秦始皇建造的兰池宫，凿池象征东海，池中筑蓬莱、瀛洲两座仙山，并雕刻石鲸，以营造海上仙山之境。这两者都被汉武帝所继承，如上林苑昆明池两岸立牵牛、织女雕像象征银河，建章宫北的太液池筑蓬莱、方丈、瀛洲三座神山。"象天"与"海上三山"共同成为这一时期帝王身份的标志。

魏晋南北朝时期洛阳、建康（今南京）的皇家园林皆称华（芳）林园。魏明帝曹睿在园中西北部堆筑景阳山，东南部开凿天渊池，其主旨在于"法地"，分别象征中国西北部的高山和东南部的大海，开创了新的御苑格局。"法地"的理念在东魏邺城的仙都苑得到进一步发展：苑中堆筑五座土山象征五岳，引水汇为四海，中有连璧洲、杜若洲等岛屿，通过五岳四海来象征整个天下。

上述三种理念从沟通天神到比拟天界，再到奄有天下，形式虽然有别，但宗旨都是将皇家园林视为帝王身份的象征。三者在现存的清代皇家园林中皆有体现。"通天"的功能在清代主要由天坛承担，但在北海仍有承接上天甘露的承露盘。"象天"体现为清漪园中昆明湖东西两岸的铜牛和耕织图，共同构成银河、牛郎和织女的隐喻。"法地"的实例最多，如承德避暑山庄以西北高山、北部平原和南部河湖作为中国版图的缩影；北京圆明园在西北角筑山，东部开凿福海，中央布置九州，也是秉承这一理念。

就实际功能而言，皇家园林分为离宫御苑、大内御苑和行宫御苑。离宫御苑可追溯到早期的狩猎采集，是重要的生产和娱乐场所，可视为皇帝的经营性庄园，秦汉上林苑、隋唐九成宫、翠微宫、华清宫、玉华宫等都属于此类。大内御苑是靠近宫城的游憩之所，可视为皇帝的宅园，较早的如秦汉的兰池宫、建章宫，魏晋南北朝的华林园，唐代的太极宫和大明宫等；宋代和明代的皇家园林，只有大内御苑而无离宫御苑，如宋代的艮岳、金明池和明代的西苑等皆位于城内。行宫御苑是帝王出行时暂住的宫室附属园林，早期并不突出，到清代康熙、乾隆两帝经常巡视天下时，开始大量营造。这三类园林在清代的皇家园林中最为完备，如紫禁城御花园、宁寿宫花园和西苑三海为大内御苑，避暑山庄、畅春园、圆明园和颐和园为离宫御苑，静宜园、静明园和众多为皇帝南巡、东巡所建的花园为行宫御苑。

中国古代皇家园林从苑囿发展到园林模式，代表着帝王统治象征、享乐、理政的特征，同时又具有文人精神的符号化表达，特别是追求宏大规模的山水意境造园，代表了山水形胜、文学绘画艺术以及宗教思想的丰富内涵，也是各历史时期高水平营建技术的典型代表。

二、私家园林

中国传统的私家园林按其产生和特征可分为两类：一是受到皇家园林影响而产生的私家园林，一般是贵族、权臣和富贾所有，具有享乐色彩；二是隐逸思想的产物，展现出独特的人文色彩，是推动私家园林风格形成的主要原因，进而反向影响到贵宦园林和皇家园林。私家园林按地域分为江南园林、北方园林和岭南园林等，按选址分为城市园林、山地园林和郊野园林等。

贵族、权臣和富贾类私家园林最早出现在西汉中后期，典型的如西汉富豪袁广汉园和东汉权臣梁冀园，它们的营造效法皇家园林，占地广袤，在园中模仿真实山川来叠山理水。这些贵族阶层的僭越之嫌引起皇帝不满，西汉成帝刘骜（前51—前7年）因外戚王商在园中穿城引水，王根园中的土山渐台有似未央宫白虎殿，而将两人绳之以法，这反映了当时贵族与皇室的权力博弈。随后，中国历史由秦汉的皇权独治时代进入魏晋的门阀与皇室共治时代，为贵族园林的发展奠定了基础。史载北魏司农张伦（？—482）的"园林山池之美，诸王莫及"，南齐权臣茹法亮（435—498）的宅园"竹林花药之美，公家苑囿所不及"，完全压倒了皇家园林。魏晋时期石崇（249—300年）的金谷园和谢灵运（385—433）的始宁山居皆为此时私家园林的代表。唐代仍有不少重要的贵族园林，如太宗朝的杨师道（？—647）山池、许敬宗（592—672）园池、中宗朝的太平公主（？—713）南庄、安乐公主（684—710）西庄、玄宗朝的宁王李宪（679—742）山池、岐王李范（686—726）宅园等；宋元时期贵族园林不多。明清则再度兴起，如明代北京外戚李伟（？—1583）的清华园、南京魏国公徐达（1332—1385）的东园、清代北京的恭王府园、醇王府园等，它们都是各个时代贵族豪门权势和财富的体现，面积广阔、豪华壮丽。

受隐逸思想影响的私家园林可追溯到尧帝时期被视为隐逸始祖的许由，但真正私家园林出现却是在西汉。梁孝王刘武（？—前144）与枚乘（约前210—前138）、司马相如（约前179—前118）在菟园中吟咏游乐，开启后世风雅之先。东汉仲长统（179—220年）《乐志论》中描写了理想的隐居环境。魏晋南北朝是文人园林的大发展时期，此时隐逸思想被陶渊明的田园隐居和王羲之的兰亭雅集继承，以阮籍（210—263）、嵇康（224—263）等为代表的竹林七贤，诗人庾信（513—581），道士陶弘景（456—536年），都对后世私家园林的营造产生了重要影响。隋唐前期卢鸿（生卒年月不详）的嵩山草堂和王维（693—761）的辋川别业是隐逸园林最重要的代表，其与当时王公贵族的庄园山池有明显的区别。安史之乱以后的私园园林如杜佑（735—812）樊川别业、裴度（765—839）午桥庄、李德裕（787—850）平泉山居、牛僧孺（780—848）归仁里园和白居易（772—846）履道里园等，均受文人造园风格的影响，差异已很微小。中唐也是中国园林的转折点，此前私家园林深受政权影响，和皇家园林一样，多分布在都城内，随后则独立于政权之外，往往选择其他城市，如中唐、北宋的洛阳，南宋的吴兴，明清的苏州，这些城市皆非当时的都城。宋代开始，文化独立于政治，为私家园林的独立发展并影响皇家园林奠定了基础。宋代皇家园林的规模小、数量少，艮岳和金明池皆表现出文人风格，而私家园林则以北宋洛阳的富弼（1004—1083）宅园、司马光（1019—1086）独乐园，南宋吴兴的韩侂胄（1152—1207）南园、叶梦得（1077—1148）石林等为代表，这时首次出现了园林专著，如李格非（1045—约1105）《洛阳名园记》和周密（1232—1298）《吴兴园林记》等。元代山水画得到了极大发展，赵孟頫（1254—1322）、黄公望（1269—1354）、倪瓒（1301—1374）、王蒙（1308—1385）和吴镇（1280—1354）等山水画家推动了绘画的变革，为下一阶段"诗情画意"影响私家园林造园风格奠定了基础。明代是私家园林的兴盛期，苏州、北京成为南北方的两大造园重镇，嘉兴、松江、杭州、常州、南京、无锡等地园亭密布，如苏州拙政园和艺圃、太仓弇山园和乐郊园、无锡愚公谷和寄畅园、绍兴寓山园、上海豫园、常州止园、扬州影园和北京勺园等。大量的私园营造促进了造园工匠的专业化，出现了张南阳（1517—1596）、周秉忠（生卒年月不详）、计成（1582—1642）和张南垣（1587—1671）等造园大师，并出版了《园冶》《长物志》《素园石谱》等造园专著。私家园林在明代达到鼎盛，延续至清代，又有叶洮（生卒不详）、李渔（1611—1680年）、戈裕良（1764—1830年）等造园名家，建有片石山房、环秀山庄、随园和个园等名园，出版了《闲情偶寄》《花镜》等相关著述。

皇权是中国古代权力的来源，因而私家园林首先出现在接近皇权的贵族豪门阶层中，以模仿皇家园林为特色。其后士大夫阶层成为社会的中坚力量，以园居隐逸作为平衡皇权的手段，逐渐发展出淡雅秀逸的文人园林。随后私家园林反而受到皇家园林的追仿，最终成为中国园林的典型代表，影响世界。

三、寺观园林

寺观园林在园林构景、空间布局、建筑构筑物与自然环境要素的运用上均与皇家园林、私家园林呈现出不同的营建形态特点，其特征首先呈现出具备宗教性与游憩功能的双重属性，其次更侧重合形辅势，借山川林木进行相地选址与园林构景。因佛教于东汉时期从印度传入中国，道教是中国本土的宗教，也于东汉正式定型，故与佛、道相关的寺观皆出现在东汉时期，遍及城市、近郊和远离城市的山野地带。随着寺观的大量兴建，相应地出现了寺观园林，它们在体现宗教教义和精神的同时，也追求赏心悦目、畅情抒怀之美。寺观园林不仅将佛道的宗教精神带入到园林中来，同时也促进了原始山林的营建。按照园林与寺观的位置关系，寺观园林营建一般包含两种关系：寺观建构筑物营建与内部园林空间环境的关系，寺观内部空间布局及其与周边环境的关系。

寺观建构筑物营建与内部园林空间环境的关系主要集中于内部的庭园或寺观附属的园林，与舍宫为寺、舍宅为寺的风气有关，宫宅被舍为寺观，附属的园林便成为寺观园林。这种现象受到皇家园林和私家园林的影响，布局、景致皆与这两者类似，如北魏洛阳的众多寺园、唐代长安的慈恩寺牡丹园和玄都观桃花园、元代北京的白云观和苏州的狮子林等。这些园林往往还会增添一些佛、道的用途和寓意，最典型的是放生池，如苏州西园寺巨大的水池和北京慈宁宫矩形的小池。体现寺观内部空间布局及其与周边环境关系的寺观园林，往往选址于风景秀丽之处，远离城市的山野，寺庙道观信徒们凭借宗教信仰扎根于此，将原始山林营建成为宜居的布道之所，形成"天下名山僧（道）占多"的局面。体察山川形胜之美是寺观园林对中国传统风景园林最重要的贡献，如佛教有安徽九华山、山西五台山、浙江普陀山、四川峨眉山四大名山，另有庐山东林寺、杭州灵隐寺、北京潭柘寺等佛教圣地；道教有十大洞天、三十六小洞天和七十二福地，著名的如王屋山第一洞天、句曲山第八洞天和林屋山第九洞天等，至今仍是风景佳美、相地合宜的寺观园林空间。

四、其他园林

园林遍及中国古人生活的各个方面，凡有人工建设处，便有园林营造，除了前面论述的皇家园林、私家园林、寺观园林，还有衙署园林、书院园林、祠堂园林和公共园林等，反映了古代园林的普及性和广泛性。

衙署园林在隋唐时期大量出现，与科举取士制度的确立有关。隋唐两京和各地衙署内多有山池花木点缀，有时还会建造独立的园林，以供官员待客、休闲。今存最早的是始建于隋代的山西绛州衙署园，另有中唐名相李德裕的成都新繁县署园林、大诗人白居易的江州司马官舍园池等。清代衙署园林兴盛，北京海淀圆明园附近的澄怀园是专为大臣设置的寓所，地方衙署园林则有淮安清晏园、江阴提督使署西园（今寄园）等。

书院园林可追溯到孔子讲学的"洙泗"之间和杏坛，是自然环境中的明堂之地。书院园林真正出现是在隋唐，多选择山水优美之地，以自然风景作为书院背景。到两宋进入全盛期，出现了白鹿洞书院、岳麓书院等重要实例。元明随着书院的官学化，书院园林进入成熟期，往往建在城内或近郊，如无锡东林书院、西安关中书院、杭州万松书院等。清代书院多邻近文庙和学宫，进一步规范化。这类园林常常叠山置石象征魁星，开凿方池引入源头活水或设置半月形的泮池，栽种槐桂取其吉兆，体现了书院园林与科举文化的联系。

祠堂是供祭祀先祖之用，布局规整，具有强烈的纪念性，与庭院绿化或周围的自然环境结合成祠堂园林。今存最古老、规模最大的是位于太原的晋祠，创建于北魏，宋代扩建为今天的格局，以悬瓮山为背景，牌坊、台坛、殿阁与泉水、河渠、周柏、唐槐穿插掩映，祠园浑然一体。无锡惠山有今存数量最多的祠堂群，多达百余处，其中的潜庐、李公祠、王恩绶祠等，皆附有优美的园林。

中国古代还有许多公共园林。春秋时期孔子与弟子在暮春时节到郊外的沂水嬉戏沐浴，可视为早期的公共游乐，到东汉时期三月上巳节的洗濯祓除已成为固定的节日；东晋永和九年王羲之（303—361年）等人的兰亭雅集，将这一习俗与文人雅士的曲水流觞结合起来，兰亭也成为见于文献记载的首座公共园林。其后唐代长安的乐游原、曲江池，宋代杭州、潮州、惠州等地的西湖，明清北京的什刹海、陶然亭，扬州的瘦西湖，都是供市民游乐的公共园林。此外，自宋代以来，园林的开放性增强，宋代皇家的金明池、琼林苑，私家的独乐园、蒋苑使园，明代私家的勺园、弇山园，以及众多的寺观园林，皆以定期向公众开放著称，既体现了孟子"与民同乐"的共享精神，亦可视为近代公园的先声。

第四节　城邑与风景营建

古代城邑作为人们聚居生活、生产及军事防御的场所，是一定地域内政治、经济、文化的集中地。从聚落到城邑、都城的营建，是人类不断认识、抗争和利用自然环境，满足生存，承载社会文化意识形态的空间载体。其中，城邑营建中的风景价值是逐步发展起来的。数千年的城邑营建中，逐渐形成了追求人工建设与自然山水风景相融合，将山林之乐融入城邑选址营建的传统，表达着中国传统的自然观和审美观。

在"人与天调"的思想影响下，基于山水形胜的城邑格局、选址及传统风景营建方式，主要表现在顺应和利用自然；城邑内部对于水系的利用及树木种植方式，则表现在适应、利用和改造自然；"八景"体系是我国古代城邑发展过程中出现的特有文化现象，其体现了人们在认识自然过程中的主观能动性，并赋予自然丰富的人文内涵。

本节从城邑与风景营建的基本理念出发，探讨其实践特征及源流发展，从而认识中国古代城邑及其风景经营的知行传统。

一、城邑选址与风景营建

1. 城邑选址与山水环境

从古至今城邑选址与周围自然山水环境有着密切的联系。究其原因，一是山水地利宜民生养，表现了传统风景园林营造的生活与生产内涵。古代中国以农立国，依托农业的聚居地则有赖于良好的山水形势，《管子·乘马》曰："凡立国都，非于大山之下，必于广川之上，高勿近阜而水用足，下毋近水而沟防省。"指出在保证用水的同时，依地势之变化，可在此建城，以绝水患。天然水道也利于漕运交通和物资交换。这是历代城邑多沿自然江湖水系分布的原因。

殷商都城坐落于洹河南岸，西周都城丰京位于沣水西岸、镐京处于沣水东岸，其流域地势低平，是关中平原最为开阔的地带，便于农田水利发展。战国时期出现的番禺古城，选址于番山之上，其下有甘溪的水源保障，此地地势高，使得城市免于洪泛之患，这为如今广州都市发展奠定了基础。明永乐二年（1404）所建的天津卫城，选址于三岔口附近唯一的高阜之上，既利用了地形的优势，也减小了洪水威胁。元大都则在位于冲积扇平原背脊之上的金中都东北郊建城，同时接近泉水丰富的西山山麓，也是利用山水地利、兼顾用水防洪的例子。此外，诸如西安、洛阳、杭州、南京、临淄等历代古都名城，无不体现了这种山水地利与城邑选址之间的契合关系。

二是山水形势易守难攻，这与传统风景园林营造在地形方面密切有关。古代城邑的营造方式，客观上需要适宜的手段以防御外部威胁，山水形势则成为选址的重要考量，便于防守，保障城池安全，因而历代城邑选址一般位于易守难攻的环境之中。

晋代郭璞（276—324）选址和规划了温州古城，据宋本《方舆胜览》记载，"《郡志》：始议建城，郭璞登山，相地错立如北斗，……因曰：若城于山外，当骤至富盛，然不免于兵戈火水之虞。若城绕其颠，寇不入斗，则安逸可以长保。"这说明既要利用山水形势实现军事防御功能，又要同时满足日常生活的便利是古代城市选择的重要考量因素。汉唐长安城所在的关中平原，三面环山，东临灞水。长安附近的古都，如西周之丰、镐，秦之咸阳，均位于灞水以西，从而有"临河以为渊"的营城思想。隋朝营建的东都洛阳，南望伊阙、北据邙山、东临瀍水、西接涧河、洛水横贯，在选址时已考虑到防御的需要；又如南通，东临渤海、南邻长江，城南沿长江自东往西有军山、剑山、狼山、马鞍山、黄泥山等，错落而立，据《读史方舆纪要》载："州据江海之会，由此历三吴，向两越，或出东海，动齐燕，亦南北之咽喉矣，周显德取其地，始通吴越之路，命名通州"，其描述了南通城"五山拱北，天堑横流"且同时位居枢纽要害的形胜特点。

三是山水风景要可游可观，这具有传统风景园林营建的游憩审美属性。除上述保障民生、军事防御的实际功用外，优美的山水风景是提升生活品质的必需，城邑内的宫殿园囿、沟渠池塘，也需要山水环境作为其持续发展的基础。因此，秀丽之山川、宜人之景色也成为城邑择址的重要参考因素。

历代不乏其例，如长安城东南隅的曲江，隋文帝在营建大兴城时将其纳入城内，唐玄宗进一步梳理成风景点，成为极负盛名的游览胜地。又如杭州西湖，唐代始发展为风景区，南宋建都杭州，西湖建设达到高潮，并涌现了"西湖十景"的风景，明代谢肇淛在《五杂俎》一书中认为宋高宗择城址的原因是"不过贪西湖之繁华耳"。再如北京西郊山水，经多年营建成的"三山五园"，主要是康乾等帝王游乐的地方。这些山水风景所呈现的优越自然环境，也成为塑造城邑格局、形成特色风景的契机。

2. 城邑格局与风景营建

山水环境的布局奠定了城邑的基本格局，在"天人合一"等思想的引导下，城邑中的风景营建依托山形水势、地形地貌，展现了因地制宜的营造智慧，并形成了独有的风景特征。考察城邑格局与山水自然条件及其风景营建之间的关系，有以下三种情况。

一是城山相嵌，水脉贯通。有两千余年历史的广州，濒临南海，珠江穿城而出，自东北方延伸而入的白云山脉，止于越秀山。城市拥有背山面水，山水相成的天然风景资源。明代，城市的扩张将越秀山包含在内，最终形成了"六脉皆通海，青山半入城"的山水格局。同上常熟素有"七溪流水皆通海，十里青山半入城"之誉，生动地描绘了利用山水自然条件进行的规划和布局：虞山自西北方向斜楔入古城，与古城内的街道布局相融，成为城市的风景焦点及天际线背景；尚湖斜卧古城西南部，与源自虞山的"七弦"水系紧密结合，构成常熟古城特有的"山–水–城"城市格局。

二是城山共生，山环水绕。如福州城内、外的两重自然山水骨架，城内有呈"品"字形鼎峙的北面屏山、东面于山、西面乌山的"三山鼎立"，构成"城在山中，山在城中"的特色格局。于山上的白塔和乌山上的乌塔"两塔对峙"，构成特有的城市天际线。在两千多年的建城史中，福州不断发展扩大，但一直延续保留了以"三山"为中心，屏山确立南北主轴，于山、乌山为辅、拱卫左右的整体格局。又如四川阆中周边山围四面，嘉陵江水水绕三方，山、水、城交融共生，同时体现了风水堪舆之龙（山脉）、砂（四周山峰）、水（河流）、穴（穴场、基址）的自然形态。

三是城中大湖，山形环峙。如南宋临安（杭州）的城市布局受自然山川、水域影响，并保持原有城址布局。宫城位于城南凤凰山东侧，濒临西湖，平面呈不规则长形。城外南有钱塘江，北为京杭大运河；城内河流纵横，江河相交；加之城区毗邻西湖，皇族贵胄在西湖沿岸修筑园林使得城区与西湖风景交相辉映。又如肇庆古城择址基于"借得西湖水一环，更移阳朔七堆山"的山水形胜关系，城中抱星湖、七星岩，城外西江绕城三面，北岭雄踞西江北岸，云开大山、云雾山、天露山屹立西江南岸。西江南侧山上建有"巽峰""文明"两座宝塔，江北岸则有崇禧塔、元魁塔，均为古人"顺应山水之势、观阴阳之变"而建的风水塔。这4座宝塔与山体、古城遥相呼应，构成了别具一格的城市风景体系。

二、城邑理水与风景园林营建

水系和树木种植是古代城市基础设施建设的重要内容。由于山水环境与城邑选址有紧密的联系，具有保障城邑人居功能的重要性，城邑内部也必然相应组织水系经营和建设，与自然山水环境相接，完成城邑内部的各种功能需求，正如《管子·度地》曰："……乡山左右，经水若泽，内为落渠之写，因大川而注焉。乃以其天材，地之所生利养其人，以育六畜。"

与山水环境于城邑选址的功能意义相仿，城邑水系也具有三大功能。

（1）服务于生产生活，包括城市供水、交通运输、田园灌溉、水产养殖等方面。如秦、汉、隋、唐各朝在营建长安城的同时充分利用"八水绕长安"，《西安府志》卷五记载："长安之地，滻、滈经其南，泾、渭遶其后，灞、浐界其左，沣、潦合其右。"其自然条件，分别从城东、城南和城西开凿多条人工渠道引水入城，如龙首渠、永安渠、清明渠、漕渠、黄渠等，不仅解决了都城用水问题，而且改善了城内自然环境。

（2）城市防卫防灾，包括军事防御、排水排洪、调蓄雨洪、防火消防、规避风浪等层面。如温州城"五水配乎五行，遇潦不溢"，将具有较好蓄水调洪容量的五处方潭分布于城内东西南北，以此为基础来规划建设城市水系。

（3）改造城市环境，服务造园及游观，改善环境、调节小气候等，如前述"三山五园"等营造活动。

城邑水系的营建，或完全由人工开凿而成，如北宋东京；或由天然河道与人工河渠相结合，如隋唐洛阳。水系也造就了诸多城邑的特色，如"水城"苏州、"泉城"济南、"锦城"成都等。同时，河渠上的桥梁也为城市风景增色不少，唐代张继的《枫桥夜泊》使苏州阊门外的枫桥闻名遐迩。这种历史文化的层累，也是古城人文与自然交织、共融的一个侧面写照。

在城邑树木种植方面，在御道两侧种植路树已成为历朝历代的传统。早在秦代已有建置，《汉书·贾山传》记载："秦为驰道于天下，东穷燕齐，南极吴楚，江湖之上，滨海之观毕至。道广五十步，三丈而树，厚筑其外，隐以金椎，树以青松。"西汉长安城则奠定了后世御道的基本形制，《三辅黄图·卷一》记载有："长安城……路衢平整，可并列车轨，十二门三涂洞辟。隐以金椎，周以林木。"说明都城御道多用水沟（或土墙）隔成3道，沟旁植杨柳，路旁往往植榆槐。

隋代开将果树作为行道树之先河，如隋炀帝营建东都洛阳，在正对宫城正门的大街道旁植樱桃和石榴树作为行道树。唐玄宗在长安、洛阳道路及城中、苑内种植果树。另外水城苏州在唐代已有不少城中绿化，据白居易《九日宴集醉题郡楼兼呈周殷二判官》云"人烟树色无隙罅，十里一片青茫茫"，说明当时城中河边多植柳树；刘禹锡《报白君》诗曰"春城三百七十桥，夹岸朱楼隔柳条"，描绘了柳丝拂水、绿意盎然的一派江南水乡城市风光。

北宋东京宫阙营建因袭洛阳旧制，但御道绿化出现了不同的内容"沟内尽植莲荷，近岸植桃、李、梨、杏，杂花相间"，一般街道则柳、槐、榆、椿行列路侧，因而街道树木种植呈现出较前代更为丰富的风景，这从张择端的《清明上河图》可见一斑。金中都的宫阙制度模仿北宋东京，在御道渠边植柳。明太祖朱元璋则在南京设漆园、桐园，提倡植树。

总体而言，我国古代城邑绿化具有悠久的历史，各朝均重视都城的街道树木种植，特别是城市中轴线上的"御道"，力求庄严华美。街道两旁一般植槐树，间用榆树。城市水道两岸则多植柳树，显示了不同场所环境中对于植物配置及其风景特征的考量。

三、城邑"八景"

北宋沈括（1031—1095）《梦溪笔谈·卷十七》有"度支员外郎宋迪，工画，尤善为平远山水。其得意者，有平沙雁落、远浦帆归、山市晴岚、江天暮雪、洞庭秋月、潇湘夜雨、烟寺晚钟、渔村落照，谓之'八景'。好事者多传之"的记述，这是关于城邑"八景"最早的记载。

"八景"是对某一地区风物、历史、人文等要素进行概括和总结的序列集合，综合反映了各地不同的地理特征和地域文化，集中体现了一定历史时期对于城市风景特质的认知与品鉴。经过长期的发展和演化，"八景"已成为一个相对稳定的系统化、结构化的风景园林现象，几乎每一个古代城邑都会拥有属于自己的"八景"体系，在历史的发展过程中也会多次更新，以雅俗共赏的方式向社会进行"风景普及"，同时提升社会的"风景自觉"。

城邑"八景"萌发于魏晋南北朝，南朝齐梁时期沈约（441—513）在东阳以"秋月、春风、衰草、落桐、夜鹤、晓鸿、朝市、山东"为题的组诗"东阳八咏"为其滥觞。从中可见城邑"八景"从一开始就不仅仅局限于风景的物象所观，而表达了对自然的多样化感知，承载着丰富的文化追求。宋代地方集体意识的兴起、城市风景建构的主动性，最终造就了"潇湘八景"这一成熟而经典的"八景"范式。明清之际，"八景"更为普及，数量繁多，成为彰显地方风物、提高社会教化的载体之一。

城邑"八景"所反映的内容一般与自然风景有关，或其描述的场所本身可以观望自然风景。这种自然风景或游观场所的典型特征可以包括山水形胜奇观、佛道场所、历史遗迹、由构筑物增益的自然环境、与历史传说相关的胜地、地形高亢或拔高的建筑物、引人入胜的劳作场所、具有良好可达性的公共建筑或空间、休闲购物及娱乐场所等方面。除上述之外，"八景"还可能囊括特别的天时与人的活动，包括传统节日（如元宵）、季节（如晚春）、特殊天气（如瑞雪）、特殊天象（如落日）等。因此，与"东阳八咏"一脉相承，"八景"并不仅仅涉及视觉所观，还囊括了人的风景体验、社会活动等丰富的内容。

城邑"八景"是理解古代城市营造中人与自然环境互动、相生等现象的载体，具有重要的历史价值，也是当前风景园林遗产保护的重要线索。近现代各种城市"新八景"的出现也反衬了"八景"文化具有较强的生命力。

第五节　乡村田园与风景园林

一、山水环境与村落选址

中国传统农耕社会有着紧密的人与自然的关系，古代乡村大多是望得见山、看得见水的"山水田园村落"，村落植根于周围山水自然环境，因地制宜进行建设，辅以恰当的人文景观，形成质朴自然而又如诗如画的人居景观。在经济、文化发达地区，如皖南的徽州、苏南的吴县、浙东的楠溪江等地人多地狭，经商者与为官者多。巨富商官修饰本乡本村，兴建道路、桥梁、书院、牌坊、祠堂、路亭、风水楼阁塔宇，力图使故土的环境完善、境界优美。乡村的性质和上述邑郊景点相似，只是规模较小，内容稍简，可谓具体而微。在艺术风格上则别具纯朴、敦厚的乡土气息。

乡村田园的风景营建可以体现在村落选址与山水环境的关系上。北宋王希孟（1096—1117）《千里江山图》、元代黄公望《富春山居图》等山水图卷中，乡村田园与自然山水和谐融合。文震亨在《长物志》中称："居山水间者为上，村居次之，郊居又次之。"乡村理想的生活方式就如《击壤歌》所言："日出而作，日入而息。凿井而饮，耕田而食。"在长期的农耕劳作中，人们对于大自然逐渐形成了一种谦和敬畏、感恩有节的朴素自然观念和生态思想。《庄子·知北游》中的"山林欤，皋壤欤，使我欣欣然而乐欤"，《管子·五行》中的"人与天调，然后天地之美生"，山水村落是历代文人共同的精神归宿。山水村落的自然恬静之美，常常成为中国古代文人城市私家园林追求的境界。

两汉及魏晋南北朝时期山水庄园选址布局极具山水之美，既是地主豪强的乡村田园，又是中国园林史上的重要案例。东汉仲长统（180—220）描述了心中理想的居所"使居有良田广宅，背山临流，沟池环匝，竹木周布，场圃筑前，果园树后"，是一种朴实无华的山水田园乡村景象。《山居赋》比较详细地记叙了南朝刘宋时期谢灵运（385—433）山居的面貌：山居的总体布局分为湖、田、园、山四区，巫湖居中汇聚山地溪流，湖畔围堤营田形成"阡陌纵横，滕埒交经"的农田风景。低丘建园立墅，园中种植蔬菜瓜果，山地发展林业经济。可见谢灵运山居是根据自然山水特点，按农业生产要求布局，富有山水风情典型的南北朝时期士族庄园。这种自然山水庄园意象通过后世的唐代王维（693—761）的辋川别业等案例，逐渐转移到中国古代自然山水园林的营建之中，是中国传统园林的重要意象来源。唐以后的乡村逐渐形成了村落 – 田园 – 山水融为一体的整体环境。

中国古代的村落选址深受风水理论影响，注重形成"负阴抱阳、背山面水"的空间布局。风水是一种民俗，用现代科学的眼光去看，其实是农耕社会人们土地评价和村落选址的朴素方法，其中包含了促进农业生产和良好人居的科学理念。好风水的村落选址往往既是优越的农耕环境，也是美好的自然山水风景。文人对家乡村落周边自然山水和历史人文进行品赏，通过命名"八景""十景"，并以"十景诗""十景画"作为载体，用人们喜闻乐见的方式传递对家乡风景的热爱和赞美。通过这种品鉴方法，村落周边的自然山水和历史人文精神得以融汇合一，并诗化成一幅风景园林画卷，构成了自然和人文合一的中国古代乡村景观特色。

二、村落格局与风景园林营建

乡村以自然为本、以田园和村落为体，反映了人与自然、人与社会的生态、生产、生活关系之间的冲突平衡和完善发展的过程与结果。《诗经·郑风·将仲子》就记录了由"我里""我墙""我园"三层空间组成的较完整的乡村田园形态；到了东汉及魏晋，先后有张衡的《归田赋》和陶渊明的田园组诗，在乡村田园优美恬淡的人居环境上赋予了更加丰富的人格理想，对乡村田园生活进行了诗化的提升。唐代以后，人们对村落空间、民居建筑，以及田园风景和山水资源，进行了整体而持续的布局、构建和经营，逐渐形成了不同地域中特色鲜明的乡村田园风貌。

井田制和园圃制是我国历史上乡村田园组织制度和空间布局的最重要方式之一。井田制在西周达到鼎盛时期，《孟子·滕文公上》描述："方里而井，井九百亩，其中为公田。八家皆私百亩，同养公田。公事毕，然后敢治私事。"之后发展到园圃制，园圃是一种包括树木、果园、菜园等农林综合生产的乡村田园形式。《孟子·梁惠王上》记载"五亩之宅，树之以桑，五十者可以衣帛矣"，描述了一种自给自足的小农经济园圃制经营模式。贵族官僚的园圃面积更大，功能更加复杂，往往结合游乐，成为我国私家园林主要起源之一。如《左传·哀公二十五年》记载了卫侯之圃："卫侯为灵台于藉圃，与诸侯答复饮酒焉。"康有为（1858—1927）在《大同书》中描述了一种新时代公共园圃——农场："举天下田地皆为公有，人无得私有而买卖之……其下数里为一农场……其农场，若百谷、花果、树木、牧畜、渔产、矿产，划其地宜，数里以为之区。"

田园是一种生产性景观，临近村落的田园也具人文精神内涵。东晋陶渊明（365—427）在《桃花源记》中写道"土地平旷，屋舍俨然，有良田美池桑竹之属。阡陌交通，鸡犬相闻"，描绘了一个世外乐土，桃花源意象深深影响了唐宋以来的乡村田园。田园风景主要体现在种植植物和经营山水之中，种植植物往往出于经济生产的初衷，但最后形成富有特色的植物景观。如明代计成（1582—1642）《园冶·相地》"村庄地"中描写："古之乐田园者，居畎亩之中。今耽丘壑者，选村庄之胜。团团篱落，处处桑麻；凿水为壕，挑堤种柳；门楼知稼，廊庑连芸。"村落中水系是在自然水系基础上不断改造和利用，逐步完善所形成的自然与人工完美结合的产物。合理科学的水系规划，不仅满足了生态生产生活功能，同时又形成了清新淡雅的人居环境景观，是村落和自然山水联系的纽带。沿溪的植物景观、桥、亭、风雨廊、寺庙等，构成了质朴优美的田园乡村风貌。

由于自然条件优越，经济富庶，人文鼎盛，有些村落在村旁或村内，结合自然条件、设施建设和村落布局，形成公共园林。浙江永嘉苍坡村是一个优秀的例子，村寨周边山水如画屏，结合水利设施建设，在村落周边建设公共园林，最终形成丽水湖一带的"金山十景"，集中反映和寄托着乡村文士们的山水情怀和耕读理想，体现了乡村田园质朴的文化品位。明万历年间《环翠堂园景图》描绘了明末徽州乡村园林"坐隐园"景色，是"一个借景远山田野，外有村庄公共空间造景，内有庭园小天地的多层结构风景园林"。其中村庄部分以水利设施为依托，因水建设乡村公共园林，展现了一种怡然自得的村居生活。可见在明清时期，乡村田园的质朴生活深深地吸引了文人士大夫，乡村园林的建设已经颇为兴盛。伴随着中国农村的发展，乡村田园景观走过了三千多年的历史。各个时期的思想和实践，对传统园林的价值观、审美观和本体产生了巨大的影响。

三、宗族文化与村落风景园林

在中国历史上，乡村往往是有着鲜明家族聚居性的生产与生活空间，这里不仅是比城市更加贴近自然的山水田园空间，还是曾经支撑着民族经济生产与价值观体系的文明与文化之根，其中，宗族文化是传统村落文化中建构人伦观念与风景体系的基本骨架。传统村落的宗族文化，是指以家族血缘为基本依据而建构起来的人伦关系及其相应的文化体系。从风景园林的角度来看，宗族文化既全面地渗透到了传统村落的整体规划和民居住宅建设之中，又在村落的祠堂、寺庙、牌坊、申明亭、书院、学堂、文（魁）星阁、街巷、路桥、广场等公共建筑和空间中得到集中呈现，还通过对村落外围山水环境的介入，形成开放的、公共的、大尺度的、历史悠久且规划缜密的村落风景园林体系。

在传统村落宗族文化及其相应的风景园林体系中，绍宗述祖的祠堂是最重要的构筑物载体，一些历史悠久的古村不仅有宗祠，还有若干支祠。这些祠堂大都经过严格而缜密的风水堪舆，建在村落环境中的风水佳地。其次，凝聚村落和家族荣耀的牌坊也是村落风景中的重要组成。传统村落的祠堂与牌坊风景以皖南的徽州六县为典型。此外，还有一些依山傍村的佛寺、尊贤祠、忠烈祠、关帝庙等，也是村落风景园林体系中的重要元素。

耕读持家是农耕民族及宗族文化的重要内核，"十户之村，不废诵读"，因此，文化书院园林也是村落风景园林体系中不可或缺的环境空间。皖南一带素有"文公阙里，东南邹鲁"的美誉，歙县雄村竹山书院坐落在村边风景旖旎的桃花坝之上，下临渐江，隔江遥对竹山，依山面水，景致绝佳。书院内还有园林造景十余处，并植桂 52 株，用以象征家族中考中的 52 位进士。此外，许多村落还有魁星阁、文笔峰等文化景观符号，安徽旌德县江村还把村口的魁星阁、水口池、周围的农田，与村中的四座牌坊一起，组合形成笔、墨、纸、砚的意象，与书院一起构成了村落完整的人文景观体系。

有些宗族在历史上有过独特的经历、身世和记忆，这些也往往会融入宗族文化之中，通过村落风景建设被再现到村落环境体系之中。例如，绩溪县的石家村据说是北宋开国将军石守信的后裔，该村落千百年来都以棋盘规划著称于世：全村建筑皆北向，石氏宗祠位于帅府，纵横相交且整齐对称的街巷极似棋盘。此外，黟县宏村始终把防火作为头等大事，建设成中心有月沼、村南有南湖、全村户户通水圳的村落水系风景，成为世界文化遗产。汪氏宗族文化观念中，把宏村想象为耕牛，村口两株有 400 年树龄的红杨和银杏是牛角。浙江兰溪的诸葛村把村落风景体系设计为著名的八卦村；歙县呈坎村把村落和周围的八座山头组合为八卦，通过人工修筑七段堤坝，把村落主水源潈川河的原始直冲河道修改为"S"形弯道，不仅大大地拓展了村落的发展空间，又优化了村落整体的供水系统、文化意境和风景体系。

总之，在中国乡村历史上，宗族文化不仅缜密地规范着家族中的人伦关系和乡民邻里间的人际关系，也深入地渗透到了村落风景体系的规划建设之中，经过千百年的持续不断建设和完善，形成了一种鲜明特色的风景园林类型。

第六节　水利、交通、军事工程与风景营建

中国历史上众多大型的、跨区域的公共工程，诸如运河、驿道、灌溉系统等水利工程，动辄举全国之力兴修、维护，耗资巨大，这些工程作为国家和区域发展的基础设施，紧密联系工程沿线与区域的居民生产生活，为国家经济发展与繁荣提供源源动力。这些工程的建设过程往往涉及大尺度的自然利用与改造，因地制宜、山水形胜、人文意境等传统营建思想充分融入工程的选址、规划和营建过程中，长期而深入地影响了沿线区域风景系统的孕育与发展，形成了独具特色的大型公共工程建设中的风景营建传统。

一、水利工程与风景营建

中国古人在宏观尺度上对自然的利用与水文地理的运用，孕育了中国农业的文明，其中包含了大型运河工程和灌溉工程。这种利用自然地形和水文系统所影响的农业发展、城市发

展和水运交通，逐渐积累形成风景营建。而灌溉渠系、围堰与植物种植等构成整个区域的农业景观部分，多在隋唐以前形成，是人与大自然共同的营建杰作，是一种线性文化景观，呈现出一种农田肌理。

1. 运河与风景营建

运河修建与风景的关系可以解释为三个方面。

（1）古代运河建设引导国土规划与区域生态系统重构。中国古代运河作为重要的国家公共工程，其开凿与使用已经有两千多年的历史，各朝代皆有兴修，是一种综合考虑区域社会经济发展的国土规划手段。早在春秋时期吴王夫差就开掘邗沟沟通长江与淮河，改变江南地区水系格局。战国时期魏国兴修鸿沟沟通黄河与淮河，秦始皇开凿灵渠促进岭南地区的开发。三国时期曹操（155—220）、曹丕（187—226）分别整理海河与淮河地区的水系。至隋唐，大运河的建设形成了以洛阳为中心，北达涿郡，南抵余杭的全国性的运河脉络，将黄河流域与长江流域连为一体。到了元代，京杭大运河的开凿带来了整个东部地区的繁荣。两千多年来，中国运河从局部区域和个别流域发展到沟通南北、纵贯全国的大型公共工程，成为中国发展的生命线，体现着古人综合运用国土规划、水系治理知识对国土尺度的景观进行的干预与利用。

在具体的开凿过程中，古人强调对区域地形与水文的详细考察，水道规划、水利工程设计等强调道法自然，运河建设往往能够与现有的河湖水系相互支撑、相互依赖，成功地重构区域大地景物与人工生态系统，这在一些典型运河段修建的过程中都有具体体现。如元大都运河建设过程中，郭守敬（1231—1316）踏勘昌平凤凰山发现了水量充沛的白浮泉，进而引白浮泉泉水向西南，汇于瓮山泊（今颐和园昆明湖），之后又引水穿北京城，进而出城开辟通惠河直达通州大运河口，构建了一条满足城市供水、保障运河水量、便利运输的生命线，这一人工水系的创造也为城乡生态环境建设与发展奠定了重要基础。再如明代山东地区兴修会通河，为解决元代以来会通河通行不畅的问题，白英通过"引汶济运"将自然水系和运河相连；通过了解不同时期不同水量下河道与湖水的水位关系，巧用"修水柜"策略整体调蓄，并充分调动运河周边大小四百三十九处泉源，把运河建设成为流域水系的组成部分，这种建设非但没有引起流域生态的负面变化，反而对流域生态起到了保护和改善作用。古人将运河的建设和大地的水脉统筹考虑，运河系统的规划建设往往成为区域生态系统重构的优秀实践，创造了人工运河与自然系统的合一发展，影响千年。

（2）古代运河规划建设对山水城市营建的支撑与引领。古代运河的建设是一项多功能的公共工程，发挥运输、供水、灌溉等综合功能，而在沿岸城市的规划建设中，运河往往被作为构建城市山水环境的重要载体，对于城市风景体系的塑造与完善发挥着不可替代的支撑作用，体现着运河建设的水利智慧与山水城市模式与营建技术的高度融合。如前述郭守敬兴修元大都水系，除了保障水源，便利漕运，还为北京城市园林的建设奠定了基础，西郊三山五园、皇城中心的前后三海等都基于此发展起来，整体塑造了古代北京优美的山水园林格局。因运河而生的城市扬州，从吴王开掘的邗沟，到元代的京杭运河，两千年，城市格局的每一次变化都和运河的发展息息相关，每一次城池变化所开挖的护城河、运河以及水渠形成纵横相交的水道，连成一片错综复杂的水网，兼具交通、运输、军事防御、游览观赏等作用，支撑了整个城市的环境建设与园林建设，著名的扬州瘦西湖，就是在宋代的护城河的基址上，经过明清两代的拓宽、加建而成。"北方运河之都"济宁，由汶、泗、洸、府四水汇集，河湖相连，济宁城北有马场、南旺、蜀山、马踏和安山湖，南有南阳、独山、昭阳和微山湖，形成了济宁"北五湖""南四湖"共同构成的独特城市山水环境。大运河南段的杭州城，因西湖美景形成著名的"天堂人居"模式，大运河的修筑沟通了西湖与菜市河、中河等内城水系，运河使得杭州城水系充满了活力，对于活化和净化杭州城市环境发挥了重大作用。古代运河建设支撑了城市人居环境发展，促进城市风景园林系统构建，城市因河而兴、因河成景，融合山水已经成为中国古代城市建设独特的知行传统。

（3）运河沿岸环境营建孕育的人文景观。因运河带来的经济聚集与文化发展，直接带来了运河沿线驿站、祠庙、楼塔等各类建筑的兴建，这些建筑往往重视结合河道环境的整体设计，成为运河风景营造的重要组成部分。如大运河北段的通州，运河沿岸兴建有燃灯佛舍利塔，是运河千里漕运终极的标志，通州城北门城楼外运河岸边兴建有大光楼，有验粮之用，被称为大运河北端第一楼，成为标志性运河风景。淮安镇淮楼，发展千年具有镇水患、保平安的纪念功能，与运河一同成为重要的地方人文景观遗产。再如济宁，为纪念潘叔正、宋礼、白英等三位运河治理先驱，济宁百姓在南旺分水口处的分水龙王庙中，修建了奉祀三人的建筑院落，形成了典型的运河祠庙风景。这些建筑往往和运河文化有直接的联系，其营建对运河风景具有点睛作用，体现着建筑、运河一体，建筑山水共融的整体性实践观。

2. 灌溉工程与风景营建

目前，我国的世界灌溉工程遗产中大多数都是延续千年的古代水利工程，共有19处，始建于隋唐以前的有12处，而始于秦汉时期的遗产数量最多，反映了当时活跃的农业灌溉活动和水利技术发展。其中，除郑国渠、宁夏引黄古灌区和内蒙古河套灌区位于北方地区，其他遗产都集中分布于华中、华南，东南沿海地区聚集效应也很显著。

我国灌溉工程中的风景营建附着于农业的发展，其外在形式是以真实的生产功能为基础，是农业与其所属环境长期相互动态适应所形成的，其独具特色，表现为引水渠建造及土地利用系统之下的风景营建。在进行农业灌溉的工程建设以及运行过程中，因地制宜，对场地及周边自然环境改造利用，往往自然伴生着风景营建。

（1）引水渠系的风景营建。引水渠系营造过程中，自身作为主要载体，在渠系的闸口、渠口等人工工程节点处翕聚水工建构筑和祠庙、桥梁，栽植树木等共同作用，形成了富于审美观念和空间意识及人文意趣的风景营建，成为风景游赏之地。

商代至西周时期，布置在井田上的灌排渠道称为沟洫，农田沟洫发展至周代形成有灌有排的农田灌溉水利系统。以沟洫为主的完整的排水系统纵横交错，将大地分割为方整的景观形态。战国时期，大型渠工程取代了农田沟洫。黄河流域中，以郑国渠最具有代表性。在长江流域，秦国蜀郡太守李冰父子于成都岷江主持兴造了都江堰水利工程，它涉及军事、防洪、航运、生产灌溉、生活与游憩等多种功能，是以无坝引水为特征的宏大水利工程，福泽川西平原。逐渐以都江堰水利工程为核心载体衍生出李冰祠、二王庙、伏龙观等诸多具有浓厚纪念意义的人文场所，共同构成都江堰灌溉水利景观。同一时期的灵渠位于兴安县城东南部，它的开凿沟通了长江和珠江，成为岭南和中原之间的交通要道。灵渠的诸多水利设施很好地与四贤祠、飞来石、三将军墓、万里桥、沧浪桥等构成以灌溉水利工程为核心载体的人文自然景观。

　　唐宋时期是水利灌溉蓬勃发展的时期，江南水利蓄水塘堰、阻咸蓄淡工程和滨湖圩田等日益增多。位于浙江宁波境内鄞江上的它山堰自唐太和七年（833年）开始建造，至今仍发挥着阻咸蓄淡、泄洪排涝、灌溉供水、通航等作用。经历诸多朝代，以它山堰为中心的景观营建是结合周围的古民居聚落、它山庙等人文景观，同时渗透当地庙会、纸会等非物质文化，共同交融而成。遍布宁夏引黄古灌区的古渠系历经秦、汉、唐各个时期的开凿延伸，积累了完善的无坝引水、激河浚渠、埽工护岸等独特工程技术。至今，宁夏引黄古灌区还在正常运行，其蕴含的因地制宜、因势利导的治水理念对现代水利管理提供了历史借鉴。同时，在闸口、渠口等人工工程节点处，营建亭台建筑及栽植植物。

　　（2）农田土地利用与风景营建。圩田、梯田、坎儿井等独特的农业土地利用方式，天然伴生着体验风土特征的景观营建。

　　唐宋以来，江南农业灌溉最突出的水利设施是太湖流域的圩田。"圩田是人们通过筑堤，内以围田、外以围水的水利田，属湿地开发之一，在我国分布较为广泛，但各地称呼不同。"圩田特有的种植环境决定了其土地利用模式的多样化，其生产方式形成过程本身就是景观营建的产生："接近圩堤地势最高的通常是旱地，其次是稻田，再次是似田非田、似水非水者。水至为壑，水退为田。"

　　圩田一般是在滨湖区，湖泊、河网密布，雨量丰富而又不均匀，用圩岸将其与湖水隔开。水与田的相连共生使得"上则有途，中亦有船"的农田风景随即展开。唐代嘉兴官员李翰《苏州嘉兴屯田纪绩颂并序》记载："浩浩其流，乃与湖连。上则有途，中亦有船。旱则溉之，水则泄焉。曰雨曰霁，以沟为天。"并且，江南圩田因广泛发展，其规模巨大，方正连绵如大城，成为独特的大地景观，给人鲜明的视觉体验。宋代范仲淹（989—1052）在《条陈江南浙西水利》中记载"江南旧有圩田，每一圩方数十里，如大城，中有河渠，外有门闸"。明清两代，长江以南继太湖圩田之后，湖广垸田迅速兴起，以湖北荆江和湖南洞庭湖一带最为集中，其形制、景观形态和江南圩田相同。同期也逐渐出现田坝与田畈、丘陵梯田、雷鸣田、田陂等多种形式。

　　梯田作为重要的农业形态，多位于山岭丘陵地区，特殊的地形地貌使其具有特殊的灌溉形式，如云南红河地区的哈尼梯田。梯田的表现形态在宋范成大（1126—1193）《骖鸾录》中描述为："仰山岭阪之间皆田，层层而上，至顶，名梯田。"建设梯田，先挖筑宽沟将下泻之水悉数截流，后在沟下安寨、开梯田，再引宽沟之水灌溉梯田，水沿层层梯田下注入江河。当梯田建成后，就已经完成有村寨、梯田、沟渠灌溉体系共同构成的风景营建。

　　坎儿井灌溉系统是在极度干旱地区，人们根据当地特殊的地形地貌、水文地质条件，挖掘地下潜流层的水源，创造出适应当地的地下水利工程设施，在我国集中于新疆吐鲁番地区。坎儿井维吾尔语称为"坎儿孜"，原为地下水道之意，早在《史记》中便有记载，时称"井渠"。坎儿井是利用自然高差改变水流坡度，使水自然流通，并让地下水提前出露，解决灌溉及居民饮水。坎儿井由竖井、暗渠、明渠、涝坝四部分组成。坎儿井满足农田土地的灌溉与生活用水，同时无损地表结构，完美融入当地生态环境，是绿洲、聚落生存发展的基础性条件。围绕坎儿井灌溉系统，联系着聚落各个要素，坎儿井旁生长着丰富的树木植被，流经村落时会建有小码头，用于生活取水。地表显露的竖井口土石堆相连成串，也会有丛丛树木从暗渠生长出来穿出竖井口，形成了一种特殊的景观。

水利工程的营建中，利用小尺度人工构筑的巧妙选址和视觉感知，呼应地理空间的关系，塑造一种新的空间艺术构架，并通过附文以达人文意境，构成风景。

二、交通工程与风景营建

古人在营建道路和桥梁过程中植根于周围自然环境，因地制宜，充分斟酌，再辅以适当的点题等人文价值，使得其蕴含有风景的概念，在满足交通功能需求时，赋予其风景属性。

1. 道路与风景营建

道路是交通功能，亦是观赏风景的线路，当与其他风景要素结合，是营造序列风景的线性空间。本节梳理的道路是指那些距离较长、与自然环境联系紧密的交通型道路工程，不涉及造园内部的道路。

《诗经·小雅·大东》有"其平如砥，其直如矢"的记载，说明西周已有四通八达的国野大道。中国古代道路类别众多，有御道、官道、驿道、栈道、茶马古道、游赏景道、拜谒道、天路等，也有称为"行""陉"的道路，如"古柏行""太行八陉"，湖中"堤路"更是演变成典型风景道路。古代受限于工程技术水平，人们改造自然的能力有限，因此道路的选址最大限度地利用自然环境，因山就势，以满足交通的需要。修建中夹道植树、沿道置亭、对置神像、阵列牌楼、名人题词摩崖石刻等，不仅在道路选址修建上与自然环境相适应，还创造了各异的风景，并赋予了人文情怀。

古代沿途夹道植树，有标记线路、保护道路防雨水冲刷、便于就地取材等功用，后逐渐成林荫风景道。据《汉书·贾山传》："秦为驰道於天下，东穷燕齐，南极吴楚，江湖之上，滨海之观毕至。道广五十步，三丈而树，厚筑其外，隐以金椎，树以青松。"在宽达五十步的驰道两侧，每隔三丈种一棵青松。秦直道开启了最早的行道树种植。西岳华山的古梧行，是晋太康九年（公元 288 年）华阳太守魏君实在西岳古庙至华山朝元洞沿途夹道植梧桐树千株。两旁烽堠以千字文为号，禁人牧放樵采。今剑门蜀道的翠云廊是古蜀道的一段，古称剑州路柏，民间又称"皇柏""张飞柏"，曾有"三百余里官道，数千万株古柏"的壮观景象。现存古柏8000 余株，是古人植树护路的典范：一是植树表道，起路标作用；二是保护道路，防止雨水冲刷路基；三是便于修理栈道，就近伐树取材；四是为行人提供行路方便，遮阴避暑。

湖中堤路，是通行之路，亦是山水胜境的主体。杭州西湖苏堤，相传是北宋大文豪苏轼被贬至杭州，为疏浚西湖之水、保证农田灌溉而建。据《宋史·七卷》所载，苏堤"取葑田积湖中，南北径三十里，为长堤以通行者"，可知当时苏堤既解决了西湖淤塞的问题，又为行走者提供便利的通道。自南向北分别有映波、锁澜、望山、压堤、东浦、跨虹六座小巧玲珑石拱桥坐落苏堤之上，堤路两侧湖边栽植垂柳，与湖面、桥体等共同构成了完整的风景营造体系。苏堤与离其不远的白堤共同构成了西湖的基本山水骨架，成为决定西湖山水格局的基本符号。清时，苏堤成为皇家园林写仿对象，乾隆将其纳入清漪园，放于昆明湖之上，同样有六桥串联。苏堤作为风景堤路连接南北，线性划分水面的造景模式影响了后世的造园意匠。

秦奠定的驰道制度其后经不同朝代的继承并发扬光大，由此形成富有我国特色的驿道系统。根据《中国大百科全书》的定义，驿是古代对行省驿传设施的总称，而驿道即是我国古代陆地交通的主通道，同时也是重要的军事运输与屯兵设施。驿道沿途设置有驿站、递铺、邮亭等配套设施，并派有驿夫与驿马，它们遵循一定的布局规范，并形成层级分明的体系。

作为驿道上具有明显风景功能的驿亭，常常受到文人的青睐，如杜甫（712—770）在《秦州杂诗》之九中有"今日明人眼，临池好驿亭"的记载，韩愈（768—824）在《柳州罗池庙碑》中有"尝与其部将魏忠、谢宁、欧阳翼饮酒驿亭"的记述。文人墨客赋予驿亭文化内涵，使其富有文化景观魅力且具有地标性风景价值。驿道亦非全为陆上通道，河流水系也是交通体系的组成，在一些水陆交通枢纽中出现了具有协同联运功能的水陆驿站，促进了中国古代滨水风景的营建。

早在先秦时期，古人已有修筑栈道的具体实践，栈道多依靠悬崖峭壁，盘山架木而成，环境极其险恶但也十分重要。例如自战国起就开始修建的"褒斜道"，这条位于秦岭山脉中，贯穿于关中平原和汉中盆地之间的山谷。它的修筑不但顺应山体巍峨嶙峋的自然风貌，还烘托出悬崖峭壁的险绝之势，可以说山川与栈道的交相呼应，造就了栈道"绝壁危险"独特的景观意向。褒斜道石门摩崖石刻亦是举世闻名的书法艺术：由汉及宋的摩崖石刻，有的是历代开通、修复褒斜道、石门和山河堰工程情况的记载，有的是参观、游览的留念题记。清代有人统计，40余种。而其中"汉魏十三品"，唐宋时期即负盛名，誉满全国。

古代祭祀拜谒的神道，依托道路两侧对称布置石像，产生神圣、肃穆和宏伟的景象，如唐代陵墓乾陵的神道；道路上设置牌坊，如黄山南麓的歙县棠樾村，古老的七座石牌坊耸立在村头一百多米长的石板甬道上。

2. 桥梁与风景营建

桥梁往往是一个区域中的交通要塞，也是社会活动聚集的公共场所。因桥梁修建十分不易，桥体在满足结构安全之外，都会通过建构筑物上的隆重符号来彰显其重要仪式感。桥还在日常生活中被赋予很多故事而具有重要的文化景观价值，桥体往往与桥头牌坊、桥头建筑、桥头广场等构成地标性景观，桥往往是自然和人居环境中起着观景、构景的双重角色。

古人选址筑桥有两个层面的考虑：一为桥体本身的构筑，包含了结构、材料、形态和功能；二是桥的选址与周边环境的关系，形成了桥头的空间环境。二者共同构成了水、岸、桥、山整体的风景特色。造桥选址乃为重中之重，无一不受历代筑桥人之重视。桥址是否与周围自然环境相融？高山、大河、碧水、民房、古塔、古树等自然或人工构筑物能否为桥梁平添"借景"之用？乃是重点考虑的因素。如若达不到这一点，桥本身造型再优美，其"造景"功能也会逊色不少。因此古人建桥择景时，重视选择具有优美自然环境之地。在选址决定后，再按水域宽窄、山形高矮、流水急湍选择何种桥的类型。

筑桥材料的选择不仅影响桥梁的使用年限，也影响其"审美"价值，诸如"竹、木、石"等材料因其材质差异则美学属性不尽相同。桥的装饰是精湛细致之事，先辈们以高超的营造手法，将桥体进行装饰，使得桥不仅具有交通功能，其本身更是一种景物。

桥梁的风景价值在其桥型中有所体现。古村落中跨河而过的石板桥，形体柔和，曲线优美，轻巧明快。杭州西湖的美离不开大自然的山水赠予，更离不开桥梁的"造景"之美。映波、锁澜、望山、压堤、东浦、跨虹六座石拱桥跨于十里苏堤之上，桥体本身与水中倒影合二为一，虚实相接，波光粼粼。湖边垂柳飘拂，水中桥影如环，北宋章得象作诗赞曰"天面长虹一鉴痕，直通南北两山春，"这便突出了桥的景观造景价值。

历史上很多桥梁因为有文人墨客借物抒情而闻名遐迩，西安灞桥就是一例。灞桥始建于春秋时期，据《汉书·地理志》所载："古曰滋水，秦穆公更名，以章霸功"，秦穆公在灞水之上修一木桥，唤为"霸桥"，不知何时后人于"霸"前添三点水，故"灞桥"之名确立。诞生于秦穆公手中的灞桥有时却具有南方婉约之气质，仿佛一亭亭玉立之江南少女，静静地伫立于长安之畔，彰显出浓浓送别之情。高适的"莫愁前路无知己，天涯谁人不识君"，李白的"年年柳色，灞陵伤别"道尽了友人相离的不舍与凄凉。每逢春天，长安人在此送客东行，依依惜别。其自古就有"灞桥折柳"的典故。灞桥不仅有优美的自然风景，更是送别情感之寄托。

位于甘肃省兰州市滨河路中段白塔山下的"中山铁桥"，其既联通了兰州南北两块区域，使得兰州城市得以发展，桥体本身又是架于黄河之上的一个景观节点，具有强烈的风景营造功能，它还见证了兰州近现代的发展，成为兰州市的"城市符号"。

三、军事工程与风景营建

军事工程与风景伴生由来已久，中国园林最初的形式"苑""囿""台""榭"之中的台榭建筑，除去礼制与宫室建筑的功能属性外，相当一批台榭建筑具有军事功能；同样关隘的修筑最初作为交通要道的防务关口，后期作为一种文化现象有着独特的美学属性和自身的传承。自春秋，历秦汉及唐宋，至明清，许多历史掌故、诗词歌赋、民间故事都与关隘有着密切的关联。长城的修筑是为了抵御北方少数民族对中原的入侵，其工程浩大，随山就势，是保护中原汉文化的一个重要屏障。这些出于军事目的而营建的构筑物，都成了中国古代风景园林的重要组成部分。

1. 台榭与风景营建

诗经《大雅·灵台》首章就是描述周文王修建灵台观测祲象占卜吉凶的故事。而更多台榭建筑被《七国考》等古籍誉为皇帝娱乐游玩的"苑""囿"，实则大都具有军事功能。春秋战国时期，吴王的姑苏台、楚王的章华台，无一例外都是重要的军事建筑。同时，因为这些建筑占据天然地势，地形险要、易守难攻，所以它们同时也是重要的军事据点。其中秦始皇首开巡狩全国的礼制，因此当时提出要在全国各地筑台，如山东琅玡台等地。因此，将军事工程与风景结合是中国早期风景营建的一大特点。汉武帝刘彻于建元三年（公元前138年）在秦代的一个旧苑址上扩建而成的"上林苑"同样也有军事防御的目的，来拱卫京畿重地。而后继者如三国时期曹氏父子营建的邺城，有著名的金凤台、铜雀台、冰井台，合称邺城三台，无一例外均是军事工程，是当时防御工事的有机组成部分，但是它们同样装饰精美，风格独特，作为曹氏父子吟风弄月、休憩悠游的重要游赏空间，支撑了"建安文学"的诞生。所谓站在三台望西山，留下了许多千古名篇。由此可见，军事工程与风景的关系非常密切。

2. 关隘与风景营建

关的本义为门闩，后来引申为重要地段或者边境上的出入口。因其常设在险要的山口或要塞处，所以又常建有关门，筑有关城。长城之上有百余关隘，如山海关、居庸关、雁门关、阳关、玉门关等；有些地方虽以口称谓，如古北口、张家口、杀虎口等，但实际上也是关隘。关隘分为两种类型，一是长城关，可看作是国家之间的军事设施，规模较大，地位也较显赫，如玉门关、嘉峪关、山海关、居庸关、娘子关等。另一种是驿道关，一般是指地区性关隘，这类关大多设置于省、县交界处，依山傍水，凭险而立，形成易守难攻的军事要塞，如函谷关、剑门关、武胜关、潼关等。

中国的名关分布主要集中在中部地区的北方省份。从关隘坐落的山脉看，主要分布在秦巴山地、大别山脉、桐柏山脉、燕山山脉和伏牛山脉等山地。南方的南岭仅有韶关和梅关沟通珠江三角洲和湘赣内地。众多的南方山脉少有关隘，如武夷山脉、罗霄山脉、雪峰山脉等多险峻隘口，但未有古关。形成这种空间分布特征的原因有：一是中国古代经济活动地域主要在北方，并且区域经济的空间拓展路径是由黄河中下游地区向湟水谷地、成都平原、江南地区和华南地区拓展，故中原和关中地区关隘多，历史久远。二是中国历史上政治势力的较量和领土的争夺多是围绕中国的核心——中原地区进行的，所以中原地区周边山脉的隘口大多筑有古关，借此攻防，逐鹿中原。

关隘一般在名山之巅、大川之旁，风景秀丽、景色宜人，多为旅游胜地。像洛阳南边的伊阙关，两山对峙、石壁峭立，伊阙河横贯其间，风景十分优美，且有龙门石窟之珍宝，为中外游客所陶醉；又如郑州西边的虎牢关，更是山水秀美，名胜宜人，这里有周穆王养虎于此的传说，有关公庙、张飞寨、吕布城、跑马岭、张飞绊马索等，使人流连忘返；山西的雁门关，重峦叠嶂，霞举飞云，两山对峙，其形如门，蜇雁横飞其间，美不胜收；甘肃的嘉峪关，山有九眼泉，清澈如镜，不涸不竭，南有祁连山雪峰如玉，北有龙首山雄踞河西，雄伟壮丽，使人心旷神怡；北京的居庸关，山峦间花木郁茂葱茏，犹如碧波翠浪，有"居庸迭翠"之称。关隘与山川景致在不同空间尺度、不同风景要素间的相互观照愈现其风景园林价值在军事工程中的重要性。

3. 长城与风景营建

长城本体是由长城边墙及在边墙上修筑的各种军事防御设施，如女墙、障墙、敌台、马面、关口、城门、瓮城等组成，是战争中前线作战的主要场所。春秋战国时期，为减少北部边患，与游牧民族毗邻的秦、赵、燕等诸侯国最先筑起了长城。秦代时期，为了解除北部匈奴民族对国家的威胁，秦始皇派遣大将蒙恬率领数十万大军将匈奴驱逐出漠南地区，并占领了河套之地。为防止匈奴再度南下进犯，秦始皇将原秦、赵、燕等国修筑的长城连接起来，又向西拓展，构筑新的城垣，《史记·蒙恬列传》中也有记载"筑长城，因地形，用险制塞，起临洮至辽东，延袤万余里"，始称万里长城。汉代时期，汉武帝在取得反击匈奴的胜利后，对长城进行了加固修筑。为了保护新取得的河西走廊地区的安全，又新修了包括河西走廊在内的长城，将长城向西延伸至玉门关。北魏时期，北方的突厥、柔然等游牧民族不断侵扰，北魏也曾修筑长城。隋代时期，北方的突厥强盛，对中原构成一定的威胁，为防其南下进犯中原，隋曾多次修筑长城，并在今大同以南地区修筑了内长城。明代时期，兴筑了历史上最大规模的长城防御工程，为防止蒙古鞑靼、瓦剌的侵犯，《明史·兵志》中也有记载"终明之世，边防甚重，东起鸭绿，西抵嘉峪，绵亘万里，分地守御"。经过前后二百多年，历经十八次的增建与修葺，明长城设施近于齐全，工程坚固完善，其构造与建造技术进步，超过了以前各代，成为历代长城工程的经典范例。

万里长城的修筑，显示了中国古代工匠们的聪明才智和高超的工程营造技术水平。长城的精巧设计和丰富的造型、走势，不仅体现了实际防御功能，也体现了建造者的审美情趣。"细观长城，其精巧的设计和丰富的造型，充分体现了实用与审美、对称与自由、静止与运动、阳刚与柔美、疏与密相结合的思想，具有重要的美学价值。"长城并非一堵厚实绵长的边墙，有些地段它呈现为密不透风的堡垒和坚固的围墙，而在另一地段却变为陡崖上迤逦的砖墙。有时它是绵延数百里的厚重墙体，有时却演变为长墙间矗立着的烽燧与零星散落的烽火墩台。不同区段与山形地势相合，形成了不同的军事功用，同时基于视觉感知映现出不尽相同的风景景象意味。京郊与河北明长城沿山脊线起伏的整体体量轮廓，又展现了景致风貌下工程主体的线性与连续性的工程营建手法，同时垛口作为工程主体的功能要素，在重复而具节奏性的视觉感受下，与长城线性延绵空间、城墙墙体与山脊地貌形态的结合，生成点、线、面相结合的营建形态特点。

第七节　圣林、陵寝、墓园与风景营建

中国古代陵墓建设，体现了传统风景园林思想和营建智慧，主要表现为风水相地选址、陵山关系和林陵墓园的等级含义。

风水相地的陵墓选址。中国古人遵循"事死如事生，事亡如事存"的礼制思想，影响帝王身份地位之人，死后墓葬占据山水形胜之地为贵，重山川精气的相地观念。自然山水景观是风水选址的重要依据和生命力，如黄帝陵的选址和张良祠、诸葛墓的选址，是依托自然山水景观产生的风水模式。英国著名科学史家李约瑟说："皇陵在中国建筑形制上是一个重大的成就，它整个图案的内容也许就是整个建筑部分与风景艺术相结合的最伟大的例子。"

陵，《说文解字》中意为"大阜"，即较高的山。古人认为，山是大自然中最伟大的造化物，是神灵的居所，也是人类与天神沟通的途径，它具有神秘和灵验的特性。历史上把山陵比作最高统治者，将帝王的去世称为"山陵崩"。用山陵比喻君王，既是将自然人格化，又是古代人们物形类象、天人合一认识的体现。

陵、冢、墓、坟都是埋葬亡者之地的专用术语。在《周礼》中就记载有"冢人"和"墓大夫"两种官制。陵是从"冢"演变出来的称谓，而坟是指埋葬后堆起的土堆，规模很小。西周时期只有冢、墓两种，从形制上看，冢有封土堆，而墓则没有封土堆，并且这四者的称谓有着严格的规定，等级森严。帝王的坟墓称"陵"，贵族的坟墓称"冢"，一般官员或富人的坟墓称"墓"，平民百姓的坟墓称"坟"。官位品级的高低直接导致坟墓的大小、高低、排列、方向、装饰等诸多区别，规格和规模都有着严格的规范，不可逾越。此外，圣人的墓称为"林"，是自宋代始有的圣人墓地的含义，如"孔林""关林"。

一、圣人之林

圣人之墓为林。中国历史上被称为"圣人"的，如文圣人孔子和武圣人关羽，他们的墓被称为"孔林"和"关林"。

"林"作为圣人之墓，存在着多种解释。其一，据传祭拜孔子用帝王制但孔子并非帝王，所以孔子之墓不能被称为"陵"而是取其谐音称为"林"，但此说法未能找到确切记载和考据；其二，孔子弟子为了纪念老师，在孔子的墓周围广植树木，据《水经注·泗水注》记其弟子"各持其方树来种之"。自汉代始，"尊孔重儒"思想的渐渐加深。有史载，东汉时孔子墓开始出现相应的祭祀设施，南朝宋文帝元嘉十九年命"栽松柏六百株"，至北魏，孝文帝诏"为孔子起圆柏，修饰坟垄，更建碑铭，褒扬圣德"，此时孔子墓周围已初步成林，同样如"关林""孟林"自古多栽松柏，古木成林，所以众多研究者认为早期"孔林"的"林"是取"树木"和"聚集"两个意思；其三，"林"自宋代始有圣人墓地的含义，1008 年，宋真宗泰山封禅，过曲阜至孔子墓拜祭，据《祖庭广记·林中古迹》载："真宗幸圣林，以林木拥道，降舆乘马，至先圣坟释奠，再拜。"也有说，仅仅是家族的墓冢地。

孔林选址于鲁城之北，泗水之阳，即今山东省曲阜市北。孔林墙内古树成林，其中以楷树为多，另有柏、桧、柞、橡、榆、女贞、安贵、五味、蒐檀等。孔子墓位于孔林中部，在万木掩映之中。

关林的扩建是从明万历二十年（1592）开始，在汉代关庙的原址上，扩建关林庙，占地 200 余亩，院落四进，殿宇廊庑 150 余间，成为规模宏大的朝拜关公圣域。明万历三十三年（1605）敕封关羽"三界伏魔大帝神威远镇关圣帝君"，关羽始封"圣"。清代顺治五年（1648 年），敕封关羽"忠义神武关圣大帝"。清康熙五年（1666 年），敕封洛阳关帝陵为"忠义神武关圣大帝林"，始称"关林"。关林选址于古都洛阳，北邻洛水，南望伊阙（今河南省洛阳市洛龙区关林镇），关林中翠柏参天，自古被誉为"洛阳小八景"之一，现有古柏近 800 株。关林依照宫殿的形式修建，布局结构十分严谨，其中轴线的建筑从大门到关墓依次排列，轴线两侧则放置以对称的建筑物。

孔林、关林中布局及形式，也反映出中国古代林陵墓园的严格等级及文化礼仪内涵。"林"作为圣人墓地沿用至今，除了"孔林""关林"外，还有圣人介子、孟子之墓，被称为"介林""孟林"。"圣林"被赋予了中国尊崇圣人的思想观念和营建表达方式。

二、陵寝

古人"以山为陵、以峰为冢"，最初是为节省工时并防止盗墓，后来则演变成帝王陵寝的最高象征。据历史资料记载，战国时期厚葬成风，坟冢的规模不断扩大，因而墓葬的称谓逐渐有了尊卑等级的含义。

自战国中期起，"陵"成为帝王坟墓的专有称谓。帝王诸侯之陵寝墓园的营建，从秦汉历代帝王"封土为陵"，到唐代"因山为陵"，再到明清"依山为陵""集帝王墓群为陵"，完成中国古代陵墓从"以陵象山"到"以山象陵"的转变，代表中国特有的地景文化思想。

秦始皇陵建于公元前 210 年，位于陕西省临潼区城东 5 千米的骊山北麓，陵墓"选于骊山之阿"和"天华"形胜之地，依托于骊山与渭水的自然景观形胜。整体陵寝空间布局与自然地景相结合，壮大了帝王工程的格局与气魄。

西汉帝陵基本沿袭秦制。帝陵和陵园的建筑布局受到都城建制的影响，大多数陵墓在陵区的南部，帝陵在西，后陵在东；陵墓居陵园中央，陵园四面各辟一门，正门在东。陵墓构筑方式分为两类：一类为"凿山为藏"、不起坟丘，如霸陵，西汉诸侯王陵墓多采用这种形制，如已发掘的河北满城西汉中山靖王刘胜墓、山东曲阜西汉鲁王墓。另一类是"穿土为圹"，地面上夯筑起高大的坟丘，坟丘都作覆斗形，底部和顶部平面多为方形，少数为长方形。

黄帝陵修建于汉代，选址于桥山与沮水环抱之地。桥山因山形像桥而得名，山上古柏参天，山水环绕，面积为 3.33 平方千米，山上 6 万株古柏参天遍野，四季常青。

唐代陵墓开创了帝王"因山为陵"的陵制，其选址和风水布局都深深影响了后世君主的筑陵方式，如明十三陵、清东陵等。唐昭陵是唐太宗李世民的陵墓，位于今陕西省礼泉县东北 22.5 千米处的九嵕山上，面积约 200 平方千米。唐太宗选址时，不喜汉制封土为陵叨扰百姓的弊端，认为九嵕山孤耸高敞，可依山为陵，并置陵与九嵕山北山之冠，《西都赋》载："冠以九嵕，陪以甘泉。"唐乾陵是李治、武则天合葬之陵，位于乾县城北梁山上，梁山海拔 1049米，三峰耸立，北峰最高，为山陵主体，南部二峰东西对峙，成为山陵南段的天然门阙。唐乾陵依山为陵，周围约 40 千米，气势雄伟，规模宏大，把传统风水相地理论运用发挥到极致，是唐代诸陵中最具代表性和保存最好的一处。

宋太祖永昌陵，位于今河南省巩义市，宋代的七帝及赵匡胤父亲赵宏殷的陵寝共 8 座均在此地。永昌陵未沿袭唐代"因山为陵"的陵制，而是遵循汉代封土为陵形式，选址于北据黄河、东依青龙山，有伊水穿过的漫坡平原之上。

明清时期陵寝建制进一步发展，出现了规模宏大、豪华奢丽的陵园建筑群。明十三陵位于北京昌平区境内的天寿山麓，这一带山地属燕山支脉，东西北三面环山，群峰层叠、如屏似障，向南有一处山口，两侧有龙山、虎山峙立，形成天然门户，陵区有朝宗河萦绕东去，十三座陵墓均背山而建、各居一山，成为传统风水相地理论应用的后起之秀。清东陵位于河北省遵化市马兰峪以西的昌瑞山下，清西陵位于河北省保定市易县梁各庄西 15 千米处的永宁山下，由 9 座帝陵、7 座后陵和 8 座妃园寝共同构成的体系恢宏的清东陵和清西陵，充分展示了清代陵寝建筑艺术创作的杰出意匠。

另外，中山陵为孙中山先生的陵寝，是后世陵寝中最成功的案例。中山陵的布局与选址继承古代陵制，位于南京市玄武区紫金山的钟山第二峰茅山南麓，延续古人因山为陵的建陵方式，继承了传统墓地的地景模式。中山陵建于高爽之地，为传统轴线式布局，将博爱坊、墓道、陵门、石阶、碑亭、祭堂和墓室等主要的建筑与构筑物依次排列在一条中轴之上，形式严整，在自然林木的烘托下庄严宏伟。

三、墓园

"冢"源起于西周，为王侯贵族之墓，其上有封土堆。

司马迁墓是西汉史学家司马迁（前 145 或前 135—前 87 年后）的衣冠冢。据《水经注》记载，墓园按风水学理论选于"东临黄河，西枕高岗，凭高俯下"和"高山仰止，构祠以祀"的形胜之地。墓园西依梁山，南临深壑，北崖面以芝水。司马迁墓祠、坟冢沿东西向轴线布局于狭窄陡立的黄土塬坡（又称司马坡）之上。从汉太史司马祠牌坊起坡处至祠墓所在峰巅约 200 余米，山上遍植侧柏：山门内庭园有古柏 2 株；祠院的南北崖坡上下有 18 株古柏（清代所植）；寝宫后墓冢上有古柏 1 株（传为西晋时期所植）。古柏虬蟠，树冠四覆，与山巅古建筑群相互衬托掩映。

武侯墓选址于一处山水环抱、古木成林的风水宝地，历代一直被勒令禁止樵采，因而保留延续至今。现存墓址三面山阜环抱，入口面向东北，南侧为武刚山、西为笔峰山，呈环抱形式，东为书案梁。墓园及献殿建筑群的主轴线垂直于笔峰山，头西脚东，以示不忘先主及怀乡之念。献殿建筑主轴线上排布有溪水、小桥、山门、四合院、献殿、祭亭、墓冢、对植汉桂、献亭、笔峰山，南殿四合院两侧各有一个偏院。墓园因袭中国传统风水相地学理论，布局依山就势，建筑群紧凑有序，园内汉柏、古松等名木古树甚多，是一组具有陕南地方特点的墓园建筑，在国内颇负盛名。

小结　中国风景园林知行传统对学科发展的思考

1. 中国古代风景园林思想及其营建手法是中华文明的重要组成，3000年来一脉相承，海纳百川，不断而延续

钱穆先生曾说："任何一个国家民族，它能绵延繁衍，必有一套文化传统来维系，来推动。"中国古代风景园林的传统思想和营建方法所表现的"知行传统"，是中华民族不断认知自然、崇尚自然过程中凝结而成的山水美学和人文精神，也是人工工程营建时协调自然环境、再造空间意境的意匠和智慧，体现了中国传统哲学的"知行"观。它深厚、博大、精深，在漫长的历史进程中自我完善，自成一体，受到外来影响较小。这些思想和智慧传承至今，从未间断，并且深入人心，牢不可拔。

"山水形胜""人文关怀"和"人与天调"集中反映了中国古代风景园林思想体系中的自然观、社会观和实践观，影响古代风景园林各类实践活动的营建手法。

2. 中国古代风景园林具有"知行一体"的整体性特征，从"风景"到"园林"，并蕴含在各类工程营建之中

中国古代风景园林实践中，蕴含着"风景"和"园林"两种不同的手法和空间意识：人工选址营建与自然环境一起构建的外在空间秩序关系所形成的风景，以及特定环境中营造自然意趣的内在空间秩序。本章从"山水胜境"的"风景"产生，到"园林"的形成，并涉及"城邑""乡村田园""水利、交通、军事工程""圣林、陵寝、墓园"等人工工程中的风景营建途径，构成中国古代风景园林的基本内涵，也是中国古代风景园林"知行一体"中思想形成和传承的载体。为当今世界风景园林学科发展的"中国性"特征与价值，提供思考。

3. 中国古代风景园林知行传统对中国人追求美好生活以及人类福祉具有重大贡献和重要意义，其价值仍需要不断发掘和整理，传承与创新

中国历史上风景园林与建筑、城市规划融为一体，密不可分，今天风景园林学作为一门独立的一级学科，从传统风景园林思想内涵和营建类型，以及它们之间相互影响的关系加以梳理，有利于理解和思辨风景园林学科的渊源和内涵，对认识和发展中国风景园林学科具有重要的意义。今天我国风景园林学的历史使命、社会价值、知识体系、理论方法及实践领域都有了巨大改变，其研究的理论基础包括对不同历史时期人类在处理生活空间与自然之间的关系中积淀的经验与思想。古代风景园林知行传统，其所代表的不同自然环境中人工营建的生存智慧，山水审美思想下的空间艺术建构，以及今天人民对美好生活向往中游憩活动的需求，是学科发展根基，其思想与营建手法作为知行一体的内涵，需要不断挖掘和整理，不断扬弃，持续地传承与创新，进而科学地认知、保护、展示、更新与营建健康美好的人居环境。

参考文献

［1］吴良镛. 中国人居史［M］. 北京：中国建筑工业出版社，2014.10：423.

［2］佟裕哲，刘晖. 中国地景文化史纲图说［M］. 北京：中国建筑工业出版社，2013.

［3］孟兆祯. 中国风景园林传统特色［J］. 中国园林，2007（4）：31–32.

［4］朱建宁. 回归在自然中游历的文化传统［J］. 中国园林，2012，28（10）：61–65.

［5］王昭增. 王昭增文集［M］. 北京：中国建筑工业出版社，2018.

［6］成玉宁，等. 中国园林史（20世纪以前）［M］. 北京：中国建筑工业出版社，2018.

［7］杨锐. "风景"释义［J］. 中国园林，2010，26（9）：1–3.

［8］谢凝高. 中国的名山与大川［M］. 北京：中共中央党校出版社，1991.

［9］周维权. 中国名山风景区［M］. 北京：清华大学出版社，1996.

［10］潘谷西. 江南理景艺术［M］. 南京：东南大学出版社，2001.

［11］周维权. 中国古典园林史（第三版）［M］. 北京：清华大学出版社，2008.

［12］贾珺. 圆明园造园艺术探微［M］. 北京：中国建筑工业出版社，2015.

［13］于海漪. 南通近代城市规划建设［M］. 北京：中国建筑工业出版社，2005：18–24.

［14］温春阳，周永章. 山水城市理念与规划建设——以肇庆市为例［J］. 规划师，2006（12）：71–73.

［15］吴庆洲. 中国古代的城市水系［J］. 华中建筑，1991（2）：55–61.

［16］马军山，张万荣，宋钰红. 中国古代城市绿化概况及手法初探［J］. 林业资源管理，2002（3）：54–56.

［17］潘谷西. 中国古代城市绿化的探讨［J］. 南工学报，1964（1）：29–42.

［18］毛华松，廖聪全. 城市八景的发展历程及其文化内核［J］. 风景园林，2015（5）：118–122.

［19］Kairan Li, Jan Woudstra, Wei Feng. "Eight Views" versus "Eight Scenes"：The History of the Bajing Tradition in China［J］. Landscape Research，2010，35（1）：102–103.

［20］张钧成. 论园囿制［J］. 北京林业大学，1990（S1）：65–70.

［21］傅崇兰. 中国运河传［M］. 太原：山西人民出版社，2005：8–9.

［22］汪一鸣. 宁夏人地关系演化研究［M］. 银川：宁夏人民出版社，2005：400.

［23］侯晓蕾，郭巍. 圩田景观研究形态、功能及影响探讨［J］. 风景园林，2015（06）：123–128.

［24］陈汪丹. 宋代苏轼兴造苏堤与苏堤风景园林化考析［J］. 风景园林，2019，25（6）：114–118.

［25］黄晓. 始于个案的开放对话［J］. 风景园林，2018，25（11）：4–5.

［26］陈显远，王云林. 褒斜道、石门及其摩崖石刻［J］. 西北史地，1996（02）：30–32.

［27］罗哲文. 解读关隘文化［J］. 北京：游遍天下，2005.4.

［28］郭光. 长城.［M］. 北京：中国青年出版社，2011.

［29］河南省文物局编. 河南文化遗产全国重点文物保护单位卷［M］. 北京：文物出版社，2007.11.

［30］中华人民共和国住房和城乡建设部. 中国传统建筑的解析与传承——陕西卷［M］. 北京：中国建筑工业出版社，2017：70.

［31］钱穆. 中华文化二十讲［M］. 北京：九州出版社，2011：2–5.

［32］王向荣. 进入新时代的中国风景园林［J］. 中国园林，2021，37（11）：2–3.

撰稿人：刘　晖　李金路　郭明友　胡一可　许晓青　阴帅可　袁　琳　赵纪军　赵智聪　赵泽龙　张　颖　仇　静　宋　君

第二章　中国风景园林学学科的发端

（1910—1940）

中国近现代风景园林教育的产生主要与当时的留学制度有关。庚子赔款之后，一批中国留学生在美国、日本、法国、丹麦等国学习花卉园艺学、植物学、建筑学、造园学等，代表人物有傅焕光、李驹、章守玉、陈植、范肖岩、童玉民、毛宗良、程世抚、汪菊渊、陈俊愉、童寯、刘敦桢等。这批留学归来的学者们接触了现代西方景园教育与设计思想，开始在园艺学、林学和建筑学等相关学科体系中引入风景园林相关的课程和内容，逐步在中国高校建立了相应的知识体系。以童寯、刘敦桢为代表的部分学者开始了对中国传统园林尤其是江南园林的调查与测绘，以现代建筑设计的视角研究中国传统的造园艺术，与此同时，我国东部多所高校也开展了风景园林相关研究与实践。随着与风景园林相关的专业课程和研究的展开，中国风景园林教育初现端倪。

第一节　课程与教育

20 世纪初，随着一批赴美、日、欧等国家和地区接受风景园林及相关教育的学者归来，多所院校的园艺、森林与建筑系科中开始开设风景园林类课程，这些课程结合中国传统的造园艺术，尝试引入西方教育的同时，探索我国的风景园林教育。从 20 世纪 20 年代起，中国陆续有农学院校的园艺系开设观赏植物、栽培应用等风景园林类相关课程，同时一些工科院校的建筑系也从空间布局和建筑艺术的角度来讲授庭园学或造园学课程，两大类院校甚至互聘教师授课，虽然未见学科及教育体系出现，但作为风景园林学科前期探索与实践，此间意义重大。由此可见，风景园林学在它萌芽之初就与园艺学、林学、建筑学有着密不可分的关联。园艺学与林学两大学科更多地关注生物与环境的关系，而建筑学更多地关注空间与建造，相关学科的不同关注点铸就了风景园林学的融合特征，由此中国风景园林教育开始发端。

北伐战争之前，我国传统农业开始向近代农业转变，一批有实业兴国理想的先行者们开始创办近代农科教育，其中部分课程内容涉及风景园林教育。如东南大学（后改名中央大学）和 1927 年金陵大学都分别设立了高等园艺学系，其中李驹、章守玉、陈植、毛宗良、王太乙、奚铭已、周士礼、宗维诚等人先后成为东南大学园艺系任教的专业教师。胡昌炽、程世抚、叶培忠、李驹（兼）、毛宗良（兼）、汪菊渊、陈俊愉、李鸿渐先后在金陵大学园艺系任教。北伐以后至抗日战争前的10年，尽管社会处于战乱和动荡中，但是全国高等农业院校及园艺系不断增加，农学教育仍然不断发展。抗战全面爆发之后，东中部大专院校、科研单位大举西迁，至20世纪40年代初，到达大后方的高等农业院校有9所，农专7所。林学作为早期培养风景园林人才的学科之一，与园艺学如出一辙，也同样开设了造园类相关课程，代表性学者主要有陈植、傅焕光、李寅恭等。

在建筑学科中则出现了"庭园""庭园设计"等与风景园林相关的课程。此外，当时很多高校土木工程系和建筑系都开设了城市规划课程，虽然名称有都市计画、都市计划、都市设计等，但都对应英文的城市规划（City Planning）。需要注意的是，从内容上看，该课程一般包括城市公共空间规划、公园绿地、道路绿化等理论、实践教学环节，基本涵盖了城市园林绿地的主要类型。中央大学在1930年将"都市计划"科目说明为"授划古今都市街道及转运制度之轻便、公园之规划及公共建筑市中心区等一切计划"，足可见其与风景园林的密切联系。代表性学者主要有童寯、刘敦桢、乐嘉藻等。

一、20 世纪 20 年代

1921年，国立东南大学农科成立了我国第一个园艺系，据可查得的1927年该系课程表（见表2-1）来看，当时园艺系的风景园林教学已有课程群出现。东南大学农科园艺系课程包括庭园制图、庭园学、观赏植物、温室花卉、苗圃学和果品学、蔬菜学、品种改良8门课，多半课程与造园学有关。由此可见，1921—1927年6月期间的国立东南大学（以及随后的第四中山大学和国立中央大学），其农科园艺学已经初步建构了以植物类课程为基础、以设计类课程为主干的风景园林教学体系雏形。国立东南大学农科秉承南京高等师范学校农业专修科办学宗旨的同时，更注重研究并实行教育、研究、推广三结合方针，设有试验农场12处，3900余亩，特别重视培养学生的实践能力，明确规定每年暑假学生必须要到农场或农村参加生产实践，以所得理论知识，验证和解决生产中的实际问题。

1923年3月，东南大学工科设立土木工程系，分为建筑门、营造门、道路门、市政门4门，其中道路门和市政门设置了"城市计划"必修课程，但由于1924年工科取消，该课程未开课。

表 2-1　1927 年国立东南大学农科园艺系课程设置表

门组	课程	学时/周	实习/周	学分
园艺系	庭园制图	1	4	3
	果品学	2		2
	蔬菜学	1	2	2
	品种改良	2		2
	观赏植物	2	2	3
	温室花卉	2	2	3
	苗圃学	2	2	3
	庭园学	2	2	3

资料来源：包平. 南京农业大学发展史. 历史卷［M］. 北京：中国农业出版社，2012：38.

　　1928 年 4 月，国立东南大学正式更名国立中央大学后，于 1929 年设农科森林系。随后，陈植（1899—1989）在国立中央大学森林系开设了造园学课程，森林系也是早期培养风景园林人才的院系之一。国立中央大学设置园艺、林学与建筑三个学科，其中园艺系将造园（庭园）学列为必修课程，其他两系为选修课程。1929 年在实践教学领域，学校有农场 13 处，总面积 5464 亩，其中校内农场园艺区 30 亩，以蔬菜、花卉试验繁育为主；成贤农场面积 104 亩，园艺区栽植观赏植物、温室植物；丁家桥园艺场面积 20 亩，培植庭园果树和主行道树，后改以蔬菜为主，同时种植花卉。

　　1924 年，江苏省立第二农业学校（今改苏州农业学校，其园艺学科始于 1912 年）园艺系设置观赏树木学及庭园学两种科目。1922—1927 年，章守玉在此任教，并讲授庭园学课程。从他早年的著作《花卉园艺学》中可以了解到他的"庭园学"构想："园艺者，谓园地之艺植也"，"惟近代园艺事业之范围，逐渐扩充，已不复限于园地之培植矣。凡栽植果树、花卉、蔬菜以及观赏树木之事业，均称之园艺"。他指出近代的园艺事业已不仅仅局限于园地栽培，而包括花卉园艺（Floriculture）、果树园艺（Pomology）、蔬菜园艺（Olericulture）和风致园艺（Landscape Gardening）四个类别，"……风致园艺研究园庭公园之设计布置方法。"从英文词汇来看，章先生的风致园艺和其开设的庭院学是一样的。

　　金陵大学是美国教会美以美会（The Methodist Episcopal Church）在中国创办的教会大学，前身是 1888 年在南京成立的汇文书院。1910 年，宏育书院并入汇文书院，成立私立金陵大学。1916 年，北京农商部直属林业学校、青岛林业学校先后并入金陵大学农、林科，并将其合并称农林科。1923 年秋，农林科就设园艺主修。1927 年，金陵大学农林科正式成立园艺系，造园学、花卉园艺学等风景园林相关课程被列为必修课程。

　　1927 年创建的浙江公立农业专门学校（浙江大学农学院园艺系的前身），是我国高等院校中最早建立的园艺系之一，同年学校改名为"第三中山大学劳农学院"。大学部在原有农艺、森林两个系的基础上，增设园艺、蚕桑及农业社会等 3 个系，共 5 个系。园艺系由创建人吴耕民担任第一届系主任，下设造园组和果树组。1929 年改称为国立浙江大学农学院。

　　江苏省立苏州工业专门学校建筑科创设于 1923 年，由柳士英、刘敦桢、朱士圭、黄祖森诸先生筹办。由于几位教师均由日本留学归国，因此在教学体系上深受日本影响，都市计划问题在 1910 年后引起日本建筑界的重视，1918 年《建筑杂志》曾有专号进行讨论，1919 年日本颁布了《都市计划法》，1920 年京都帝国大学开设了都市计划法课程，同时的帝国大学也开设了庭园学，1924 年，这两门新课都被列入了苏州工专建筑科的课表，可见于 1924 年 6 月出版的《江苏中学以上投考须知》，当时已开设有"庭园设计""都市计划"课程，属于"设计课"的主干课程（见表 2-2），而这些课程均与风景园林关系十分密切，刘敦桢来校任教后曾担任"庭园设计"课教师。1927 年，苏州工业专门学校并入中央大学建筑系，纳入了中央大学的教学体系。

表 2-2　苏州工专建筑科课表课程分类

普通课	伦理学 国文及公牍文件 英文 第二外国文 体育	结构课	土木工学大意 应用力学 地质学 钢筋混凝土及铁骨架构学
专业基础课	微积分 高等物理 投影画 透视画 规矩术	历史课	西洋建筑史 中国建筑史
美术课	美术画 建筑美术学	设计课	建筑图案 建筑意匠学 内部装饰 庭园设计 都市计划
设备课	卫生建筑学	施工课	测量学及实习 建筑（设计工程）实习 施工法及工程计算 建筑法规及营业 工业经济 工业簿记 金木工实习
材料构造课	西洋房屋构造学 中国营造法 建筑材料		

资料来源：赖德霖. 中国近代教育的先行者：江苏省立苏州工业专门学校建筑科. 建筑历史与理论·第 5 辑. 北京：中国建筑工业出版社，1997：73.

除了上述高校园艺学、林学、建筑学科开设造园类课程以外，其他部分高校也参照了国外的做法，开设了相应的风景园林类、都市计划类等相关课程。如 1919 年，岭南大学开设了"Landscaping"（造景）课程，办学期间开展了一些造园和观赏园艺方面的教学、研究和实践活动；1922 年同济医工大学土木专门科设置了必修课"城市工程学"，包括"城市的计划"内容；1923 年上海国立自治学院市政科，本科二年级上学期必修科目中设置了"都市设计"课程；1923 年复旦大学社会学科政治学系设置了"都市设计"课程，由董修甲讲授，1929 年政治学系市政组成为市政工程系，设置"都市设计"选修课；1929 年唐山交通大学土木工程系市政卫生工程科设置"都市计划"必修课，1932 年起市政、建筑、铁路、构造四门都设有"都市计划"课；1929 年上海交通大学土木工程系市政工程门设置"城市计划"必修课，1936 年铁道组也设置该课。

二、20 世纪 30 年代

1930 年金陵大学农林科扩充为农学院，农学院共同必修课中有植物学、地质学、森林学、园艺学等课程（见表 2-3）。1934 年，金陵大学园艺系开设有造园学必修课（见表 2-4），森林系也开设有造园学选修课。金陵大学十分重视实验室和试验农场的建设。1939 年，在南京设置第一园艺场约 166666.67 平方米。第二园艺场设在太平门外面积约 186666.67 平方米。校内有果树、花卉苗圃、桃园、梨园、柿园、葡萄园、银杏等果树约 1333.33 平方米，向全国各地推广花卉、蔬菜种子和种苗，同时也向美国、欧洲寄运果树、花木种子和苗木。

表 2-3　金陵大学农学院共同必修科目表

科目		国文	外国文	化学	植物学	动物学	地质学	农学概论	农艺学	经济学及农业经济	算学	森林学	园艺学	社会学	农场实习	总计
规定学分		4	8	8	9	6	3	1	7	9	3	4	4	3	2	67
第一学年	一	4	4		4	3				3	3					17
	二		4	4	2			1				2			2	
第二学年	一			4*			3					2	2	3*		18
	二				3*	3			5	5*			2			19
备注				*除农经	*除农经					*农经必修				*农经必修		

资料来源：摘自中国历史第二档案馆，全宗号：六四九，案卷号：462，17—18.

表 2-4　金陵大学农学院园艺学系必修科目表

科目		气象学	土壤及肥料学	昆虫及经济昆虫学	蔬菜园艺	植物生理学	植物病理学	遗传学	果树园艺学	花卉园艺学	园艺利用	造园学	农产管理	毕业论文或研究报告	总计
规定学分		2-3	6	6	6	4-6	4-6	3-4	6	4-6	4	4-6	3-4	2-4	54-65
第二学年	一	2-3	3		3	2-3		(2)							10-14
	二		3		3	2-3		(2) 3							11-14
第三学年	一			3			2-3		3	2-3			(2) 3		13-14
	二			3			2-3		3	2-3			(2)		10-14
第四学年	一										2	2-3		1-2	5-7
	二										2	2-3		1-2	5-7
备注															

资料来源：中国历史第二档案馆，全宗号：六四九，案卷号：1910，127—129.

　　1934 年，金陵大学园艺系划分为四组：果树园艺组、蔬菜园艺组、园艺利用组、观赏园艺组。其中观赏园艺组主要教授"观赏植物种类""造园之艺""设计实习"等课程。据中国第二历史档案馆资料佐证，其中"花卉园艺"课为 3 学分，每星期讲授 2 小时、实习 1 次，主要讲授普通花卉之栽培法、温室之制造及管理、庭院种类、庭院材料、庭院设计等，实习注重普通花卉栽培法、温室建筑设计及庭院测量设计等，并且"花卉学"由李驹和陈植二位先生共同授课，"造园学"由胡昌炽先生授课。从这一分组教育状况可以看出，有关风景园林教学已不是一两门课程的讲授，而是转向体系化、专业化方向的培养模式，这对后期其他高校农科风景园林教育产生了重大影响。如中央大学在园艺系下设立的庭院设计研究室（分造园、花卉、观赏树木三组），1949—1950 年复旦大学、武汉大学等园艺系设置的观赏园艺组等，课程设置都与此一脉相承。

　　浙江大学农学院在 1933 年将原来的五系（农艺系、森林系、园艺系、蚕桑系、农业社会系）改为三学系（农业植物学系、农业动物学系、农业社会学系），共十组。原园艺系改为农业植物学系下的园艺组，课程中仍包含原来造园组的课程。1934 年的国立浙江大学农学院园艺组课程表见表 2-5，其中"造庭学"的讲授内容包括庭园的定义、分类、历史、庭院与人生的关系，造园材料、设计、施工及管理等。浙江大学园艺系（组）受到日本教育体系的强烈影响，童玉民和范肖岩最早在浙江大学讲授造园课程。1936 年 7 月，恢复园艺系建制。1937 年抗日战争爆发，园艺系随学校西迁。西迁后，在成都等地高校中，造园学课程教学仍得到延续。

表 2-5　1934 年国立浙江大学农科园艺组课程表

课程	年级	学期	学分
测量	二年级	上学期	3
花卉	二年级	下学期	3
观赏树木	三年级	上学期	3
温室苗圃学	三年级	上学期	3
造庭学	三年级	下学期	4
都市计画	四年级	上学期	2
种植制图	四年级	上学期	2
园艺植物生理	四年级	下学期	3

资料来源：国立浙江大学要览：二十三年度［R］．杭州：国立浙江大学，1935．

在建筑学科，1933 年，中央大学建筑系发布的《课程标准》中，列有"庭园学""都市计划"科目。1938 年，中央大学工学院建筑系《学程一览表》有"庭园图案"（landscape design）"都市计画"（city planning）；建筑工程系《选修科目表》中有"庭园""都市设计"等课程（见图 1、图 2）。同期中央大学农学院各系一年级必修共同课课表

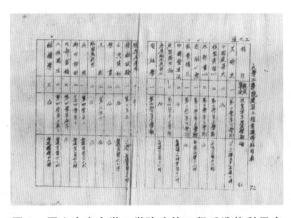

图 1　国立中央大学工学院建筑工程系选修科目表　图 2　国立中央大学工学院建筑系学程一览表

中已出现植物、苗圃学课程（见表2-6），园艺系必修共同课中出现了苗圃学、露地花卉学、庭院学以及观赏树木学等课程（见表2-7）。

表2-6　中央大学农学院各系一年级必修共同课（20世纪30年代）

| | 课程 | 每周时数 | | 教学年限 | 学分 |
		讲课	实验		
一上	基本国文	3		全	3
	基本英文	3		全	3
	普通化学、有机化学	3	3	全	4
	农化系化学	4	3	全	5
	植物	2	3	全	3
	动物	2	3	半	3
	地质	2	3	全	3
	农学概论	2		半	2
	农场实习	0	3	全	1
	党义			全	1
	体育			全	1
	军训			全	1.5
一下	比较解剖学（畜牧系）			半	3
	高等数学（农化系、森林系）	3		半	3
	苗圃学	2	3	半	3

资料来源：摘抄于中国第二历史档案馆的"中央大学必修科目表及教育部关于大学选修课程给金陵大学的训令"卷.

表2-7　中央大学农学院园艺系必修共同课（20世纪30年代）

| 系组别 | 年级 | 科目名称 | 必修或选修 | 学分数 | 每周时数 | | 担任教员 |
					授课	实验	
园艺系	二	普通园艺学	他系	4	3	3	曾勉
	二	蔬菜园艺学	必	3	2	3	毛宗良　周士礼
	二	苗圃学	必	3	2	3	奚铭已
	三	露地花卉学	必	3	2	3	周士礼
	四	果树园艺学	必	3	2	3	曾勉
	四	园产品制造	必	2	1	3	沈学源　金允叙
	四	庭院学	必	2	1	3	毛宗良
	四	园艺问题研究	必	2	未定	未定	本系各教授
	四	园艺育种学	必	3	3	3	毛宗良
	三	柑橘学	必	3	3	3	曾勉
	三	观赏树木学	必	3	3	3	曾勉
	四	药用植物学	选	2	2	3	席与增

资料来源：摘抄于中国第二历史档案馆的"中央大学必修科目表及教育部关于大学选修课程给金陵大学的训令"卷.

广州是国内较早开展都市计划并有相关立法的城市，土木工程系、建筑系中开设有"都市计划"类课程。中山大学土木工程系1931年设置"都市计划与设计"，岭南大学土木工程系1934年设置"城市设计"选修课，广东省立工业专科学校建筑工程系1933年开设"都市设计"课，勷勤大学工学院建筑工程系1935年开设有"都市计划"课，1938年勷勤大学工学院整体并入中山大学，建筑工程系继续开办，并延续了"都市计划"课。

湖南大学土木工程系市政组1932年设置有"城市计划"，对其的课程说明包括"公园及游戏场，道旁树及园林"等内容（见表2-8）。大夏大学土木工程系市政工程组、建筑工程组1933年设置"都市计划"课。

表2-8　1932年湖南大学"城市计划"课程说明

城市计划：5/3.5；选修；土木系市政组

（1）城市之区别，城市之交通，市街之规划，旧城市之改造；
（2）街道名称与房屋编号之研究，市街之交通，路面建设物之布置；
（3）高速交通机关之设计；
（4）公共建筑及行政中枢，市场厕所及浴室；
（5）路面之清洁方法，垃圾之处理，泉井之穿凿；
（6）公园及游戏场，道旁树及园林

资料来源：湖南大学二十二年度一览，1933，广东省立中山图书馆特藏部藏．

北方的建筑院系普遍开设有庭园设计和都市计划课程。1930年唐山交通大学土木工程科市政卫生工程学系开设有"都市计划学"课程，在平越时期（1937—1941）该课更名为"城市规划"。1931年乐嘉藻在北平大学艺术学院建筑学系担任讲师，开设"庭园建筑法"。北平大学经济学系"市政论"课中有"市公园及公共娱乐的管理""公园及公共娱乐的设计""田园都市"等内容。清华大学土木系1933年设有"都市卫生及设计"课。天津工商学院建筑系1937年课表中有"市政工程"，英文为City Planning，1939年的课表中设有庭园设计和都市广域设计课程。北平大学工学院建筑系1939年开设有庭院设计。北平大学政治学系"市行政"课里有城市设计、街道与公园等内容。

1939年，国民政府颁布了"中国高校分系统一课程规定"（见图3），首次确定了造园学为园艺学系的必修课程以及森林系的选修课程。在建筑学系，庭园以及都市设计被列为选修课程。

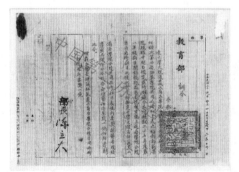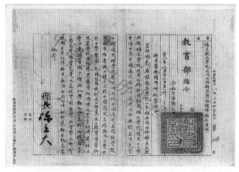

图3　教育部关于统一各院必修课的训令
（引自中国第二历史档案馆，全宗号：六四九，案卷号：462，第2-3、26-27页）

三、20 世纪 40 年代

1949 年前，中央大学农学院园艺系下设果树研究室、蔬菜研究室、园艺品储藏与加工制造研究组、庭园研究室、蚕桑研究室、标本室（见图 4）。1949 年秋实行系所一体化，1951 年撤销所有研究所，研究生培养由各系负责，系主任为章守玉。

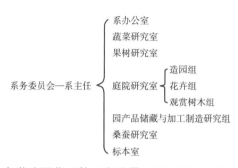

```
                           系办公室
                           蔬菜研究室
                           果树研究室
                                        造园组
系务委员会—系主任          庭院研究室     花卉组
                                        观赏树木组
                           园产品储藏与加工制造研究组
                           桑蚕研究室
                           标本室
```

图 4　国立中央大学农学院园艺系教研室设置（图片来源：《南京农业大学发展史》历史卷）

经过系统的教育，国立中央大学 36 级园艺系专业毕业生（1948 年毕业）已经表达出他们对园艺与风景园林事业的理想和愿景："……我们要城市绿化，乡村美化，大的公园、广场、公墓都等待着我们去创造。园艺不仅是花草，是实实在在有利于大家的东西"，可见当时的风景园林虽然只是园艺学科中的一个方向，但风景园林的思想已跳出花花草草，跳出特殊阶级的享受，转向城市绿化、乡村美化、广场公园等公共空间，实为行业未来发展之高瞻远瞩（见图 5）。

复旦大学园艺学系设立于 1939 年，初始属理学院，1940 年建立农学院，并增设农艺学系与茶叶专修科。复旦大学园艺学"设立之目的，在造就园艺经营与学理上之专门人才"，据此，园艺学系的培养方向和课程内容一开始就包括果树栽培、蔬菜栽培及观赏植物培育、造园内容。一、二年级学农业

图 5　国立中央大学 36 级毕业录园艺系
（图片来源：中国第二历史档案馆，全宗号：五，案卷号：6180，第 197-201 页）

基本学科，并注意园艺基本知识及技术的学习，三、四年级除加园艺专门学科外，特别注意园艺特种问题的研究。专业课程包括植物学、花卉园艺、观赏树木、造园学等。原先在中央大学任教的章守玉和毛宗良转到复旦大学任教，推动了复旦大学的风景园林相关课程的设立（见图6）。

陈俊愉
毕业于金陵大学园艺系，
从1943年毕业后任四川
大学园艺系讲师和复旦
大学园艺系副教授

章守玉
1948年任复旦大学农学院教授
兼园艺系主任

毛宗良
1948—1952年，任复旦大
学农学院园艺系主任

图6 复旦大学园艺系教授

1940年5月，浙江大学迁至贵州湄潭，在湄潭办学近7年。在西迁期间，浙江大学园艺系非常重视理论联系实际和学术交流，师生利用课余时间，调查当地的果树、蔬菜生产情况，不仅在湄潭先后举行学术报告会19次，还鼓励学生直接参加农事实践，如沈德绪在园艺场种植各种蔬菜，以改善学生食堂的伙食。1945年抗日战争胜利后，浙江大学复原东归，1946年园艺系迁回杭州，1947年在华家池建立了园艺场。浙江大学农学院时期园艺系共培养本科毕业生131人，在1934年培养了中专毕业生5人。

圣约翰大学建筑系1943年的课程计划里有"园艺建筑、都市计画、都市计划与论文"等课程。同济大学土木系1942年起设置"都市设计"课程。之江大学建筑系于1940年成立，那时已开设有"庭园"和"城乡设计"课程，1949年设置有"都市设计"课程。苏州工业专科学校建筑系1947年设置"都市设计"课程。

抗战结束后，"北京大学"工学院建筑系编入北平临时大学，建筑系1945年开设有"庭院设计""都市计划及建筑规划"课程。1946年，交通大学唐山工程学院更名为国立唐山工学院，成立建筑工程系，教学计划中在史论课系列里设有"城镇设计原理""造园学"课程。唐山铁道学院建筑系1946年开设有"造园学"。天津工商学院建筑工程系在40年代的教学计划有所改变，1939年课程体系中的"庭园设计"和"都市广域设计"在1940年课程体系中取消，改为"城市设计""城市设计学"，1945年后课程改为"城市计划""城市计划设计"，1946年改为"都市计划""都市计划设计"，1947年课时又发生变化。1947年北洋大学成立建筑工程系，开设"都市及广域设计"课程，但该校建筑系1949年停止招生，在校学生转入北京大学建筑系学习。中山大学抗战后开设有"庭园设计""都市计划"。

除了课程，风景园林相关知识也逐步出现在其他相近学科的教材中。比如当时都市设计课程普遍采用的一本教材是卡尔·罗曼的《城市规划原理》（*Principles of City Planning*）（1931），第十三章"公园与公园系统"中对"娱乐和娱乐设施的价值、娱乐的种类、公园的种类、小公园和广场、中等尺度的社区公园、大公园、林荫大道和公园系统、迷你公园的需求、公园选址、公园经费、公园运营和管理"进行了全面的介绍。1938年陈训焴编著了中国人的第一本城市规划教材——《都市计划学》，第十一章"都市园林"从"园林之需要、分配及其应有面积、体系、性质之区别、计划"进行论述。

20世纪20—30年代，早期的院校开设了造园、庭园学、种植设计、制图等课程，构成了早期风景园林教育。40年代末，随着建筑类学科的发展与分化，开始出现了专业分科的发展趋势。1949年7月10—12日，《文汇报》连载了由梁思成执笔的《清华大学营建学系（现称建筑工程学系）学制及学程计划草案》，梁思成先生提出在"体形环境观"基础上，成立"营建学系"甚至"营建学院"。营建学院的范围较大，可以设立建筑学系、市乡计划学系、造园学系、工业艺术学系和建筑工程学系等。虽然这是预备报送华北高教会参考的草案，并未最终决定，但这是首个关于造园学系的资料，表明经过数十年积累，风景园林学科设立的条件已经具备。

　　注：根据东南大学、南京林业大学等校史，本节涉及的几所学校在不同时期有不同的校名，现简述如下。1920年9月，郭秉文联合张謇、蔡元培、王正廷、沈恩孚、蒋梦麟、穆湘钥、黄炎培、袁希涛、江谦十人，联名向教育部提出"拟就南京高等师范学校校址，及南洋劝业会旧址，建设南京大学，以宏造就"。12月7日，国务会议全体通过，同意改南京高等师范学校为大学，定名为国立东南大学。1923年，南高师学生全体毕业后，南高师名称即被取消。1927年6月，南京国民政府将原东南大学、河海工程大学、江苏政法大学、江苏医科大学、上海商科大学以及南京工业专门学校、苏州工业专门学校、上海商业专门学校、南京农业学校等江苏境内专科以上的9所公立学校合并为第四中山大学，校址设在原东南大学，校长为张乃燕，1928年2月又改称江苏大学。1928年4月，正式更名国立中央大学。

第二节　学术研究

　　民国时期中国风景园林学者的研究与著述，主要包括中国园林研究、城市绿地系统、风景区与公园、庭园四个方面。中国园林理论研究以民国时期童寯的《江南园林志》、陈植的《造园学概论》、叶广度的《中国庭院概观》和童玉民的《造庭园艺》为主要代表；城市绿地系统领域的研究以程世抚的《城市建设十二年科学规划》和莫朝豪的《园林计划》等学术研究为代表；风景区与公园领域有陈植的《都市与公园论》、童玉民的《公园》、顾在埏的《实用公园建筑法》等研究成果；庭园方面有毛宗良的《庭园中之主要树木及其配置》、叶广度的《中国庭园概观》、童士恺的《庭园木》等学术研究。这一时期的学者们广泛关注风景园林理论与实践研究，不仅丰富了相关教学内容，也为此间的社会实践提供了指引。

一、中国古代园林研究

1. 中国营造学社的相关研究

营造学社在文献整理方面的成果主要有三项。第一是整理与出版了古代造园典籍，包括《园冶》《工段营造录》。其中1931年阚铎写下《园冶》"识语"，1932年由中国营造学社影印出版。《工段营造录》包括五部分：阚铎"识语"、《工段营造录》目录及正文、《扬州画舫录》涉及营造之记述、阚铎"工段营造录校记"、朱启钤社长"识语"及"工段营造录复校记"。其中《工段营造录》各部中包括"花树"之部。第二是收集与整理了北京宫苑的文献资料，包括阚铎的《元大都宫苑图考》、刘敦桢的《同治重修圆明园史料》、向达的《圆明园遗物与文献》、单士元的《恭王府沿革考略》等。其中《元大都宫苑图考》根据陶宗仪的《辍耕录》所述，就其方位尺度摹绘，并让宋君鳞征制图，其论述包括京城宫城、大明殿及延春阁、玉德殿、万寿山及太液池、兴圣宫及延华阁、隆福宫、隆福宫西御苑、御苑。《同治重修圆明园史料》开清代皇家苑囿资料整理与考证的先河，叙述了清朝同治时期重修圆明园及重修工程相关的史料，其内容包括史料整理的经过、重修前的圆明园、重修背景、工程、材料、工费、勘测与监修、停工原因、停工后轶闻。《圆明园遗物与文献》是作者感慨"万园之园"毁于一旦，故收集文献遗物、工程则例、地样、模型、图像，整理成册以悼念圆明园。单士元的《恭王府沿革考略》则考究了恭王府的沿革历史。第三是在造园方面编辑《哲匠录》，朱启钤指定梁启雄、刘汝霖协助整理叠山工匠们的技艺。《中国营造学社汇刊》自第三卷到第六卷均有《哲匠录》一栏。在进行文献整理的同时，营造学社成员逐渐开始进行实地调查与测绘。刘敦桢研究了我国古代官式建筑（宫殿、坛庙、寺观等）和"营造法式""工部工程做法"。1936年夏又乘暑假赴苏州调查古典建筑与园林，考察成果发表于《营造学社汇刊》第六卷第三期《苏州古建筑调查记》。该文以介绍苏州古建筑概况为主旨，记述了纪游、圆妙观三清殿、双塔寺双塔及大殿遗迹、报恩寺塔、虎丘云严寺、府文庙、瑞光寺塔、开元寺无梁殿等古建筑，以及苏州园林6座：苏州城内的怡园、拙政园、狮子林、汪园（即环秀山庄）、木渎的严家花园及苏州城外的留园。

2. 其他学者对古典园林的研究

童寯的《江南园林志》1936年竣稿，是近代最早一部用科学方法论述中国造园理论的专著，包括园林历史沿革、境界、中国诗、文、书画与园林创作的关系以及中国假山发展等众多内容。该书分为造园、假山、沿革、现状、杂识五章，从泛论我国传统的造园技术和艺术的一般原则出发，重点介绍了江南地区著名园林的结构特点、历史沿革、兴衰演变过程等。文中大量引用我国有关园林方面的志乘、野史、笔记、丛谈等文史资料。书中所绘的平面图，并非准确测量，他认为园林布局应该富有生机与弹性，不应拘泥于法式，更不应用绳墨来衡量。此外，童寯的《中国园林》《满洲园》通过将中西园林对比，进一步分析中国古典园林的特色。

1926年，陈植完成镇江赵声公园设计并编写了《都市与公园论》；1929年制定我国第一个国家公园规划《国立太湖公园计划》；1932年完成《造园学概论》书稿，并于1934年出版，成为当时国内仅有的造园学专著，也是中国近代最早的一部造园学专著。陈植研究中国造园艺术，对造园学及林业遗产的研究付出了毕生的心血。已问世的专著达20多部，在各类报纸杂志上的论文有数百篇，共500多万字。

童玉民在《造庭园艺》中从假山庭园和平地庭园两个方面论述中国庭园的设计，并以杭州西湖、苏州园林、北京、上海等地方的庭园举例说明。

范肖岩在《造园法》第一章论述了从周朝到清代的中国庭园史略。相比于范肖岩，陈植在《造园学概论》中造园史部分论证更为充分，他旁征博引地论述了中国庭园从古代到近代的发展，此外他还写成论文《筑山考》《记明代造园学家计成氏》《清初李笠翁氏的造园学说》《中国造园史之发展》《中国造园家考》。

乐嘉藻在《中国苑囿园林考》中对比了皇家苑囿与私家园林的山水格局、叠石技艺、草木配置等方面的概况，还讨论其相互影响的关系，认为中国庭园具有返归自然、疏密任意、高下参差的美学特色。

此外，当时关注和热爱风景园林研究的远不止于业内人士，也包括其他相关行业的专家学者，例如我国著名经济学家和历史学家朱偰，1932 年起对南京的名胜古迹进行考察，结合田野调查和文献考证的方法进行研究，几乎同时与中国营造学社在梁思成领导下进行古建筑考察。在其父朱希祖来到南京任教后，他作为私人助手协助进行六朝陵墓调查，为朱希祖、滕固的《六朝陵墓调查报告》做出贡献。朱偰先后出版了《金陵古迹图考》《金陵古迹名胜影集》和《建康兰陵六朝陵墓图考》。1935 年他又赴北京调查古迹，先后出版了《元大都宫殿图考》《明清两代宫苑建置沿革图考》《北京宫阙图说》，发表了《辽金燕京城郭宫苑图考》《金中都宫殿图考》。

二、城市绿地研究

1935 年，我国规划师莫朝豪所著的《园林计划》中写道"都市田园化与乡村城市化"，同时指出园林是含义甚广的名称，它包含都市内外一切公园、路树、林荫大道、林场、游乐场、公私花园、草地等一切绿色面积区域，上述内容皆可称为园林地。园林计划并非单纯的设计，它是包含市政工程，农林艺术等要素的综合科学。

莫朝豪的《园林计划》建立在认清现代都市状况和未来趋势的基础上，他分析当今都市的病态是由于机械万能导致的结果，专靠手工业来维持的农村组织在外力的侵压下完全崩溃，失业农民为维持日常的生活忍痛抛弃固有的产业，投进都市之门。然而在求过于供的情势之下，以一定不变的地域容纳遽然增加的居民，不能不增高楼房的高度以扩大居民住居的体积，但多数的经营为资产阶级所支配，其目的为野心所波动，导致建筑陋劣、面积狭小、空气污浊、死亡率骤增、租金昂贵等问题的发生。上述内容是现代都市病态的具体现象。在此背景下，莫朝豪认为不仅要解决市民的生计，还应努力保养市民的精神需求。只有减少机器的色彩，返回本来之家、自然之田园才能真正意义上改善都市的一些问题，园林计划由此产生。

莫朝豪认为欧文、霍华德的田园城市，只能分散小部分的人口，使其住居的问题得以解决，对于污浊繁杂的都市，如何改善其本身的病态才是亟待解决的问题，所以他认为都市本身要实行园林计划，减少机械色彩，加以自然的调剂，同时认为园林计划是促进都市田园化与乡村都市化的园林计划，因此一方面要改善都市，另一方面必须同时实行农村运动，并先行保留其固有的自然景物，使其运输便利，增进农工生产的效率，改良住居与卫生设施，将科学建设与自然美在合理的原则下分配于都市与农村生活，使都市乡村人民都能享受现世文明及自然的馈赠。市政组织健全与否，直接影响着都市计划的成败，所以园林行政系统有研究的必要，莫朝豪介绍了各大都市的园林组织，并重点研究公园设计、建筑、路树的栽培管理等一些问题，写出都市园林计划大纲。

三、公园研究

王曼犀编著的《金陵后湖志》成书于清末宣统二年（1910年）。全书分为后湖汇录、后湖记、湖神庙图说、湖神庙图跋语、曾文正公遗像、后湖图题咏、近人诗钞杂选、湖神庙内匾额杂志、后湖志书后等内容。书中称玄武湖在秦朝时已被叫作"秣陵湖"，认为早在吴帝建都建邺时，玄武湖与南京城市生活有直接的关系，先开潮沟后由今台城水闸引入城。

童玉民在著作《公园》中探讨了公园的三种分类方式：①依目的分为：普通公园、运动公园、儿童公园、动物园、植物园；②依所有者分为：国立公园、省立公园、县立公园、市立公园、乡立公园、皇室公园、寺院公园、铁路公园；③依位置分为：城市公园、郊外公园、道路公园、水滨公园。

顾在埏著作中《实用公园建筑法》：我国对于造园之学，没有专书，故不得不采取欧美造园之法。但是借鉴欧美专书能完全实用的比较少，都是个人造园的经验，书中只有简单的平面图，无地形图与建筑详图对照，在实施工作中发生的种种困难只偏重于历史性讲述；其中有风景图案，未说明局部的布置与构造。因此他译著了法国造园书籍写成四章，还根据上海整理园务的所得经验，增加了两章，即公园设计图案与造园时的实施概况及工程价目表，并择其要摘录了公园的地形图、正面图、纵横剖面图、估价单、招标法、包工与自理法、工作进行的规则。他既借鉴西籍，又有掌管上海复兴公园园务的经验。他认为公园的前期准备阶段建设者必须相度地势，观察环境与附近人口的比例，研究公园布局是否与学校、工厂、商业、住宅、政治等区域人民的生活适合，是否能引起住民的兴趣，然后再参考古今各国造园的形式，并预计经济的来源，以定古典式与自然式。大体完成后，再研究局部的布置与建筑上应用的材料，如水流、瀑布、山石、土堆、石谷、路径、树木、花卉，使其成为系统的图案。如果一切运用得法，就可满足经济、适用、美观等条件。1946年南通学院教授陆费执在造园学课程教授时，则选用了由顾在埏著的《实用公园建筑法》作为公园设计的教材。

四、庭园调查与研究

毛宗良在讲授理论知识的同时，又进行实地设计，并深入研究庭园设计。1935年前后，他曾为南京国民政府大礼堂、考试院、外交部、交通部等单位设计庭园。抗日战争胜利回到上海后，又做了复旦大学的校园和树木标本园的规划设计。中华人民共和国成立后，1950年为安徽蚌埠市中山公园进行了改造设计。他还发表了《花坛用之观叶植物》《草本蔓性观赏植物》《小面积庭园之设计实例》《庭园中之主要树木及其配置》《行道树之选择及其栽培上应注意要点》等文章。

1929年叶广度从日本考察归来后写下《中国庭园概观》，这是我国第一本系统介绍中国庭园美学的书籍，曾作为当时大学的园林课程教材。除了纸上的理论，他还亲自设计了江津师范的元老建筑和独步蜀中学校的"田"字形四间平房教室，将中国庭园美学的思想融入设计中，营造出亲自然、兴人文的恬淡清幽环境。他写作主要目的：一是在梳理士绅王侯的庭园基础上探讨中国庭园美学规范，即更为通俗的意匠标准。他用清淡、幽雅、静秀、冷逸、超洁抽象概括庭园美学特征，并认为这些词一方面体现了社会所生的审美情趣，另一方面又象征文人的个人人生观；二是通过庭园美学引发个体国民的觉醒，使知识从独享的、个人的知识变成一般的、社会的知识。他认为当今时代，社会不明造园艺术的真正意义，庭园只供少数人享乐，庭园学家的使命并非为少数特权阶级的庭园造别墅，而是为大众谋幸福，使人于自然中忘我，知人生之真正价值。民国时期人的个体意识逐渐发展，他希望庭园美学最终由宫廷艺术变成国民艺术。在具体研究每个时代的庭园时，叶广度通过研究当时文人的文学与美术，总结庭园美学的特征，探讨庭园在艺术史上的地位。他对文学与庭园的关系叙述如下：文学，诉之于情感，美的庭园，也是动人的文学和庭园，都有共通性、普遍性、个性、瞬间性与永久性的特色，因为两种都是给人快乐的，同时亦是令人感伤的，而生此种情绪的变化，又是依此两者的内容与形式的赋予，及鉴赏者之时间久暂而定。我们看荒疏的庭园，犹之读颓废的文学。

童士恺在《庭园术》中比较了中西方庭园艺术的特点，谈论了对庭园美学的看法。他认为西洋庭园在于华美艳丽，尚整齐；而我国庭园的优点在于静婉淡雅，尚自然。东西方庭园中，西方庭园注重外向性，而中国庭园深藏于建筑内，外观绝无显示，内则渐入佳境，这是东西方民族性不同的地方。但是若能兼顾两者，内行人能欣赏美景，外行人也能领略其中一部分艳丽会更好。20世纪20年代以来，我国步步效仿欧美国家，以庭园而言，大多效法西洋，认为非此不美。他批评了此类现象，并认为庭园设计必须围绕具体情况深酌尽善，片面追求时尚或是泥古不化，只能使庭园作品貌合神离。庭园组织并非随意建设，一花一木，一石一亭，经营布置均关乎于匠心。童士恺认为丽不伤雅，朴而不陋，自然而不见斧作的痕迹是最好的庭园。

五、其他相关论著

1928年上海中华全国道路建设协会出版了《市政全书》，该书系统地介绍了20世纪20年代国内外城市规划、市政设计建设的方方面面，内容全面，涉及园林的书籍多部，如：1924年出版的《东京市公园概观》、1928年顾在坻所著的《实用公园建筑法》、1947顾在坻翻译的《道旁植树法》等书。

叶广度除了《中国庭院概观》《住宅庭园的设计》等论文著作探讨中国庭园之起源与在艺术史上的位置，如何演进、组织，构成现代庭园之作风外，同时，他也翻译了《市街与行道树》，阐述了国外关于行道树树种选择的相关研究。

这些著述及译作的出版也在一定程度上影响了当时的造园教育。由此可见，至40年代中后期现代景园相关系统化的实践与课程已现雏形。

第三节　工程实践

随着城市的发展，城市环境的整体规划与绿地系统的概念越来越重要。城市环境的整体规划对于城市的未来发展有着举足轻重的意义，关系到市民的健康与幸福，由此，绿地系统的概念也逐渐进入市民的生活中。如1927年4月，国民政府着手谋划首都南京未来的发展，旨在对首都南京进行现代化改造，于是发布了《首都计划》这部重要的城市规划文件，这也是中国最早的现代城市规划。其中对南京的城市格局、功能分区、道路系统、公共建筑做出详细的规划，包括南京的人口预测、建筑形式的选择、道路系统的规划、公园与林荫道的规划、铁路与车站的规划等。

许多近代从事风景园林事业的学者们，不仅具有扎实的理论知识，也有着丰富的社会实践，理论与实践相结合是他们的共同特点。如李驹在1927—1930年任中央大学农学院教授，园艺系主任，兼任南京中山陵园设计委员会委员，南京市公园管理处主任，李驹先生主持或参与了设计了开封龙亭、繁塔寺、南京玄武湖、秦淮河、杭州湖滨及成都少城等公园，他还参加了南京中山陵设计，提出绿荫街道的概念，形成了我国近代城市道路绿化的雏形。程世抚先生在美国获硕士学位后，曾先后考察英国、法国、埃及、新加坡等十四个国家的城市建设和园林状况，既丰富了学识，又积累了大量的资料。回国从事教学工作期间，规划设计了浙江奉化溪口公园、成都少城公园、桂林纪念植物园、浙江大学校园和广西大学校园，编制了福建农学院植物园、四明山风景区等规划。1948年暑假期间，宁沪地区各大学农学院派出一些学生到上海市的公园、苗圃实习，主持举办了有本处所属单位全体技术人员和实习生参加的训练班，采取理论讲授与实习相结合的方法进行学习。这是上海有园林工作系统以来已知的第一个专业知识培训班。

这一阶段的风景园林实践主要有城市公园、纪念性园林、国立公园、公共游憩地、都市绿化和私家园林等，充分基于时代需求而进行探索，却始终没有脱离本土特征，吸收外来的同时，处处表现出对于本土自然、社会、文化等条件的关注，有着明显的中西融合的特点。

一、城市公园建设

公园的兴建大部分集中在辛亥革命以后至抗日战争之前的26年，受到孙中山"三民主义"的影响，民生与共和逐渐成为一种政治制度，而公园是为大众服务的，是一切人平等享受的场所，是所有人劳动之余休闲娱乐的场所和公众集会庆典的主要场所，所以公园被作为园林的主要发展形势。

在现代民主思想的指引下，中国公园建设开展得轰轰烈烈，尽管在抗日战争时被日军毁灭不少，但经过这个时代基本奠定了园林在城市中的地位，中外结合、南北交汇、古为今用、时代技术等造园原则沿用至今。

中央公园 1913年，朱启钤首倡将清代皇家的社稷坛及其附近地区改建为中央公园。此后他历任中央公园第一至第四届董事会会长，经营之事委诸董事会。中央公园筹建的整个过程，面临财力与物力的种种困难与波折，后来都得以解决。朱启钤认为"咸赖群策群力以赴之，方获有济"，能使名园重振的重要原因是"先劳无倦，先劳为前进的方法。无倦乃后事的精神。一息志存，斯志不怠"。

中央公园的整体布局呈现回字形，坛庙周边呈现规则式，西南角为自然式布局（见图7）。在最初建造时首先开辟园门，社稷坛位于天安门右侧，由此在天安门右侧石桥处开辟一座园门。道路设计方面，自大门向北修石渣路，西折至南坛门，后来又修了环坛碎砖马路；植物种植上，坛外西南部地势宽少树木，于是在原有关帝庙的四周开荷塘，由织女桥引水入园栽种荷花，在西面叠土为山，就势种植了松、柏、桃、杏、丁香；在建筑布置方面，中央公园原先是除坛庙之外，没有其他的建筑，后来逐渐增添亭榭、桥梁与山石，荷池开挖以后，西北建砖桥通绘影楼，正北建木桥通唐花坞，东南建砖桥通园前门，西面建石桥通迎晖亭。荷池沿岸堆砌山石，增加景致。关帝庙供圣帝君的塑像，殿为凸字形，共四间，后改为四宜轩。在荷塘南岸新建北厅三楹、东西厅各三楹，环厅四出廊，南建垂花门，左右筑花墙成一院落，后来将垂花门拆去增建南厅。

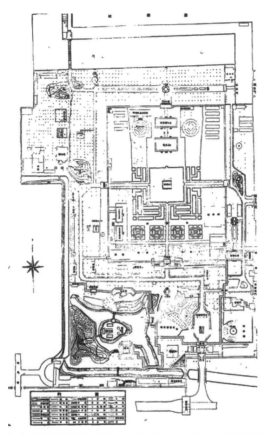

图7　中央公园平面图（图片来源：《中央公园二十五周年纪念册》）

中央公园具有多样的功能，可分为：①基本的游憩：有习礼亭、六方亭、投壶亭、碧纱舫、来今雨轩、唐花坞、扇面亭、兰亭碑亭、水榭长廊，井亭、迎晖亭、过厅长格言亭、喷水池；②动物观赏：有水鸟笼、鸟笼、孔雀笼、熊屋、金鱼陈列处、鹿棚；③植物观赏：建国华台种植芍药、花圃及蔷薇廊、南花洞；④体育活动：有台球地球房、溜冰场、网球场、高尔夫球场、儿童体育场（添加儿童游戏器具）；⑤其他活动：卫生陈列所、图书阅览所、监狱出品陈列处、战胜坊，另外还设春明馆及绘影楼供照相需求，建西部商房供商用需求，水面添设游船供娱乐；⑥管理必备：建售票所、警察所、行健会、董事会、厨房及其住室、停车场，并在南坛门左右的三间北房开设事务所。

莲花石公园　除建设中央公园外，1916年朱启钤到达北戴河后发现外侨纷纷组织团体，喧宾夺主，尤为愤慨，于1919年经北洋政府内务部批准，成立了"北戴河海滨公益会"，朱启钤为会长。公益会集区内规划、交通、卫生、绿化、环保、治安一体化，实施规范化管理，保护主权，建设海滨，整修古迹，并建莲花石公园。莲花石公园整体是按照中国传统意境造景，石桥、水池、泉流与松涛相互映衬。风声、水声悦耳，成第一境；花径、小溪、石具等元素共同营造适宜的花溪休憩空间，成第二境；参天古树，夜静听钟声，成第三境。根据设计，以莲花石为中心，莲花石西面是莲花峰；莲花石的北面是霞飞馆；在莲花石南面修建了一座单檐、攒尖顶式凉亭。钟亭东侧有鹿圈，为北京怀仁堂药店代养梅花鹿20只。公园东南侧有运动场，篮球场一个、网球场两个，另有秋千、滑梯。除此之外，还配有冰窖、西北部厕所、职员宿舍。莲花石公园建成时，在莲花石公园的东南立有一尊雕龙石碑。

朱启钤在造园实践中传承了本于自然但高于自然的基本体系，运用了诗情画意的园林意境。他认为，造园"贵在纯任自然，尽错综之美，穷技巧之变"，因此他的作品"盖以人为之美入天然，故能奇，以清幽之趣药浓丽，故能雅"。

汉口中山公园　1928年吴国柄从英国留学回来，住在汉口，观察了解武汉三镇，发现当时的社会情形不容乐观，他认为新湖北、新武汉不是短期可以建设、少数金钱能完成的，当务之急是建设一个公园，汉口中山公园由此诞生。

汉口中山公园建设过程较为艰难，其资源与材料得来皆不容易。汉口中山公园的整体布局恰到好处地结合了规则式与非规则式，融合了中西方造园特色（见图8）。吴国柄在留学伦

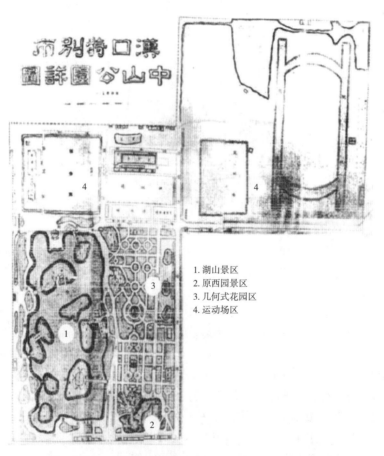

1. 湖山景区
2. 原西园景区
3. 几何式花园区
4. 运动场区

图8　汉口中山公园平面图（图片来源：北京图书馆藏）

敦时对伦敦的公园进行了考察，其中包括罗斯金公园。该公园的东部是装饰性的花园，西部布置了运动场，这种模式后来也成了伦敦公园的典范。从吴国柄的公园设计来看，他学习了伦敦公园模式但非简单地模仿，而是在保留西园和中国传统挖湖堆山特色的基础上引入西方的一些功能，每一个功能区是独立的部分且与其他部分相互联系。入口大门轴线正对湖山景区，轴线两侧分别为西园和几何式花园，中西方的花园在这里形成了对照。从功能特色来说，南部偏静，北部偏动，动静分区明显。南部为湖山景区，挖湖堆山十余座，陆上有桥相连，水上以舟游为主，南部还有几何式花园和西园，几何式花园花坛内有修建整齐的植物，道路纵横交错，西园有小桥、流水、假山等传统的中国园林布置。北部有广阔的运动场，包括足球场、篮球场、排球场、网球场、骑马场、高尔夫球场、溜冰场、游泳场，以及专门给儿童游戏的运动场，布置有木马、滑梯等设施。

厦门中山公园　周醒南建造厦门中山公园呕心沥血，几经踏勘，最后在魁星河一带择定园址，此后又亲赴大城市参观公园，最后决定仿北京农事试验场，利用自然山水风景进行构筑，于1927年秋正式动工，全园布局由他亲自主持，经过三年构筑，建成占地207300平方米的公园。公园有三条内河、两条小溪、两座长桥、十座短桥，另还有亭、台、榭、华表等十余处；园右有水池，池中浮塑一个地球仪，球上立雄狮，南作怒吼状，球下展翅飞鹰4只作凌霄状。睡狮已经醒了，雄鹰要高翔，俨然当时中国写照。

在《厦门中山公园计划书》中，周醒南详细介绍了公园南部、中部、北部的设计与布置。厦门中山公园的设计愿景是穷山水之胜，以及得新旧之宜。在实施过程中，逐步实现最初设想，具体设计特色展现如下。

（1）山水特色：周醒南梳理了全园的整体水系，使荷庵河、魁星河、盐草河、蓼花溪、溪沙溪相通，展现了河溪交错的自然水系布局特色。从全园角度来看，崎山为主景山，可以鸟瞰全园景色，北部的凤凰山与此相呼应。

（2）功能分区特色：动静分区。动区有入口区、动物场、足球场、网球场、运动场、影相馆、酒家茶室、孙中山铜像广场等，静区有水榭方阁等临水休憩区、山间休憩区等。

（3）入口区的特色打造：南部以牌坊为轴线展开，轴线焦点物为钟楼，空间序列方面，从规则式慢慢过渡到自然的山水环境；东部入口以甬道节点的华表为特色，但是东部入口并不是完全敞开，而是用石山先遮挡景色，随着行人的深入，而展开中部景色，东部入口设计是含蓄的；西部入口以自然风景为特色，运用桥的形式过渡到中部景区；公园北门通彩虹桥，到达仰文楼，且北部轴线一直延续到孙中山铜像广场。

（4）植物配置的特色：南区植物的特色是规则式与自然式结合，入口区为冬青夹植，加强入口轴线感。水边则是种的杨柳桃李等植物，与自然的虎皮石相映衬；中区面积不广且植物较少，广场采用的是绿草，自然区种植花田；北区河岸植物配置运用的是垂杨，体现简单纯粹的空间，山坳区则以梅为特色。

（5）建筑的特色：建筑布置的主旨是力求与山水环境融为一体，根据具体环境适宜的营造建筑，比如北区的山坳采用野趣的茅舍形式，而入口建造的博物院则宏大。对于新旧建筑的处理，周醒南的方法是保证原有的建筑格局，适时翻新，增加新建筑时考虑其与周边环境以及在全园布局上的关系。

周醒南充分运用自然山水的布局技法，通过植物、建筑等元素营造空间层次，将"虽由人作，宛自天开"传统造园理念运用于公园实践。

广州"第一公园" 杨锡宗到广州市政厅工务局初任取缔课长兼技士，参与的广州第一项重大工程就是广州"第一公园"，该公园的旧址是广东巡抚衙门所在地。辛亥革命后，孙中山倡议在此兴建"第一公园"，但是由于政局动荡，这一计划未能落实。直到 1921 年孙科出任广州市市长，公园才真正进入筹建阶段。杨锡宗设计时，采用的是西方园林的布局，不仅表现在形式上，还表现在功能上，大门四周用通透的铁条做围墙，不同于中国古典园林完全的封闭性，围墙外也能看到公园的小景，此外园内布置有喷水池、大石像、大礼堂、射击场等西方园林常见的设施。建筑学背景的杨锡宗，为了保持公园内的形式布局，将巡抚署内的树木全部砍掉，认为古树影响几何式布局。公园中不见古木，失去了原有的特色，使得最终呈现的效果差强人意。但是其实践仍具有开创性意义，当时的广州市民终于有了休闲娱乐的自然场所。

采石公园 李寅恭在开辟采石公园之前对采石公园的沿革、选址环境、人文环境、自然环境进行了详细的调查了解。秦汉前此地原名牛渚，六朝称采石矶，明代改名翠螺山。面积约为 0.2 平方千米，其山西面大江，东接村镇，北距首都 40 千米，南距芜湖 30 千米，东南有青山隐隐相望，而南边有当途及太平县。人文环境方面：寺观高耸，内有望夫石，相传为春秋战国遗迹，另外还有燃犀亭、三元洞、太白楼等古迹。自然环境方面：山之东北面，土层较厚，松林蔚起。西南则露石砂，近山麓的地方植物开始稍微增繁，植物有松、柏、冬青、刺槐、黄连木、三角枫等。

对采石公园整体状况了解后，李寅恭提出了对其的改造计划，具体说明如下：

（1）道路方面：沿堤孔道筑成后，另开由山麓以至山巅的大路，用螺旋式沟通。并在半山及山顶处布置茅亭。将太白楼到三元洞的道路曲径加宽，并为临江一段栈道设置铁栏。

（2）建筑方面：旅行舍与酒家小食店，在锁溪桥畔或水边开设；民众教育馆、历史陈列馆等可以借原先公共建筑使用；山坡的东北至东南一带，规定每户各一亩地，当其建造房屋时则采用中程式，避俗趋雅；公园内设建筑营造组织工程委员会，以备顾问。

（3）植物方面：山麓四周，大面积栽培梅、竹、雪松、银杏，林下可培植党参。低处广植乌桕，沿堤植柳、白杨、枫杨等快长树。路旁布满庭荫树、长石凳。亭子四周树木稀少，增植常绿树种。

除了公园内的景观，李寅恭认为公园外村镇部落是人视线的焦点，也需要改善。

南京中山植物园 傅焕光本科毕业于菲律宾大学森林科及农科林学专业，重视水土保持工作，是中国水土保持事业的创始人之一，他实施并主持 1928—1937 南京中山陵整体规划的设计，营造紫金山风景林。1929 年年初，南京筹备建设总理陵园植物园，这是为纪念孙中山先生而建立的。傅焕光及陈宗一勘定明孝陵全部区域，东至吴王坟，西至前湖一带。此地带有山坡、平原、沼泽，是植物生长最宜之地，地形四周高而中部平广，自成区域。由前湖东北望总理陵墓，风景壮丽，东南抵达城墙，交通便利。选址议定后，章守玉作为技师，参与植物园建造的整个过程，包括设计、种苗征集、种苗的培育、经费的筹措等。

设计方面主要是植物园的分区设计，章守玉绘制植物园设计图时，在了解场地地形的基础上进行植物的分区规划。植物园兼具公园性质，因此他通过合理布置道路、建筑等满足市民游憩的需求。中山植物园共分为 18 个分区，主要的 5 个分区有：①植物分类区：按照植物演化顺序排列，使人们对于植物演进的程序可以一目了然，并供学生实地观察；②树木区：收集国内外树木，齐植于一处，考察其生长情形与土地气候之关系，并研究其各处用途；③松柏区：收集国内外松柏植物，自成一景；④灌木区：搜集国内外各种灌木，以供研究和观赏；⑤水生及沼泽植物区：搜集各种水生植物，植于相宜之处，以供分类形态及生态之研究等。

植物园的最大工作是种苗征集，自1929年开始征集种子，向国内外著名种苗公司订购种子，或托人代办，或与世界各大植物园或农林机关交换，先后共收到种子两千余份。同时又与中国科学社、中央研究院等合作，每年派员赴国内各省山林从事采集工作。现有种苗可分为两类，一是造林场原有树木，包括森林树木、花木及观赏树木、球根花卉、宿根花卉、一二年生草花、温室植物等类型；二是向世界各地征集及购置的种苗，包括英国、美国、法国、德国、印度、澳大利亚、日本、中国台湾等国家和地区。

即便是烽火连绵苏区，人们也依旧追求着美好的生活环境，其中典型的例子如下：

赣东北特区列宁公园　1931年3月，赣东北特区苏维埃政府在江西省上饶市横峰县葛源镇成立，8月在方志敏的倡导下，苏区在首府葛源镇修建了列宁公园，面积6000多平方米，有六角亭、荷花池、游泳池、枣林等景点，供群众和红军指战员、军属使用。1934年10月葛源失陷，列宁公园逐渐荒废。中华人民共和国成立后，公园得到修复。列宁公园是目前可查苏区历史上最早建造的公园。

福建武夷山列宁公园　1932年8月，中共闽北分区委员会和闽北苏维埃政府迁进崇安县城，以黄道为书记的中共闽北分区委、闽北分区苏维埃政府在城区原城隍庙旧址开辟公园，面积约2.7万平方米，命名为"列宁公园"。

川陕苏区列宁公园　1912年，国民党驻军营长刘喆在四川省巴中市通江县诺江镇建立诺江公园，占地约2万平方米。1932年12月，红四方面军解放通江县城后，将"诺江公园"改为"列宁公园"，并将周边部分古建筑划入公园范围。

苏皖边区人民政府交际处后花园　抗日战争胜利后，苏皖边区人民政府交际处后花园设有假山、水池、半亭、园桥等园林景观，由李一氓主席主导设计。表达了在烽火连天的革命时代人们依旧追求美好生活的愿望，也是中华人民共和国园林绿化事业发展的前奏。

二、纪念性园林

民国时期建立了一些纪念园林或建筑，在孙中山逝世后，伴随公园更名，在公园中相继建立中山纪念堂，选址多在孙中山曾经战斗过、居住过、演讲过的地方，如越秀公园内曾是孙中山办公和居住的地方，1925年建立了中山纪念堂，1929年建中山纪念碑，1930年建"孙先生读书治事处"碑；在惠州中山公园也有中山堂；厦门中山公园有孙中山铜像和中山纪念碑；漳州中山公园的平等博爱华表和总统遗训亭等。同时还可以看到纪念其他民国战役、将领及名人的园林、园景也很多，如秀山公园是为了纪念苏皖赣巡阅命名李纯（字秀山）；亭林公园是为了纪念明清学者顾炎武（字亭林）；伯先公园是为了纪念民主革命先烈赵声（字伯先）大将军；北海的快雪堂在1932年3月2日被拨作松坡图书馆，梁启超为馆长，为了纪念讨袁大将军蔡锷将军（字松坡）。

中山陵总理陵园　中山陵总理陵园是纪念性园林的代表，由傅焕光任总理陵园主任技师、园林组组长兼设计委员会委员，主持陵园的整体规划设计。陵园整体布局按地势展开，总理陵墓踞钟山的中南部，庄严整肃，为全园之主。西为明孝陵，墓道雄伟，古色斑驳，为其右翼。东为阵亡将士公墓，浮图矗立，为其左翼。此三者为陵园建筑物的骨干。将士墓前为中央体育场，每年全国运动选手在此发扬民族拼搏精神（见图9）。

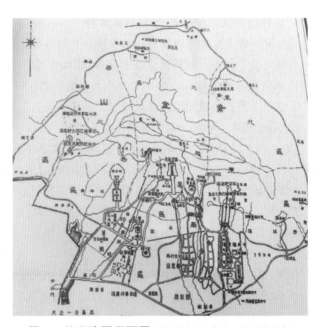

图9 总理陵园平面图（图片来源：《总理陵园小志》）

总理陵墓前后左右均为树海，白石建筑现露林间，如青天之白日。墓道前为铜鼎及音乐台，墓西有革命历史图书室、永丰社、行健亭、奉安纪念馆，墓东有光化亭、流徽榭、仰止亭、桂林石屋，除了建筑以外，还布置有花木草地，以便游憩。陵园经营集中于钟山西南部，造林之事，西南、东北两部皆有。陵园工程及陵园道路等建筑费，约300万元，中央体育场及将士公墓建筑各100万元。1934年，全山植树大致告毕，经营森林之费，达10万元。

陵园用地中农村土地占十分之一以上，皆绕山麓沿大马路分布，如果不规划经营此类用地，陵园建设难能完成。傅焕光认为应划定地段，组成村落，设立学校，补充其智慧，增加其生产能力，指导其合作组织，改良其生活状况，同时每村补插优秀的农家为模范。陵园四百数十户，2400余人口，5000余亩地，分居二三十村落，每村都有自治组织，保留这样的村庄风貌，保证道路开拓，屋舍雅洁，则可以增加陵墓的田园风味。统计每月谒陵者约1万人，民族恢复的精神油然而生。参观植物园、天文台则便于普通民众了解国家研究基本科学的实际工作，谒见将士墓，则可以振奋爱国之心。在陵园规划中，傅焕光尤其注重陵园对于国民精神的教育。

伯先公园 陈植主导的镇江赵声公园是一座纪念性园林，以自然式的方式布置。公园面积约60000平方米，其中包括四区：①草皮区：草地上布置有休憩的木质座椅；②纪念区：为公园核心区域，由纪念碑、铜像以及专祠组成，建筑以及树木皆显庄严，铜像背景基调树木是常绿树种，如雪松、柳杉、广玉兰等，设计中利用台阶和整平石片增进肃穆感；③森林区：

面积广大，也成为全园的整体风貌特色所在，陈植根据森林植物带暖带特点选择公园的适宜植物，并注意山阳山阴不同，季节变化不同，以形成五色缤纷，佳木繁荫之景；④园艺区：花坛有中国式花坛与西洋式花坛。西洋花坛布置在建筑物旁，另还在较广阔的草地布置点缀。中国式花坛用方砖砌之，种植牡丹芍药。此外园内设置了休憩花棚，并用蔷薇、木香、葡萄、牵牛花等植物配植。公园植物配置方式基本都是混合栽植，特色性的植物如桃、梅、樱、杏等则是单独成林。

三、国立公园与公共游憩地

1872 年美国黄石国家公园的建立开创了世界上国家公园的先河，1912 年日本国会批准了日光国立公园规划，于 1930 年在内务省成立了国立公园委员会，次年颁布了国立公园法。国家公园的概念也影响到我国，1929 年陈植受农业矿产部的委托，将介于江、浙两省间面积 360 平方千米的太湖规划为"国立太湖公园"，这是我国首次建立现代国家公园的尝试。陈植参照国际上国家公园的规划理论与营建体制，为太湖制定了我国首例国家公园规划方案，比后来我国正式推行的风景名胜区规划早了半个多世纪，这说明当时的学者已经开始关注风景资源的保护。

在国立太湖公园具体计划中，陈植考察了其形势及区域，认为凡于历史和学术上有重要价值者，都应设法联络，列入国立太湖公园系统之中。综观全湖大势，山川湖沼至为复杂，论公园大体，可分为湖沼、岛屿、平野、山阜，四部分各具有特点。《国立太湖国家公园计划》全文包括绪论、国立太湖公园之形势及区域、国立太湖公园之风景、启发太湖风景之交通系统、国立太湖公园风景林之建造及结论，系统规划了陆上交通、水上交通、电气、风景林、行道树，以及饮食店、旅馆、游泳场、电灯、天然森林植物园、天然动物园、运动场、停车场、名胜古迹指示牌、博物馆、凉亭、长椅、桥梁、园警岗亭等设施，可谓风景名胜区规划之鼻祖。

由此可见，当时的国立公园规划已初具系统性，与今天的风景区（国家公园）规划有一定的相似性，基本涵盖了总体规划到分区规划再到修建性详细规划等。

四、都市园林绿地

基于当时都市环境的现状，以社会生态学、人类的生存环境为出发点来思考，对都市园林绿地的规划、设计和发展所进行的研究具有重要意义。在环境与人类不可分割的关系中，都市园林绿地的形态和发展至关重要。舒适的环境包含着丰富的绿色、清新的空气、切身而感的自然环境、文化氛围、都市的清洁、安宁，以及清澈的水域环境等要素。而在这些因素中，都市园林绿地与城市规划之间，有着重要的关联，因此"绿色都市建设"已成为热点话题。当时的城市规划建设，一直是以设施建设作为重点，环境的建设与治理没有得到充分的重视。由于这些原因，都市随着科学技术的进步，渐渐近似于机械化的体系，"绿"不仅仅只是植物的颜色，它还具有很多含义以及多种多样的表现。作为都市园林绿地，它与森林、人工空间的都市环境、人工性淡薄的都市近郊环境，或者农村的田园式环境之间有着很大的差异。园林绿地所要表现的，就是在地形、土壤、水域以及气候的基础之上，将与此自然风土相呼应的绿色风景要素蕴含于其中，对于都市环境，园林绿地的规划设计，伴随着都市发展的进程，以及与之相关的各种各样的情况，在不同的地区、地域采用了与之相适应的方式。

广州 广州是最早开埠的城市之一，在清末就受到西方城市规划的影响。民国时期，拆除城墙，为城市发展提供了前提。1918年广州市政公所成立，孙科为总办，杨永泰为督办，利用旧巡抚衙门及周边用地建成了"第一公园"，由著名建筑师杨锡宗主持设计。1921年广州建市，由孙科担任市长，开始了广州都市计划和公园绿地的建设时期。孙中山、孙科父子深受花园城市的影响。1920年孙科在《建设杂志》发表的《都市规划论》首次在国内谈及"花园都市"。1918年孙中山开始构思的《建国方略》中提出广州的定位"广州不仅是中国南部之商业中心亦为通中国最大之都市。迄于近世，广州实为太平洋岸最大都市也，亚洲之商业中心也"，孙中山提出将广州建为花园城市："广州附近景物，特为美丽动人，若以建一花园都市，加以悦目之林圃，真可谓理想之位置也"，在这里进行花园城市建设，"此所以利便其为工商业中心，又以供给美景以娱居人也。珠江北岸美丽之陵谷，可以经营之以为理想的避寒地，而高岭之巅又可利用之以为避暑地也"。在其影响下，工务局局长程天固起草了《广州市城市设计概要草案》，其中包括公园规划的内容。设立于1921年的广州工务局下设建筑课，负责公园设计与建设，1924年建筑课设立园林股专门负责公园绿地建设和道路绿化，1937年园林股升级为园林管理处。在孙科及其继任者的努力下，广州的园林建设有了很大的发展。1921年越秀山被辟为粤秀公园，1923年建设了东郊公园，之后又陆续建成了海珠公园、永汉公园、黄花岗公园等一批市政公园，并规划了十几处小区公园和市郊公园。到1930年，广州共有市政公园绿地8000亩，人均公园面积约2.6平方米，居全国城市首位。广州还注重公园绿地的经济价值，1931年《市政公报》第388期的文章《都市计划之经济的价值》介绍了美国纽约中央公园改良后使周边土地升值的情况。

上海 上海因港设县、以商兴市，1843年上海开埠成为城市近现代化的起点。在此后170年的历程中，随着外部政治经济环境的变化，上海的城市职能也随之发生调整，逐渐形成今天的城市空间格局。在不同的历史时期，城市总体规划在完善城市功能、合理调整城市布局、优化城市土地和空间资源配置、协调各项建设、有效提供公共服务等方面都发挥了其应有的作用。在长期的发展过程中，总体规划也逐渐形成长期坚守的"以人为本"的基本原则：坚持控制和疏解大城市规模的方针；坚持形成"多心开敞"的城市空间结构；坚持市区更新与新城建设并举的策略。

抗日战争胜利后，上海市政府明确由工务局负责都市计划工作，在1946—1949年期间完成三稿都市计划方案。民国35年（1946年）1月设立技术顾问委员会，同年3月，成立了都市计划小组。在编制都市计划中，发挥当时一些从欧美留学回来的建筑师、工程师的才智，采用了"有机疏散""快速干道"和"区域规划"等新的城市规划理论，拟成大上海都市计划初稿。8月，正式成立上海都市计划委员会。市政府明确市界以外地带不再考虑，经过研究修改，于民国37年（1948年）2月编制了大上海都市计划二稿。1949年初上海又刊印上海市都市计划三稿。

上海都市计划初稿提出上海为港埠都市，也将为全国最大工商业中心之一，确定了上海要从区域规划入手，以"有机疏散"为目标，使居住地点与工作、娱乐及生活上所需的其他功能，保持有机联系。当时市中区80余平方千米内，集中居住300万人，此项畸形发展，必须通过发展新市区与逐步重建市中区同时并举的方针，向新市区"有机疏散"。规划建设市区以下由 16 万—18 万人的市镇单位组成，每个市镇均有工业用地，而工业与住宅等用地，有500 米绿地隔离，主要干道也设在隔离绿地内。市镇发展范围控制在 30 分钟的步行距离以内。生态控制上，计划绿地除布置园林、体育场所及其他游憩地带外，安排菜地和农田。在市中区以外，设 2—5 千米宽的绿带，当时市中区的绿地，每人仅 0.2 平方米，计划利用环状绿带来弥补市中区绿地的稀缺。在环状绿带内，既可作公园、运动场，也可作农业生产用地。环状绿带向全区域作辐射形扩充，与林荫大道、人行道及自行车道的绿化，以及滨河绿带等形成绿化系统。同时，在市中区外，但又不超过 15 千米的范围内，发展家禽农场，使城市副食品就近供应。关于市中心内绿地，要保持 32% 是绿地和旷地，并将现有旷地加以联系，使之成为系统（见图 10）。

　　二稿确定上海为港埠都市，也将为全国最大工商业中心之一，是中国与国际的金融中心。三稿拟定了区划的几项原则，新计划区相互间及其与中区间用绿地隔离，并由交通紧密联系，区内居民一切日常生活需要均能在区内求得（见图 11）。

图 10　大上海区域计划总图初稿　　　图 11　上海市都市计划三稿初稿草图

　　南京　《首都计划》是民国 16 年（1927 年）国民政府定都南京后发布的旨在对首都南京进行现代化改造的城市规划文件，是中国最早的现代城市规划，民国时期中国最重要的一部城市规划。在计划中明确提出"将首都一地不独成为全国城市之模范，并足比伦欧美名城也"。对于包括园林绿化、城市建筑等多种元素在内的总体城市风格，《首都计划》设想"建筑方面，不独易臻新巧，且高下参差，至饶变化……主要机关建在中央，其他环列两旁，有如翼辅拱辰之势，若出自然，抑建筑大道，互相贯连。察其地形，施工又便，加以凿筑湖池，择地最易，园林点缀，随在皆宜，于庄严璀璨之中，兼擅林泉风景之胜"。

《首都计划》中还单独列出有关公园系统的"公园及林荫大道"一章，足见当时对城市中设置林荫大道和公园的看重。这也是我国第一次尝试有体系的公园绿地规划与建设。计划中甚至给出了具体的园林绿化规模标准，"大南京每一百三十七人，即占公园一英亩，此数实城市设计家所认为最适宜者也。"其中对于公园系统概念的界定、公园选址的设定、林荫大道的设计、人均公园绿地的测算等一系列规划流程，为近代广州、上海、汉口、天津等地的自主公园系统规划提供了科学与理性的引导。公园与林荫大道的规划，通过绿地对城市空间结构进行构架，通过文化环境与生态环境的融合引导生态空间，对城市及其外围的山水关系进行梳理，营造山水城市。

杭州 辛亥革命之后，杭州开始了风景建设时期，自 1912 年杭州拆除了西侧城墙，使"西湖搬进城"，形成了"城湖一体"的新格局，修建环湖公路和环湖公园，确立了"风景都市"的城市定位，在市政府 1928 年的《赴日考察报告》中提到"我们杭州开市之初，在西湖胜景当中，建设公园，应当借地他山，详加考虑，庶使处者、游者都觉审美，原在添趣娱乐，亦为涵养，则其公园攸关保健旨趣"；杭州工务局局长陈曾植提出"利用天然之山水，加以人工布置，筑成一大公园"。截至 1937 年，杭州园林景观达到近 500 处，杭州成为全国最为著名的风景旅游城市。

南通 张謇在南通进行了公园和绿化建设，他认为"公园者，人情之囿，实业之华，而教育之圭也"，1904 年他建立植物园，后扩展为南通博物苑，之后修建唐闸公园，东、西、南、北、中五公园，又将军山、剑山、狼山、黄泥山、马鞍山五山营建为风景区。

都市园林绿地，作为人类的户外型生活空间，对于其自然审美性的追求是主要的目的。如今，环境问题例如物理的（面积）、生物的（自然环境破坏）、社会的（社会环境破坏）等日益突出，立足于环境论的观点，要在创造和保全都市园林绿地的基础之上，为生活在都市中的人们提供舒适的生活环境。

五、其他风景园林实践

1. 私家园林

私园的兴建与民国时代军阀割据有关。此时在每个军阀统辖区域内的高层将帅从一入城开始就图谋兴建私人花园，上至总统下到军官无人不想造园，只要有权有势就建私园，所以说新军阀私园建设是民国时代私园的新特点。

因此，民国私家园林的营造多为一些军阀、官僚、地主和资本家所建，类型有府邸、墓园、避暑别墅等。受西方文化的影响，形式上趋于多元化，有传统的中式园，也有西式花园，有些更是融合了东西方两种造园风格。比较著名的有北京的马辉堂花园、淑园，无锡的梅园、蠡园，广州的黄冠章别墅花园，珠海唐氏"共乐园"，扬州汪氏小苑等。民国私家造园中园林水的运用减少了，有些园子已经不再营建水景，有些虽有水景的营造，而水面在园中已不再占据主体地位。园子的尺度较晚清也有所减小，这主要是因为进入民国以后，传统的家族式的生活方式不再为大多数人接受，一家一户单独居住的形式逐渐为人们所认可。这样一个家庭所需要的住宅规模大大减小了，同时促使了别墅花园的出现和盛行。民国时期传统的私家古典造园已经成衰退之势，艺术水平已不如明清时期，很少再有如清末寄啸山庄、退思园等古典风格私家园林的成功案例出现，外因是长年累月的战争，内因是封建文化的逐渐消亡和新的民主文化的产生。

马辉堂花园　位于北京东四北魏家胡同。名曰花园，实际是一所带花园的宅子。马辉堂为清末营造家，其先祖马天禄在明代营造过皇宫。马辉堂花园建于民国8年，因花园建筑好而享有盛名（见图12）。

图12　北京马辉堂花园实景图

淑园　位于北京地安门内米粮库胡同，园主陈宗蕃，后官费留学日本，入东京帝国大学学习法政、经济。陈宗蕃著有《淑园记》，淑园为民国时期中产阶级私人宅园的典型案例，园子朴实不事奢华，富有生活气息和传统文人园的格调。

广州黄冠章别墅花园　建于1930年，为民国陈济棠将军的秘书、时任军需处处长黄冠章模仿中山纪念堂建设的私家别墅园林，占地9384平方米，园内遍布百年小叶榕树，其主体是一座五开间重檐歇山顶的殿堂式建筑，采用的是当时先进的钢筋混凝土技术，与同时期的建筑有很大的区别，体现了中西合璧、南北结合的特色，是广州乃至全国民国初期中国古代建筑的特例。

无锡蠡园　蠡湖是太湖伸入无锡的内湖，1928年，"面粉大王"王禹卿仰慕范蠡的为人，在虞循真等人的帮助下，选择家乡临湖面山的"风水宝地"，开始兴建蠡园，后其子王亢元又对蠡园进行了扩建。蠡园占地123亩，水面约占五分之二。全园分为四大景区，即假山耸翠、南堤春晓、长廊览胜和层波叠影。为民国时期艺术价值最高的私家园林之一，是民国私家造园的典范。

长沙蓉园　陈熹（1895—1965）本科毕业于北京农业大学园艺系园艺专业。他先后规划设计的公园、农林场有10余处。民国23年（1934年）主持设计蓉园，该园为当时湖南省政府主席何键营造，供私人享受之用（后向外开放），坐落在长沙市小吴门外，全园面积150余亩，仿苏、杭园林结构。1938年，陈熹任南岳林垦局长，适日军进犯，财政拮据，他与全局员工维护南岳名胜古迹，垦复荒山，兴办林场，遍植行道树，广造风景林。1951年，他参与省会烈士公园规划设计，任设计组长。

2．大学校园设计

国立中山大学校园　除广州第一公园外，杨锡宗还参与了国立中山大学校园的设计。当时许多大学的规划都是由外国规划师设计的，杨锡宗的尝试打破了惯例。1924年2月4日，孙中山下令组建国立广东大学，后改名为中山大学。由杨锡宗提出概念方案，其规划特色如图 13、图 14 所示。

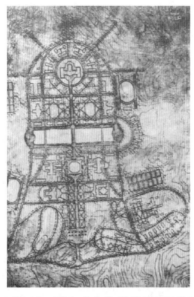

1. 选址：是邹鲁根据孙中山的遗愿执行。白云山环其侧，珠江绕其前，校内冈峦起伏，池沼荡漾。
2. 布局整体布局：极具形式感的钟形平面。道路布局：强烈的中轴线贯穿于中心区南北，与两侧环道构成校园空间的整体布局，采用局部规则与整体自由相结合的形式。
3. 山水布局：取南北走向之左、中、右三条地形轴线作为"山系"，又择低洼地整合池沼，分筑六湖，形成东西走向之半环形水系，并将山岳、湖池按地理方位，冠以中国名山、胜水之称。如山丘则名"衡山""黄山""麓山""武陵""崂山"；湖池则为"洪泽""洞庭""巢湖""鄱阳"。

图 13   国立中山大学校园平面图（图片来源：《中国近代园林史上》）

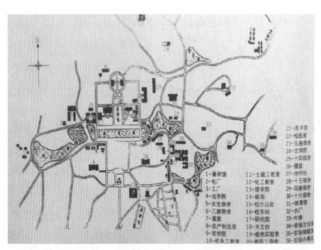

建筑布局：
1. 融会了中国传统"以农为本"的重农思想，在校园规划中以农学院为北端中心位置的中轴终结点。
2. "左文右武"的传统礼制，东为文学院、理学院、图书馆。西为工学院、法学院、博物馆。
3. "男左女右"的伦理秩序，东为男生宿舍，西为女生宿舍。

图 14   中山大学建筑规划图（图片来源：《中国近代园林史上》）

校园里还布置有纪念性园林小品：钟亭、植树亭、启新亭、明远亭、刘义亭、日晷坛、喷水池、校训石刻、励志石刻、总理铜像，这对于学生的精神熏陶意义重大。此外国立中山大学还配有农林用地，在大门之左有稻作场、果园、花圃，共植竹、树、果木 200 万株，另辟白玉山林场，种树约 160 万株，解决学校部分经费之需。

武汉大学校园   1928 年，李四光和叶雅各商议武汉大学选址，同年 8 月，新校舍筹备委员会对武昌珞珈山进行实地勘察，基地地貌属小丘陵，珞珈山为群山之首，北面还有十几座山丘，山峦起伏，绵延不绝。整个场地东面、北面皆临东湖，西临茶叶港，宛若东湖的半岛。

（1）整体布局：契合地形，以一片三面环山、西向开口的山谷低洼地为中心展开，国立武汉大学校园整体呈现自然式布局（见图15）。

（2）建筑布局：校园内建筑随山势高低起伏变化，主体建筑如图书馆，坐落主位，却无压迫之感，建筑与环境融合为一体。位于狮子山头的图书馆、文学院、法学院在园外也受瞩目；山之谷有圆穹顶的理学院，歇山顶的学生斋舍，攒尖顶的工学院，建筑界面丰富；远有珞珈山水塔，可揽东湖之景。校舍建筑群通过轴线组织对景，有利于校园景观的整合。

（3）山水布局：武汉大学校园依托珞珈山的自然山水资源，以人工山林为整体基调，在东面小龟山、南面火石山、北面狮子山三面环山的低洼地开辟中心绿地，设置运动场。运动场西面，围绕一片自然水面形成校园中心湖景观和下沉式花园。

叶雅各主要负责武汉大学校园绿化的总体设计。他建议珞珈山和磨山全面造林，在造林上，为便于山林维护，他强调"火路"的设计，即2米宽的生土化防火路，道路间距约100米。这些"火路"网的设置将可能的火灾隐患控制在15亩之内。山体绿化考虑长远效益，以植小树为主，为了较快形成校园整体绿化的线型骨架，用大树作为行道树，树种选择悬铃木等快生树种。在珞珈山、扁山及狮子山的北坡栽植马尾松、黑松、侧柏、梅树、枫香等植物。

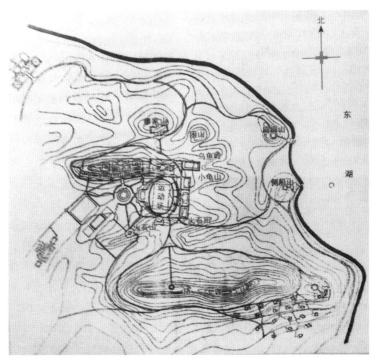

图 15　武汉大学校园平面图（图片来源:《中国近代园林史上》）

第四节　组织与期刊

一、组织

民国时期已有了学会的初始架构，在《造园学概论》自序中陈植提到，1928年夏，邀集同志组织中华造园学会，以图国粹之复兴，及学术之介绍。会中同仁以《造园丛书》之限期完成相诏。参加学会的具体学者名单已无从考证，但是值得注意的是，1928年8月4日在南京金陵大学举行了中华林学会成立大会，会中通过了《中华林学会会章》，其委员有陈植、傅焕光、李寅恭等，会下关心造园学术的学者，极有可能开始探讨造园学发展事宜。1930年4月，日本农学会在东京举行年会特别扩大会议，中国林学会3人参加，傅焕光在造园学会分部上作了题为《中山陵园计划》的报告，可见林学会与造园学会的关系密切。造园学会在民国历史上曾经出现过，由于多方面的原因并没有继续下去，但是从造园学会的成立动机和初步进展来看，是卓有成效的。《造园学概论》这部理论专著是《造园丛书》的第一本，真正奠定了学科发展的基础。

受到中国风景园林专业理论和造园学者们的影响，1929年和1930年，中国园艺学会和中国造园学社分别创立，掀起了组织学社的浪潮以及造园方面相关的研究，推动了中国风景园林学科的孕育与发展。

中国园艺学会是在中国共产党领导下的园艺科学技术工作者的群众性学术团体、中国科学技术协会的组成部分，也是国家发展园艺科学技术事业的重要社会力量。1929年春，中国园艺学会创建。1934年出版了第1期《中国园艺学会会报》。学会宗旨是团结组织园艺科技工作者，促进园艺科学技术的繁荣发展、科技人才的培养提高、开展国内外学术交流、普及园艺科技知识，反映园艺科技工作者的意见，维护园艺科技工作者的合法权益，为广大园艺科技工作者服务。专业范围为果树、蔬菜、西甜瓜和园林植物的栽培、育种、种质资源、产品贮藏加工、生物技术应用及园艺产品流通和园林规划设计等。

中国营造学社是私人兴办的、研究中国传统营造学的学术团体。1930年2月，学社在北平正式创立，朱启钤任社长并兼任法式部主任，阚铎任文献部主任，后由梁思成、刘敦桢分别担任法式部、文献部主任。从营造学社的组织结构来看，一方面，学社网罗了当时教育界及建筑界顶尖人才；另一方面，广交社会文化人士，聘请了学术界的人文学者。可见当时营造学社学术多元性已成为特点，建筑学者如刘敦桢、阚铎等，人文学者如单士元、向达等都整理与考证了中国古代造园方面的典籍。学社从事古代建筑实例的调查、研究和测绘，以及文献资料搜集、整理和研究，编辑出版《中国营造学社汇刊》，为中国古代建筑史研究做出重大贡献。"中国营造学社"的成立，在以社会组织角度推动造园学发展的同时，也为风景园林专业团体提供了孕育的土壤，为建国后风景园林学科的诞生与发展奠定了基础。

二、期刊

随着西学传播的深入和现代学科体系的逐渐完善，民国时期在园艺方面、农学方面、建筑方面等出现了一系列园林期刊，例如《园艺》《农学杂志》《园林季刊》《国立中央大学农学丛刊》等都是优秀期刊的代表，对于风景园林学科的研究与发展具有极大的推动作用。

1935 年，中央大学农学院由设在园艺系的"中央大学园艺学会"出版了《园艺月刊》，这是中国第一本园艺专刊，毛宗良为主编。1943 年在重庆出版了《中国园艺专刊》，曾勉主编。园艺系编辑出版《园艺丛书》，其中有《实用园艺月历》《实用园艺要点》《园艺实习指南》等。

1935 年 7 月创办的《园艺》是高等学校最早的园艺学期刊，且以"园艺"命名，是抗战之前一种主要的园艺期刊，在其发刊词中深入论述了园艺的重要价值，认为"园艺与国计、民生、教育、卫生、社会、家庭等关系亦至密切"。设有园艺科学研究、实验、调查报告、译著、园艺问答、栽培常识等栏目，学术文章与科普知识兼有，符合不同读者的需求。

民国时期，随着西学传播的进一步深入以及现代学科体系的逐渐完善，加之西方殖民经济对我国农业冲击的进一步加剧，这一时期，在"科学救国"的理念引导下，广大新式知识分子、青年学生以及大批农业领域爱国人士，以革新技术、传播新式农学思想、促进学术交流为宗旨加入农学期刊创办队伍，投身农学研究领域，试图用自身所思所学挽救业已凋敝的农业经济。因此，一大批旨在推进农业新知传播、农业技术普及的农学类刊物得以创办。这一时期高校创办农学期刊达 11 种，较为典型的农学期刊还有《吉林农业杂志》（1913）、北京农业专门学校创办的《国立北京农业专门学校杂志》（1916）、《国立北京农业专门学校丛刊》（1918）、《醒农》（1920）等。其刊登内容大致包括农作物、园艺、林学、畜牧兽医、植物保护、土壤肥料、农副产品加工等门类，本着"振兴农业，开通民智"宗旨，传播农学知识与试验成果。民国初期高校所办农学期刊刊物中，由于农学学科体系处于探索阶段，仍以综合性农学期刊为主。此外，分支学科期刊也开始崭露头角，例如《蚕声》《水产学报》《园艺》《农业经济》《林学会刊》《土壤与肥料》等。

中国是以农为主的国家，随着高等农业教育的发展，民国时期近代高校农学期刊有了生根发芽的土壤与动力，一方面体现了当时期刊的一般特点，另一方面又表现出一些有别于其他刊物的独特样貌，在起伏的时代进程中，曲折发展并呈现出顽强的生命力。

《新园林》是《新闻报》的副刊。《新闻报》创刊于清光绪十九年正月初一（1893 年 2 月17 日），在民国 3 年（1914 年）改名《快活林》，由严独鹤主编，注重趣味性、知识性、通俗性，受到市民阶层的欢迎，1932 年"一·二八"事变后改名为《新园林》，太平洋战争爆发后，于 1937 年 8 月停刊，后于 1945 年 12 月复刊，直至 1949 年停刊前后近 30 年，均由严独鹤任主编。

从 19 世纪 20 年代初开始，广东开始大量出现西方城市规划理论的引借和探讨，以及都市设计方法的研究，相关学术论述主要发表在《工程季刊》《新广东》等期刊中。19 世纪 30 年代，广东城市改良及建筑实践在推动土木、建筑期刊启蒙发展的同时，也推动建筑学术讨论的细分。随着 19 世纪 30 年代市政改良的推进，园林在广东首次被纳入学术讨论的范畴。1937 年5 月，在过元熙的主导下，《园林季刊》由广州市园林管理处出版委员会创刊，该刊主要登载园林信息，介绍园艺常识，并唤起市民对于园艺的兴趣，促进园林的发展与建设。《园林季刊》兼有学术研究、管理和科普的作用。但是遗憾的是，由于抗战的爆发，《园林季刊》在出版了第一期后即告停刊。

1933 年 11 月由国立中央大学创办的《国立中央大学农学丛刊》为半年刊，涉及农艺、畜牧、农业化学等相关内容，刊登文章学术性较强，符合其"以有关学术贡献者为标准"的要求，稿源不受限制并开始刊登外稿。

第五节　国际交流

一、归国学者对风景园林教育与实践的影响

一大批出国留学的学者在国外接触到现代风景园林专业知识，学成归国后，将国外的风景园林理念引进中国，促进了该领域的国际交流。比较中央大学、金陵大学农学院主要教师留学背景可以发现，大部分学者赴美国接受教育，少量留学到日本、欧洲（见表 2-9），由此可见中国近代的风景园林高等教育受到美国影响较大，日本、欧洲次之。

表 2-9　中央大学、金陵大学农学院主要教师留学背景比较表

单位	美国	日本	欧洲
中山大学农学院	秉志、曾勉、曾省、陈焕铺、陈桢、陈之长、程绍迥、崔引安、戴炳奎、戴芳澜、戴漠、冯泽芳、顾恒中、顾兆昌、胡先骕、黄国华、金善宝、柯象寅、罗清生、盘珠祁、钱定华、孙恩麐、孙宗彭、汪德章、王栋、王善荃、王寿昌、王兆麒、王兆泰、王宗佑、谢廷文、熊同和、许振英、叶元鼎、原颂周、张景欧、张巨伯、赵连芳、周承钥、邹秉文、邹树文、邹钟琳	段佑云、魏喦寿、吴耕民、夏振铎、张益三、周拾禄	葛敬中、顾复、何尚平、李炳芬、李驹、梁希、刘庆云、毛宗良、秦含章、孙本忠、王栋、王太乙
金陵大学农学院	陈鸿逵、陈嵘、戴芳澜、单昌祺、樊庆笙、范谦衷、方中达、顾德恩、过探先、郝钦铭、黄瑞采、焦启源、李德毅、李家文、李适生、林查理、马育华、欧阳苹、潘鸿声、钱天鹤、裘维蕃、沈宗瀚、史德蔚、孙文郁、孙祖荫、童润之、万国鼎、王绶、王希贤、魏景超、谢家声、辛润棠、徐澄、应廉耕、尤子平、俞大绂、张乃凤、张心一、章元玮、章之汶、周明懿、朱德毅	陈锡鑫、单寿父、顾青虹、胡昌炽	单昌祺、朱惠芳

资料来源：葛明宇. 中央大学农学院和金陵大学农学院的比较研究 [D]. 南京农业大学，2013.

二、租界区园林建设

上海开埠后，随着外国租界的建设和扩张，其城市建设受到新的城市理念和开放空间思想的影响，市民共享的园林空间刷新了人们对娱乐、休闲、健康的观念。进入 20 世纪之后，上海城市特别是租界内迎来了公共园林建设的高潮。这些公共园林在设计和建设上都体现了当时中外风格融合的特点，园林设计既体现传统园林的山水审美与意象，同时又追求西方园林所带来的新奇与时髦，具体工程则往往由中外设计师和工程师互相配合完成。

中外风格融合的园林特点体现在空间布局、园路规划、构山理水、植物配置、建筑设计等方面。空间布局将西方园林的大草坪等开阔空间的手法与一池三山、山环水抱等传统布局相结合，局部空间曲折幽深或方正整齐；园路规划吸收了西式公园的宽阔主环路与分支次路的做法，再融入传统园林的曲折路径与回环往复的特点；构山理水则是利用堆土形成起伏连

绵的山丘地形与草坡入水的曲线水岸，局部运用叠山置石构筑峰峦洞壁与驳岸；植物配置根据不同分区的景致特点使用中国本土植物或者外来引种植物，营造中国传统园林环境的同时展示外来新物种，配置上也有舒朗自然与修饰整齐等不同；建筑设计除了延续中国传统园林建筑外，还有日式风格的茶亭、西式风格的音乐厅、舞厅、亭廊等。

租界中的公园建设在当时属于重要的市政工程。租界公园主要是由租界当局负责建设和管理，他们往往从本国请来经验丰富的设计师负责公园的设计与施工，如1904年苏格兰人麦格雷戈（J.Macgregor）被聘请担任公共租界工部局园地监督，他主持设计了极司菲尔公园（今中山公园）、虹口娱乐场（今鲁迅公园）以及一些小公园和街道绿地，这些园林以英式风格为主，局部也会有日本园和中国园。

由法国设计师如少默（Jousseaume）与中国设计师郁锡麒共同完成的复兴公园是典型法式园林布局的公园，但园内北部是法国情调，南部是中国风格，两种园林风格并存（见图16）。公园从1917年开始改扩建，1918年设计方案制作完成，1919年开始改造工程，1926年工程完成并大部分保持至今。

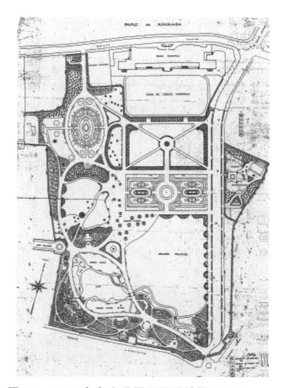

图16　1925年复兴公园平面设计图（郁锡麒绘制）

上海的私园营建同样融合了中外园林的风格、手法、趣味和功能，特别是对公众开放的经营性私园，一方面为中国人提供休息游览的服务（1927年之前，租界公园不对中国人开放），另一方面以新型娱乐方式抢夺商机，故这些私园在营建、风貌与功能安排上紧跟时代潮流，采用大胆的形式和先进的设施。如张园，是当时誉满沪上的经营性私园，园林布局与设计手法中外合璧。再如哈同的爱俪园，始建于 1903 年冬，至 1909 年落成，造园者黄宗仰不仅取法古典园林，以生平游历会心之景物点缀园林，且在造园期间远赴东瀛借鉴日本的园林艺术，融汇成建筑形制各异，中日乃至西式元素相配的园林景致。

1860 年天津设立租界后，英租界参考花园城市的理念进行规划，设有街心花园，法、德、意、日、俄五国租界也纷纷建起了街心公园。自 1880 年建立海大道花园以来，租界中一共建了 10 个公园——久布利公园、皇后花园、义路金花园、维多利亚花园、意大利花园、海大道花园、俄国花园、大和公园、法国花园、德国公园等。

1897 年德国强占青岛后，不久开始了城市与绿地的规划与建设，城市中设有街心公园，如梯利华兹街心花园；还建有植物试验场，种植各种苗木，后取名为"森林公园"，日本占领青岛后改建为旭公园。日本占领时期，也进行了公园建设，如若鹤公园、新町公园、深山公园、千叶公园、官邸公园、天后公园、司令部前公园、曙滨公园、万年町园、治德町园、山东町园、大村町园、松板公园等。

早在中东铁路建设时期，沙俄就开始在沿线租借地进行绿地规划与公园建设。如对哈尔滨、大连的规划，采用巴洛克式，在道路交叉点设置街心公园与广场，也注意保留城市中的绿地。1899 年起，沙俄在大连陆续建西公园、东公园、北公园、常盘公园等。1906 年在哈尔滨设计建造董事会公园，即今兆麟公园。1922 年修建许公（许景澄）碑公园。

日本侵略者在东北的公园绿地建设开始于大连的满铁（南满洲铁道株式会社）附属地。东北沦陷期间，也进行了园林建设。日本人所作的大连、哈尔滨、长春等城市的规划都将绿地定为主要土地类型。1905 年日本占领大连后将沙俄建的西公园进行扩建，改名为中央公园，建有相扑场、高尔夫球场、乘马俱乐部、游泳场等。1909 年满铁修建了星个浦游园（今星海公园）和大连电气游园。

1915 年满铁修建了长春"西公园"（现胜利公园），1922 年满铁修建了日本桥公园。日伪时期又建了黄龙公园（今南湖公园）、大同公园、长春动植物公园等 10 座公园。

1920 年满铁所做的奉天附属地规划中设置了面积为 2 万平方米的公园预定地，原来是作为苗圃，后来建设成立千代田公园。

1937 年日伪在哈尔滨建八站公园，1938 年日伪根据沙俄遗留方案建设了江畔公园（今斯大林公园）。

1938 年伪满政府、满铁和日军共同进行了《奉天都邑计划》规划，借鉴了田园城市理论，在建成区外围设置环状绿带，对沈阳的城市公共设施、公园绿地、居住区、商业区、工业区做了明确的分区，并考虑了城市绿地建设，如在浑河北岸规划大面积绿地等。

1950 年代余森文、程绪珂、汪菊渊、李嘉乐携北京新公园图纸参加伦敦举行的 IFLA 大会。

三、外国人在中国的风景园林实践

1898 年，俄国工程师 A·K·列夫捷耶夫受中东铁路工程局的委托对新城区（现南岗区）及埠头区（现道里区）进行全面规划。规划将建设多层次的城市绿地系统纳入其中，采用广场绿化、公园绿化、街旁绿化以及街心花园、庭院绿化等多种方式相结合的绿化体系，主要分为三个层次，一是道路轴线的两端设置了城市公园、植物园等大面积绿化；二是铁路局、教堂、火车站前设置节点广场绿地；三是根据不同的道路级别，设置街心绿化带、街旁行道树、花池等不同绿化方式。

1899 年，中东铁路管理局将大连进行规划，第一份规划由俄国总工程师萨哈洛夫负责，萨哈洛夫的城市规划图便体现了其对城市绿地的高度重视。由南至北含有河谷沟壑、池塘水渠、植被村落的地形地貌，被设计成为了 2 处占地面积极大的公园绿地，不仅能够降低疾病传播的可能，还达到了既有生态资源的保留。第二份规划成果由城市建筑师斯科里莫夫斯基绘制，其延续了对既有绿地的保留。

1914 年满铁聘请日本设计师白泽保美在长春满铁附属地内设计了"西公园"（现胜利公园）。

1917 年英国人安德森（H. McClure Anderson）进行了英租界整体规划，其中明确划定了公园和游憩场地。

1934 年，佐藤俊久等日本工程技术人员主持《大哈尔滨都市计划》，针对城市绿地系统的建设，主要提出将在市中心建立总面积为 12.65 平方千米的大规模城市公园，为了更好地建设卫星城，在市郊区域计划建立总面积为 146.3 平方千米的郊外公园，在松花江畔及市区外围设置绿化带等计划。

冈大路在南满洲工业专门学校任职期间进行中国园林的研究，1927 年出版了《奉天昭陵图谱》，1934 年出版了《支那宫苑园林史考》，1941 年又出版了《支那庭园论》。于 1935 年冈大路担任伪满洲国国都建设局局长，制订了《国都建设计划》相关法令。日本人折下吉延在满铁工作时参与制定"新京"规划，完成满铁"新京"规划方案的绿地系统及干线道路截面设计。1937 年后折下吉延担任伪国都建设局的造园顾问，定居于大连并一直活跃于"新京"的公园建设活动。

小结　学科发端与特征

20 世纪上半叶，西学东渐的发展给中国传统造园体系带来了极大的冲击和深远的影响。传统与现代的碰撞、专业性与公共性的结合是中国社会过渡时期的有关风景园林教育的特征。不同背景的专业学者在这样新旧交替的变局中开始探索中国现代风景园林教育，并积极投身于风景园林实践中，促进了我国现代风景园林教育的发展。现代风景园林从它诞生的那一刻起就是一门交叉性学科，与建筑学、园艺学和林学之间存在着紧密的联系。它们的共同之处在于这些学科都聚焦人与环境的关系问题，关注人居环境的营造，主要差别在于园艺学与林学两大学科更多的关注生物与环境的关系及其美化问题，关注传统的造园与植物配置，而建筑学更多地关注空间与建造，聚焦于庭园的营建，三个学科不同程度地为现代风景园林教育和学科的产生提供了基础。这一阶段风景园林领域的一个鲜明特征为教学、研究与实践的统一，专业人员多以教书为主，同时开展研究和具体项目的规划设计及营建，延续了中国风景园林"知行合一"的传统，代表性人物有童寯、刘敦桢、陈植、程世抚、毛宗良、陈俊愉等。

一批归国学者致力于将西方现代风景园林教育与中国实际相结合，依托相关学科，探索在中国高等教育中建立相应的知识体系。代表性院校有中央大学、金陵大学、浙江大学和一些地方高校，他们构成了早期风景园林教育的主体。1949 年，梁思成先生提议成立"营建学系"甚至"营建学院"，下设造园学系，表明系统化的风景园林教育已被学者提上日程。

这一阶段的风景园林研究集中在中国古代园林、城市绿地体系、公园建设和庭园营造等，传统园林研究主要是对古代园林遗存与资料的收集和整理，并开始重新审视园林绿地的功能，如中央大学呼吁建设城市绿化和乡村美化，不再囿于供特殊阶层享受的造园，转向城市绿化、乡村美化、广场公园等公共空间，与城市发展相结合，作为城市的有机组成部分。这一时期的风景园林主要的实践有城市公园、公立公园、公共游憩地、都市绿化和私人庭园等，在借鉴西方现代风景园林的同时，融合东方造园传统是这一阶段实践的主流。

风景园林教育从无到有并逐步系统化，随着研究和实践不断拓展与深化，专业的社会团体开始形成，这些均表明我国现代风景园林教育已处在孕育之中，一个全新的学科即将诞生。

撰稿人：成玉宁　赵　兵　丁绍刚　周向频　傅　凡　顾　凯

第三章 中国风景园林学学科的形成和曲折发展（1950—1970）

20世纪初到中华人民共和国成立，我国风景园林学学科处在萌芽的状态。关于学科的内涵和定义，基本上是直接或间接引介于美国。然而，从教育上而言，更多是源于欧洲如法国或日本的园艺学科，形成了观赏园艺的专业方向特色。另一方面，在这个历史时期，我国风景园林学学科建设并没能结合中国悠久的园林文化和艺术特色。而且，在战争频发和社会动乱等多重复杂的社会环境下，城市建设和人居环境建设备受干扰、停顿乃至破坏，风景园林建设项目整体上很少，中国高等教育系统并没有职业风景园林师的培养体系。这些原因导致了很少人能够整体把握风景园林的专业内涵，无法形成一个学术共同体，也就无法达成统一的学科中文名称的共识。

1949年中华人民共和国成立之后，国家需要建设发展，人民需要安居乐业，风景园林事业开始紧密结合国家和百姓的需要，蓬勃发展，风景园林学科得以正式形成。但是，国家发展模式持续在探索，伴随各种政治经济和社会因素的影响，风景园林学科也进入了曲折发展的历史阶段。

中华人民共和国成立后"百废待兴"，风景园林事业在此背景下，继承近代时期的学术积淀，掀开了新的一页。1951年，北京农业大学和清华大学联合办学的"造园组"，无疑是风景园林学科和现代专业教育初期探索的标志性事件。"造园组"将"园艺"与"建筑"两方面的知识传统整合在一起，创造了中国风景园林学科及专业教育的新路径，并表现出如今普遍认可的风景园林的"综合性"特征。

在计划经济体制下，各行各业的发展受到国家政策方针的深刻影响，风景园林事业也不例外。随着"一边倒"学习苏联的浪潮，专业名称从"造园"改为"城市及居民区绿化"，为学科和专业教育带来新的发展契机的同时，也造成了学科内部的认识差异和持续争鸣。也在不断寻求中国自己的、独立的社会主义发展道路，风景园林事业则在"大地园林化"的号召下，进一步回溯、挖掘、汲取中国风景园林营建传统的营养，但对于学科和专业教育发展而言，仍然是机遇与挑战并存。"大跃进"失败后的经济调整时期，风景园林事业的发展更为理性，出台了一系列指导性文件，如1963年3月，建筑工程部出台了部门规章——《建筑工程部关于城市园林绿化工作的若干规定》，是我国第一部对园林绿化事业进行总结和展望的法规，是当时统领园林绿化工作的纲领性文件。随后爆发的"文化大革命"，导致风景园林事业遭到停滞。在改革开放后，风景园林事业发展重焕生机，学科及专业的一些具体问题再次得到广泛而深入的研讨，如 1979 年 8 月召开的全国园林绿化学术会议，研讨了城市园林绿地分类、定额与布局、风景区规划、园林艺术和园林史等多方面的内容。

值得一提的是，行业之外也不乏关注风景园林事业的有识之士，著名科学家钱学森就是其中的代表。1958 年，钱学森即提出中国传统的园林设计比建筑设计更具有综合性，园林学也不是建筑学的一个分支，而是与它占有同等地位的一门"美术学科"。同时，他认为园林学和建筑学也有类似之处：均介乎纯美术和工程技术之间，并以工程技术为基础。园林设计需要有关自然科学以及工程技术的知识，或可称园林专家为美术工程师。这些思想是风景园林学科与行业发展的重要补充。

总之，新中国成立后的 30 年，国家大政方针和各种园林绿化法规主导了学科与行业的发展；有关传统园林的各种学术研究也对其发展产生了深远的影响。

第一节　教育与课程

一、造园组

"造园组"的酝酿早在 1945 年梁思成提出创办清华大学建筑系的时候就已开始。1949 年，梁思成将建筑系改名为"营建学系"，并拟定了全面的教学计划。计划中明确提出要建立"造园学系"，并阐述了"造园学"的办学宗旨和课程设置。1949 年 7 月 10—12 日，梁思成在《文汇报》连载《清华大学营建学系（现称建筑工程学系）学制及学程计划草案》，提出了营建学系的办学框架包含建筑学、市乡计划学、造园学、工业艺术学和建筑工程学，在草案中明确了造园学系的办学目的，"造园学系——庭园在以往是少数人的享乐，今后则属于人民。现在的都市计划学说认为每一个城市里面至少应有十分之一的面积作为公园运动场之类，才足供人民业余休息之需，尤其是将来的主人翁——现在的儿童，必须有适当的游戏空间。在高度工业化的环境中，人民大多渴望与大自然接触，所以各国多有幅员数十里乃至数百里的国立公园之设立。我国如北平西山、北戴河、五台山、天台山、莫干山、黄山、庐山、终南山、泰山、九华山、峨眉山、太湖、西湖等无数的名胜，今后都应该使成为人民的公园。有许多地方因无计划的开发，已有多处的风景、林木、溪流、古迹、动物等等已被摧残损坏。这种人民公园的计划与保管需要专才，所以造园人才之养成，是一个上了轨道的社会和政府所不应忽略的。"在草案中具体拟定了造园学系的课程分类表，主要包括"文化及社会背景、科学及工程物理、表现技术、设计理论、综合研究"共 5 类约 30 门课程。

1951 年，北京农业大学园艺系汪菊渊与清华大学营建学系（即建筑系）吴良镛商议，两校联合试办造园组。这个设想后来得到了梁思成的赞同。同年 8 月 15 日，北京农业大学校委会根据汪菊渊教授的报告："新中国建设展开后，造园专才各方面迫切需要，都市计划委员会希望我们能专设一组，系里都赞成，但设组需要清华建筑系合作。曾经与清华梁思成及周教务长（培源）商洽，已荷同意。"决议："在目前不增加学校负担的条件下，同意园艺系与清华建筑系合作办理造园组。"1951 年 10 月 9 日，中央人民政府教育部回函批准北京农业大学园艺系成立造园组以及该系与清华大学营建系的合作计划，并抄送函件至北京市人民政府建设局和清华大学。

1951 年 9 月秋季学期开学前，教育部的批文尚未正式下发，为不耽误课程，由汪菊渊带领助教陈有民及自园艺系三年级中选出的 10 名学生在清华大学营建学系培养。在清华大学营建学系吴良镛、助教朱自煊及其他建筑、工程、美术课程教师的共同努力下，清华大学派教师单独为学生开设了绘画、制图（设计初步）、城市规划、测量、造园学、中国建筑等课程。造园组于 1953 年出色地培养出第一批毕业生（毕业 8 人）。1952 年 9 月，又从北京农业大学园艺系选出第二批 10 名学员作为造园组的学生在清华大学学习。1953 年 8 月，造园组转到北京农业大学自办，清华大学仍派教师上课支援。

造园组所设课程体系明显比北京农业大学园艺系观赏园艺方向开设的 4 门课程更加系统，并且符合学科的实践需要。造园组第一班开设了素描（李宗津讲授）、水彩（华宜玉讲授）、制图（即设计初步，莫宗江、朱自煊讲授）、城市计划（即城市规划，吴良镛、胡允敬讲授）、测量学（土木工程系一位姓褚的教员讲授）、营造学（先后由刘致平、陈文澜讲授）、中国建筑（刘致平讲授）、植物分类（中国科学院崔友文讲授）、森林学（中国林业科学院赫景盛讲授）、公园设计（集体拟定题目并根据学习过程中出现的问题作专题讲授，吴良镛为主）、园林工程（清华土木工程系某教授）等课程。李嘉乐、徐德权等开设过一些专题讲座。1952 年暑期实习，学生被安排到江南的 5 个城市实习，1953 年暑假部分学生被安排到承德避暑山庄实习。据陈有民口述，当时他和汪菊渊经常到清华大学和北京大学听课，根据学科实践需要，增设、调整和补充课程。

二、造园专业

在 1950 年开始的大学教学改革中，培养专门人才已经成为改革的基本指导思想。该年 8 月，高等教育部指出："高等学校主要任务是在于培养新中国建设人才，故各高等学校为配合业务部门需要干部之计划，将校中原有系组向专门化方面发展，是符合建设需要的。"1952 年 7 月，高等教育部召开了全国农学院院长会议。会上，各代表讨论了农业院校的任务、办学方针、全国农学院的院系调整与专业设置计划以及课程改革问题。会后，高等教育部向政务院文化教育委员会提出了《关于全国农学院院长会议的报告》（以下称 "报告"）。《报告》中谈道："……根据各业务部门的具体需要并参照苏联的经验，在会议上着重讨论了专业的设置问题。……通过了全国农学院院系调整及专业设置计划的方案。"1952 年担任高等教育部顾问的苏联专家福民介绍了苏联大学的做法："各学校设置专业的基本原则是：①根据学校所在地区的生产需要，……②在考虑一个学校设立哪些专业时，一定要照顾到所设的专业都是性质相近的。……"于是，面向首都城市建设需要，北京农业大学园艺系的造园组被正式批准为全国唯一开设的造园专业；而其他农业院校的园艺系只被允许设置果树蔬菜专业。1952 年上半年，北京农业大学通过教育部得到了列宁格勒林学院（现圣彼得堡国立林业技术大学）城市及居民区绿化系的教学计划和教学大纲。

造园专业得到了广泛的认可。陈植曾说："造园学在我国大学林学、园艺及建筑等系中，列为正式课程已有三十余年之历史，1952 年，教育部在北京农业大学中成立造园专业（1956 年始调整至北京林学院），而各大市人民委员会中，亦先后相继成立园林局、处，以负造园设计、施工、管理之责，抑亦我国造园科学事业前途中，足资欣慰者也。"陈植还谈道："1952

年暑假，有人拟照各种学会成例发起一个'风景建设学会'征求造园学界的同志签名发起，大家因为'风景建设'只是造园中的一部分，不能代表造园学的全貌，主张应为'造园学会'，反对擅自更改，因之流产。这足以说明造园学这个名称已为国内造园学界同志所一致拥护。"但是，此已成为成立专业团体的首次尝试。

1953 年夏天，国家又进行了一次较大规模的院系调整和专业设置改革。清华大学调整为综合性重点工业大学。造园组（造园专业）于是转至北京农业大学。因师资所限，造园专业在 1953 年没有招生。清华大学停办"造园组"后，营建系的课程中仍保留了部分风景园林方面的内容，其中包括"城市绿化"的单独课程，以及在"中国古代建筑史"和"外国建筑史"等课程中保留的中外古典园林的知识，相关教师也参与了俄文著作《绿化建设》的翻译和出版（1956 年 5 月出版），以及"北京玉渊潭公园设计""杭州城隍山文化休息公园设计"等风景园林规划设计工作（1954—1956 年）。

三、城市及居民区绿化专业

1956 年 1 月，周恩来总理在《关于知识分子问题的报告》中指出："国务院现在已经委托国家计划委员会负责，会同各有关部门在 3 月内制定从 1956 年到 1967 年科学发展的远景计划。……使 12 年后，我国这些门类的科学和技术水平可以接近苏联和其他世界大国。"按照周恩来总理的指示，高等教育部制定了《高等教育十二年规划》。同年 3 月 22 日，高教部发文，决定将北京农业大学造园专业调整至北京林学院（现北京林业大学）。同年 8 月，正式将造园专业定名为"城市及居民区绿化专业"并转属于北京林学院。

1952 年 10 月，当北京林学院初成立时，高等教育部也曾希望学习苏联专业设置模式，考虑把这一专业改名并调整到林学院去。但当时北京林学院刚刚成立，教学力量尤其是基础课程方面的力量还感到不足，因此就没有这样做。造园组的建设无疑促使了教育和学科的成长，造园专业从北京农业大学园艺系调整到北京林学院，是自 1939 年造园学课程被确立为园艺系必修课程以来的最重大的转变。

从"造园"改名为"城市及居民区绿化"，也就正式开始了本学科半个世纪以来的"正名"之争。陈植对专业名称的改变感到非常惊讶，认为这个名称十分含糊。汪菊渊则在回复陈植的质疑时说："'城市及居民区绿化'千真万确地不能就是'造园学'。它既未'混淆视听'，更未'缩小范围'，它的范围比园林艺术或造园学更广大。城市绿化的'绿化'两字是广义的，也包括特殊'造林意义的绿化'，但不等于就是造林绿化。我们对于'绿化'意义的了解，不能仅仅限于字面上，认为就是指栽植绿色的植物而已。……绿化这词可以有广义和窄义的解说，绿化不等于造林。《人民日报》'绿化祖国'的社论中写道：'要尽可能地在河渠、道路、农田、房屋旁边多多栽树，以便美化环境，增加收益。'难道说这是在路旁、宅旁造林吗？社论里的'既要绿化乡村，也要绿化城市'，难道说是在城市中造林吗？1956—1967 年全国农业发展纲要里提出'在十二年内绿化一切可能绿化的荒地荒山'，我们对于这句话的认识是它并不仅指造林；荒山，尤其是荒地的绿化，可以是造林也可以是造园，要看地点条件而定。例如北京西山、十三陵绿化造风景林，将来就是森林公园区；近郊区有的荒地、废地，也将绿化成为公园。"可见，汪菊渊对专业的理解，已经孕育了将专业拓展到大地景物规划的思想。

城市及居民区绿化专业在北京林学院的成立，带来了正负两方面的影响。一方面建筑类学科的教学力量被削弱，另一方面又提供了从全国集中优秀人才的机遇。1956—1957年，很多教员被教育部调来参加专业建设。1957年11月，林业部批复同意北京林学院建立了城市及居民区绿化系，这是本学科在全国最早建立的系（现北京林业大学园林学院），学科系统化教育形成。

1958年5月，中共八大二次会议之后，全国掀起"大跃进"的高潮。很多高校追随"大跃进"形势，贸然增设新专业，办学规模突然膨胀，但是在1961年1月中共八届九中全会提出的对国民经济实行"调整、巩固、充实、提高"的方针之后，又很快下马。南京林学院（现南京林业大学）在1958年6月即在林学系设置城市及居民区绿化专业，1959年春季并入林学专业，成为城市及居民区绿化专门化，1960年9月恢复专业，1962年5月又被撤销，最后一届在三年级转入林学专业。该专业主要由南京林学院1958年林学毕业的刘玉莲和北京林学院城市及居民区绿化专业1959年毕业的王志诚、杨培玉、徐竟芷以及1960年毕业的刘旭云、张亚昭等组建。1976年以后，刘玉莲还多方奔走，使该校于1981年恢复成立了园林绿化专业。沈阳农学院（现沈阳农业大学）1959年在林学系设置城市及居民区绿化专业，在连续两年招生之后，1962年被撤销。湖南林学院（长沙，现中南林业科技大学）在1960年间开设园林化专业，由北京林学院城市及居民区绿化专业1959年毕业的沙钱荪组建，只招了一届学生，1962年暑假被撤销，转入林学专业。河南农学院（现河南农业大学）1960年在林学系开设城市及居民区绿化专业，由北京林学院城市及居民区绿化专业1959年毕业的李瑞华组建，但只办了一届，1961年11月被撤销。上海农学院（现上海交通大学农业与生物学院）在1960年开办了一届园林绿化专业，1961年被撤销，学生转入其他专业，将4年制改为3年制，1963年暑假作专科毕业。限于办学条件，这些院校基本上由刚毕业的年轻教员任教，学生学习的专业课程也不多。

四、园林规划专门化

1958年秋季，在"大跃进"的浪潮下，同济大学在城市建设系的1956级城乡规划与建设专业（5年学制）中分设了园林规划专门化。当时的名称比较混乱，初为"绿化专业"，在1960年才逐渐确定为"园林规划专门化"。该专业的两个班共60人，分出园林规划专门化15人，其中即有丁文魁和陈久昆。专门化是时任城市建设系副主任的李德华领导，潘百顺和臧庆生具体负责；是"在战斗中学习"的，本校教员基本没有讲授过专业课。然而，学生们通过到各地实地规划设计以及一些专家讲座，也获得了比较扎实的专业知识。据陈久昆回忆，他们先后参与了上海西郊公园动物笼舍设计、杭州西湖平湖秋月设计、杭州动物园规划以及桂林阳朔风景区游览线规划等项目；得到了各地专家的指导，比如上海园林管理处副处长程绪珂和设计科的吴振千、顾正、虞颂华、柳绿华、陈丽芳等，以及杭州市园林管理局局长余森文和花港观鱼公园的现场施工监管者胡绪渭等。

同济大学的园林规划专门化对我国风景园林学科的发展具有承上启下的意义。首先，为什么该校会成立这个专门化呢？"大跃进"的热潮固然是最重要的原因，但其自身的历史渊源也不容忽视，它的主要教员对园林学科并不陌生。1946年3月，上海市政府成立都市计划小组，黄作燊、钟耀华、理查德·鲍立克（Richard Paulick）、白兰德（A. J. Brandt）、陆谦受、金经昌、程世抚、陈占祥等 8 人制定了都市计划图（一稿）；1951 年，程世抚、冯纪忠和钟耀华完成了《绿地研究报告》。1952 年 9 月，院系调整，同济大学建筑系成立，黄作燊、金经昌、冯纪忠等为主要教员。1956 年，该系教员陈从周的《苏州园林》问世。1979 年，同济大学建筑系的园林绿化专业成立，是为当时仅有的 3 个开设风景园林学科专业的学校之一。1986 年城市规划系成立，风景园林专业即从建筑系并入，可见，它与城市规划的密切性。其次，其间的教学成果促成后来城市绿地系统规划的发展和建筑院系风景园林学科专业的开设。园林规划专门化的重要特征就是在实践中提高，通过两年来的项目实践，在老师的指导下，学生们在 1960 年开始编写，并于 1961 年油印出《动物园规划》和《风景区休疗养规划》两本教材。1961 年 11 月，南京工学院建筑系规划教研组（沈国尧）、同济大学城市建筑系城乡规划教研组（潘百顺）和武汉城市建设学院城乡建设工程系园林规划设计教研组（王溢伦）3 个学校在 1961 年 11 月编写了《城市园林绿化》大纲，1962 年 1 月改名为《绿化建设》并油印出来。这 3 本油印的教材为同济大学、重庆建筑工程学院（现重庆大学建筑城规学院）和武汉城市建设学院（现华中科技大学建筑与城市规划学院）合编的《城市园林绿地规划》积累了重要的素材和经验，而后者一直被作为建筑院系城市绿地系统方面的非常重要的教材来使用。南京工学院建筑系（现东南大学建筑学院）和重庆建筑工程学院也分别在 1986 年、1987 年开始设置风景园林专业，这两本教材无疑起到了一定的触媒作用。这些学校对我国建筑院系的风景园林学科教育体系产生了重要的影响。

五、园林专业

1963 年 9 月，国务院批准国家计委、教育部《关于修订〈高等学校通用专业目录〉和〈高等学校绝密、机密专业目录〉的报告》。这次修订规定了统一的专业名称，对原有的专业名称进行了必要的订正，体现专业的主要业务内容，注意简明通俗，以及原有名称长期沿用的影响。大多数专业保留原有名称，只对少数确实不妥的专业名称做了订正，城市及居民区绿化专业即其一。1964 年 1 月，根据林业部的批示，北京林学院的城市及居民区绿化专业改名为园林专业，城市及居民区绿化系改名为园林系。但是，"城市园林绿化专业"在 1960 年已经招生，它是建筑工程部在武汉城市建设学院设立的，曾由在北京林学院城市及居民区绿化专业任教的余树勋主持，其他主要教员也是该专业的毕业生，如阎林甫、冯桂丛、郑建春和于志熙等。尽管只招了一届 20 多名学生，在 4 年的教学实践中，余树勋还是尝试把园艺学和建筑学相融合，学生获得了全面的培养。这是继北京农业大学造园组和浙江大学森林造园教研组之后的又一次成功的尝试。可惜，它遭受了和上述那些被撤销的城市及居民区绿化专业同样的命运，在 1961 年停止了招生。

园林本是我国自古就有的名词，此前童寯的《江南园林志》和陈从周的《苏州园林》两本著作产生过普遍的影响。但园林专业名称的确立，是与 1958 年 12 月中国共产党第八届中央委员会第六次全体会议提出的"大地园林化"有着密切关系的。在该次会议上通过的《关于人民公社若干问题的决议》中提道："应当争取在若干年内，根据地方条件，把现有种农作物的耕地面积逐步缩减到例如三分之一左右，而以其余的一部分土地实行轮休，种牧草、肥田草，另一部分土地植树造林，挖湖蓄水，在平地、山上和水面都可以大种其万紫千红的观赏植物，实行大地园林化"。"园林化"的结果首先是导致"园林植物"概念的产生。北京林学院的观赏树木学课程在 1960 年下半年就改名为"园林树木学"，花卉园艺学也在 1960 年前后简称为花卉学，不久，它们合称为"园林植物"。随后，园林植物教研组也成立了，它和园林设计教研组形成园林专业的两个重要领域。

1972 年，政治运动告一段落，高等学校恢复招生。两年后，北京林学院（当时被下放到云南，名称叫做云南林学院）恢复园林系建制并开始招收工农兵学员，1977 年 7 月全国恢复统一高考招生制度，园林专业重新招生。1978 年恢复为北京林学院并迁回北京。同年，分别在园林规划设计和园林植物两个专业招收硕士研究生。1980 年，北京林学院园林系园林专业新招学生分为按园林植物专门化和园林规划设计专门化两个方向培养。同年 8 月，学校曾上报林业部将园林专业分为园林植物专业和园林规划与设计专业，并制订了分专业招生的教学计划。由于没有得到批准，园林专业暂按两个专门化培养。但学校内部，却是以"专业"相称了，刚刚恢复的园林学科迫不及待地分化了。实际上，在城市及居民区绿化系成立之后，在专业发展方向、办学方针上就出现了不同的理解。

第二节　学术研究

中华人民共和国成立之后，风景园林学术研究呈现出"百花齐放"的局面，包括中国古代园林研究、园林设计研究、城市绿化研究等，略述如下。

一、中国古代园林研究

对于中国古代园林的研究大致包括园林历史研究、造园艺术及风格研究 2 个方面。

1. 园林历史研究

在 20 世纪 50 年代初，汪菊渊即已写出《中国古代园林史》油印讲义，是新中国成立后最早完成的有关中国古代园林史的综合性、总体性考察。基于此，汪菊渊还进一步探讨了中国园林的最初形式；类似地，王公权等人也进行了追本溯源的相关研究。

另有关于园林古籍及人物的研究，特别是对《园冶》这一重要造园理论著作其书、作者其人的研究。由于时代的局限，其中不免存在一些偏颇之词，但仍然是弥足珍贵的研究开拓。此外，1979 年出版的《建筑史论文集》第 2 辑（内部发行）刊登了《张南垣生卒年考》，这类论著使古代园林历史研究在某些具体问题上，趋于深化和细化。

此外，陈从周于 1959 年发表《谈谈古建筑的绿化》一文，南京工学院潘谷西于 1964 年撰文对我国古代城市街道绿化和城市风景点的发展作了概括的阐述与考证，是对中国古代园林史研究的有益补充。

2. 造园艺术及地域风格研究

这类研究在地域分布上，涉及北方皇家园林、江南私家园林、岭南园林 3 个方面。标志性的事件是，1962 年 10 月 26 日，教育部直属高等学校"建筑学和建筑历史"学术报告会在南京举行。华南工学院夏昌世作了《岭南庭园》，南京工学院潘谷西作了《苏州园林的布局问题》，同济大学陈从周作了《扬州园林》，天津大学彭一刚作了《庭园建筑艺术的分析》的学术报告。这些报告集中呈现了该时期各地尤其是一些高校对于中国传统造园艺术及地域风格的研究进展。

在北方皇家园林方面，清华大学较早开展了相关测绘与分析。1953 年，建筑系二年级学生在暑假测绘了颐和园的 8 组建筑物，其作业结集为《颐和园测绘图集》。随后，周维权写成《略谈避暑山庄和圆明园的建筑艺术》（1957）、《避暑山庄的园林艺术》（1960）等研究论文。1962 年 5 月初以来，清华大学土木建筑系以教研组为单位，分别举行了十几次学术报告会，总结了 3 年来的科学研究成果。其中，莫宗江作了"颐和园规划分析"的报告。此外，胡绍学等人还对北海静心斋的园林艺术进行了剖析。

天津大学建筑工程系大约在同期开始相关测绘和研究。1954 年，卢绳（1918—1977年）开始主持以承德避暑山庄及外围寺庙、北京紫禁城内廷宫苑、沈阳故宫及关外三陵、明十三陵、清东西陵等为代表的大规模中国古建筑测绘与研究。在其主持天津大学中国古建筑测绘期间，梳理历史文献，潜心清代皇家园林研究，是国内较早关注此领域研究的学者，仅于 1956—1957 年短短一年多的时间内，即连续发表了《承德避暑山庄》《承德外八庙建筑》（一）、（二）、（三）和《北京故宫乾隆花园》等 5 篇重要学术论文，堪称中国古典园林研究具有开拓意义的学术成果。基于此，《承德古建筑》一书于 1982 年 7 月出版，是国内第一部关于承德避暑山庄和外八庙建筑完整论述和记载的专著，获得全国优秀科技图书奖一等奖，并由日本朝日新闻出版社译成日文在日本出版发行。

在江南私家园林方面，南京工学院、同济大学、北京农业大学、清华大学都有所涉猎。在南京工学院，1953 年由刘敦桢领衔主持南京工学院和华东建筑设计公司合办中国建筑研究室，提出了关于苏州古典园林的研究专题，以探讨江南园林艺术的特点，阐明其历史价值与文物价值，提出综合性报告，供研究我国古典园林艺术及历史文化等方面参考。随后，刘敦桢组织所属的中国建筑研究室和南京工学院（现东南大学）建筑系历史教研组的全体人员，对已掌握的现有资料进行排比和筛选，最后确定了以苏州为中心、以私家园林为重点的研究方针，以及缜密的分阶段实施计划。此项工作从 1954 年夏季正式开展。1956 年，刘敦桢在南京工学院第一次科学报告会上做《苏州的园林》学术报告。此后，他组织研究团队进一步深入调查和测绘，开始《苏州古典园林》的写作，于 1957 年初形成第一稿、1960 年完成第二稿，1963—1965 年深入修改补充，完成第三稿。1968 年刘敦桢去世后，1973 年起由潘谷西等整理，1979 年最终出版。《苏州古典园林》获得了学术界普遍的高度赞誉。

潘谷西通过主持《苏州古典园林》未完稿的整理与出版工作，介入园林研究。基于此，他在 1963 年分析了苏州园林的观赏点和观赏路线。其《江南理景艺术》则是历时 30 余年以崭新而开阔的视野，纵论江南风景园林的一部力作，于 2001 年出版，是中国园林研究中的一项重大成果，并获得第六届国家图书奖提名奖。

同济大学陈从周在 1950 初受刘敦桢推荐，被聘为苏州市文物管理委员会的顾问，开始进行苏州古典园林以及其他江南园林的专题研究。1956 年，他编著出版了《苏州园林》，丰富的图片配以精选的紧扣画面内容的宋词名句，两者相得益彰，完美地诠释了中国园林风景的深层意蕴。该书被路秉杰在《苏州旧住宅·前言》中评价为"第一本用现代建筑、园林的眼光认识苏州园林的专著"。

此外，北京农业大学的汪菊渊也对苏州明清宅园风格进行了较为深入的分析。同一时期，清华大学土木建筑系建筑历史教研组于 1964 年出版《建筑史论文集》第 1 辑，是国内首次编辑出版专门发表建筑史研究论文的学术丛书。该创刊号刊登论文 10 篇，其中园林类论文 4 篇，有关苏州古典园林的研究包括:《试论形成苏州园林艺术风格与布局手法的几个问题》（齐铉）、《苏州留园的建筑空间》（郭黛姮、张锦秋）。

　　除了上述有关苏州私家园林的研究，还有江南各地其他园林的研究，如上海、常熟、扬州等。陈从周在 1950 年以顾问身份参与了上海豫园的修复，并完成了多篇有关豫园的研究论文，如《上海的豫园与内园》和《明代上海的三个叠山家和他们的作品》，并延续他研究苏州园林的方法，编辑出版了《豫园图集》，将豫园修复的状况、图纸等，一并以学术出版物的形式，刊印出版。后继也有另一些学者研究了豫园的造园特点和特色。此外，陈从周还发表了《常熟园林》《绍兴大禹陵及兰亭调查记》《扬州片石山房——石涛叠山作品》《浙江古建筑调查记略》《嘉定秋霞圃和海宁安澜园》《扬州园林与住宅》《恭王府小记》等论文。其中，扬州园林也为另一些学者所关注。总的来说，"以情悟景""以情看物""诗情画意"的境界说成为陈从周评点古园、品赏风景的主要理论，影响极大，并由园林艺术的范畴扩展到其他艺术和美学领域。

　　在岭南园林研究方面，以华南工学院（现华南理工大学）为中心。1954 年上半年，夏昌世主持对粤中庭园进行了一次普查工作。夏昌世对于岭南传统庭园的研究还影响了莫伯治。从莫伯治和同事冯树勋合写的《粤中庭园散记》（1957）、《粤中几个名园》（后更名为《粤中四名园》）（1958）来看，他们对番禺余荫山房、佛山十二石斋、顺德清晖园和东莞可园进行了初步勘查。夏、莫两人随后在 1963 年还共同完成了《粤中庭园水石景及其构筑艺术》一文，发表于《园艺学报》1964 年第 2 期，后收录于《莫伯治集》（1994）、《莫伯治文集》（2003，2012）。

　　1961 年秋，华南工学院建筑学系和广州市城市建设规划委员会合作，夏昌世和莫伯治开始对粤中珠江三角洲地区和粤东韩江三角洲的庭园进行了系统的普查和整理。基于此，1962 年 6 月和 10 月，夏昌世先后在广东省建筑学会年会、教育部直属高等学校"建筑学和建筑历史"学术报告会上提交了题为《岭南庭园》的研究报告。在此基础上，同年完成《岭南庭园》一文。该文在调查广东地区三四十个庭园的基础上，综合分析了广东庭园的特点、平面类型、建筑布局、庭园植物品种与成长特征等问题。11 月 17 日，夏昌世在广东园林学会成立大会的学术报告会上，做了《岭南庭园的地方特点》的报告。该报告由夏昌世和莫伯治共同署名发表在同日出版的《广东园林学术资料（一）》中。随后，夏、莫两人又共同完成《漫谈岭南庭园》一文，发表于《建筑学报》1963 年第 3 期，该文提到"岭南庭园"和"岭南建筑"，认为"岭南庭园在地区上的划分主要是广东、闽南和广西南部；这些地区不但地理环境相近，人民生活习惯也有很多共同之处。"此后，"岭南园林"的称谓逐渐形成，加之"岭南建筑"这一术语的使用，成为岭南现代建筑学派的先声。这些成果最终在 1963 年上半年汇成《岭南庭园》书稿，近 10 万字，并附几百幅插图，记载了约 40 个庭园的情况。但由于反"封资修"运动风起，出版工作至 1980 年代初期才正式启动。莫伯治于 2003 年逝世之前，几易其稿。后由曾昭奋继续此项工作，书稿至 2008 年才正式出版。夏、莫两人对于岭南庭园的具体研究，还包括 1962 年完成的《潮州庭园散记（上）》，1963 年 11 月 28 日发表于《广东园林学术资料（三）》，后以《潮州庭园散记》为题收录于《莫伯治文集》（2012）。

此外，华南工学院的夏昌世于 1963 年上半年完成《岭南庭园》书稿之后，也对整个中国古典园林，尤其是江南园林和北方园林进行勘查和思考，并着手撰写《园林述要》一书。从遗稿来看，夏昌世在当年至少已经准备了照片 178 帧，部分照片来源于建筑工程部建筑科学研究院理论历史研究室园林组。不幸的是，"文革"期间使书稿不知所踪。1973 年 8 月，夏昌世先后移居瑞士和德国；而后在 1982 年开始重新撰写《园林述要》，至 1995 年曾昭奋又为该书做最后的编辑，包括文字订正、插图挑选和增补等，同年 10 月《园林述要》正式出版，莫伯治作序。

除上述对北方皇家园林、江南私家园林、岭南园林的研究，另有通过古典名著《红楼梦》的文本分析，对我国园林艺术特征的研讨，即 1964 年《建筑史论文集》第 1 辑上发表的《"红楼梦"大观园的园林艺术》（戴志昂）。陈新一等人则对古典园林艺术理论研究提出了一些看法。还有关于古典园林艺术海外传播的研究，即 1979 年在《建筑史论文集》第 3 辑（内部发行）上发表的《中国造园艺术在欧洲的影响》。这些研究显示了我国造园艺术研究的多维度，以及蕴藏的丰富性。

1970 年代末，陈从周的《说园》《续说园》等系列论文则是对我国园林营造及其艺术的综论性研讨，是难能可贵的理论阐发及总结。

二、园林设计研究

在"古为今用"的指导思想下，学界和业内相关人士力求上述对于古代园林的研究能够指导设计实践。程世抚在新中国成立后最早关注传统园林营造的艺术手法，以期适于当代应用，他在 1950 年即提出了"对苏州园林艺术手法运用的初步意见"；李嘉乐也在 1960 年提出了自己的一些见解。华南工学院的夏昌世和莫伯治除了岭南园林研究之外，也对园林设计有不少研讨。1961—1963 年，他们合作研究了传统造景的历史、理论和技法，如《中国古代造园及组景》和《中国园林布局与空间组织》。他们所引用的中国园林典籍和枚举的造园实例众多，还讨论了庭园—园林—风景区的关系。天津大学的彭一刚在园林艺术与园林设计方面也有成果，如 1963 年发表的《庭园建筑艺术处理手法分析》一文。

北京林学院在园林艺术及园林设计方面的研究，源于传统、高于传统，注重在规划设计实践中的运用。1958 年，孙筱祥编著了约 18 万字的《园林艺术》油印讲义；在 1962 年主编（郦芷若、梁永基参编）了约 47 万字的《园林规划设计》（上下两册）油印讲义；随后又对中国传统园林的艺术创作方法、山水画论中有关园林布局的理论进行了探讨；1981 年，他综合以上研究，编著了《园林艺术及园林设计》油印讲义。在园林艺术方面，孙筱祥深入探讨了园林艺术的特征、园林艺术布局的基本原则、园林静态空间布局与动态序列布局、园林色彩布局。在园林设计方面，包括公园设计、植物园设计、动物园设计以及风景名胜区的资源评价与资源保护规划，其理论紧紧抓住园林的空间、时间以及色、光、声等要素的布局而展开，包括静态与动态、视觉、听觉、嗅觉和体感，不是单纯停留在视觉的画面上。可以说，孙筱祥的《园林艺术及园林设计》涉及园林设计众多关键性理论和方法等问题，是对中国古典园林创作理论的继承、创新与发展，影响了几十年的中国现代园林教育。

西安建筑工程学院（现西安建筑科技大学）建筑系教师进行了园林方面的实践及研究活

动。1956年建筑系彭埜与西北建筑设计院洪青合作，完成了西安市兴庆公园的设计工作，并主持了大雁塔风景区的规划设计工作。佟裕哲着手陕西地方景园建筑风格的考察和历史文献资料的收集整理，测绘尚存的景园建筑遗址。1957年考察北京桂春园，1959年延安现场调查，1964年考察留坝县张良庙。随后，佟裕哲发表了相关研究成果。

1960年以后，还有一些学者通过研究造园要素，探讨园林艺术及设计的一些具体问题，包括亭、廊、桥、雕塑、小品、假山等，名目繁多，体现了新中国成立后风景园林学术研究逐步扩大的广度。

三、城市绿化研究

对于城市绿化的研究，一方面受到苏联的影响，反映出定性、定量、定额的研究思路，对城市绿地功能、分类、标准，以及绿地系统的规划设计原则等，做出了多方位的研究。有的学者还就城市绿化的某些具体功能问题展开研讨，如城市绿化的减噪作用。

另一方面，一些学者基于我国城市的具体社会特点、自然特点，开展城市绿化的实地调研，从中发现问题、提出问题、解决问题。比如提出了城市园林树种的规划设计方法与配置原则，并对城市中不同地点、不同用途的绿化做出相应树种选择建议，杭州市园林管理局和清华大学建筑系、济南市园林局、北京林学院园林系合作完成了"杭州园林植物配置"课题研究并出版；再如考察不同纬度城市的日照特征，分析树木形态与树荫之间的关系，从树木本身的树冠疏密度、叶面大小、叶片不透明度等层面，比较不同树种的遮阴效果，进而提出了可资参考的道路绿化方案。

第三节　工程实践

1950—1970年这20年的风景园林实践，受到国家政治、社会、经济因素的深刻影响。新中国成立后"百废待兴"，为发展经济、开展社会主义大生产，属于"消费"性质的风景园林建设往往并不是国民经济发展和解决民生问题的亟须范畴，例如在城市建设中，相较于进行工业生产的厂房、解决住宅短缺的住房等，风景园林的角色并不显要。这期间，也出台了一系列与风景园林行业发展相关的方针政策，如"绿化祖国""大地园林化"，但是官方政策的要求往往和风景园林专业、行业的内涵与标准存在距离或偏差，对于专业和行业发展的引导、指导效果需要审慎评估，有时甚至极为有限。风景园林行业在国家政策框架之下，也出台了一系列政策，如"普遍绿化，重点提高""园林结合生产"等，微妙地平衡着国家行政指令与行业实践价值之间的关系。

20年间，风景园林行业的名称实则应为"园林绿化"行业，其相应的实践范畴和类型可以大致分为城市绿化、城市公园、城市绿地系统规划、风景疗养区规划4个方面。

一、城市绿化

学习苏联而引入的"城市及居民区绿化"的新专业名称，似乎特别突出了"居民区绿化"的重要性。1956年11月召开的全国城市建设工作会议明确了这一点，并相应提出了"普遍绿化"的概念："不要把精力只放在公园的修建上，而忽视了城市的普遍绿化，特别是街坊绿化工作。"苏联"教科书"也指出居住街坊通常占城市总面积的 37%—63%，且街坊绿化一般占城市绿地面积的 15%—21%，因而突出了街坊绿化的重要性。随后，国内出版的第一部关于居住区绿化的专著《街坊绿化》（1959 年），也引用了上述指标。

在此背景下，我国的居住区规划曾一度采用苏联的大街坊制度，例如，1953 年北京市委规划小组在改建与扩建北京市规划草案中将它作为一种设计标准，即住宅区由若干周边式的街坊组成，住宅沿四周道路边线布置，布局从构图形式出发，强调轴线和对称，具有强烈的"形式主义"倾向。相应地，其绿化在形式上成为规整划一的建筑形式的延伸，根据苏联专家的建议，绿化模仿法国古典样式，例如长春第一汽车厂生活区街坊绿化。但是几何图形的布局造成实际使用上的不便乃至破坏，致使当时居住区绿化的实际成效不高。类似的例子，还有北京的百万庄小区和酒仙桥职工住宅区等。

1950 年代末以后，由于苏联大街坊形式在住宅通风、采光、日照等功能上的缺陷，以及为节约用地而发展的"双周边"式规划使住区犹如"迷魂阵"一般缺乏识别性和亲切感，按照苏联模式建造的居住区几乎销声匿迹了。对于作为城市"普遍绿化"的居住区绿化而言，"苏联经验"除了在一定程度上增加了对居住区绿化重要性的认识，并无多少成功的实例。

相对成功的居住区及其绿化建设是尊重本土气候条件、顺应地形特征的一些规划设计实例。1951 年 9 月始建的上海曹杨新村——我国第一座工人住宅新村——是其中的代表。至1958 年，经过三个阶段的建设，住宅排布顺应现状河道走向及地形条件，朝向以东南、南及西南为主，新村绿化以房前屋后的庭院及其零星植树为"点"，以道路绿化，以及利用不适于建筑的河浜辟建的绿带为"线"、以曹杨公园及苗圃为"面"，形成具有一定系统性的绿化格局。但初期新栽的树苗并没有多少实质上的绿化效果，而是通过与花木相关的道路命名，畅想满园绿化，如棠浦路、梅岭路、枫桥路等。

1958 年的"大跃进"浪潮在相当程度上促进了居住区绿化的发展，也有更多详细的制度规章与安排，改善了绿化的管理与维护，但是具体实施的方式仍然以群众义务绿化为主，正如前述全国城市建设工作会议中提到的"动员群众，植树栽花，进行绿化"，使"普遍绿化"的实际效果往往差强人意。

以居住区绿化为代表的"普遍绿化"在 20 世纪 60 年代和 70 年代发展缓慢，至 70 年代末期大多仅仅表现在规划设计图纸上，实际建设并未能得到保证。除上述政策原因、经济条件所限，以及发动群众的实践模式外，我国人口的增长使人均住房面积持续下降，使人均住房面积而非户外环境质量成为衡量居住质量的重要标准；且在"先生产，后生活"的意识形态约束下，休闲享受不被认可，具有环境美化功能的居住区绿化不被重视，尤其是在文化大革命期间横遭践踏。这些都使居住区绿化成效有限，质量欠佳。

总体而言，无论是学习苏联，还是本土自主规划、建设，1950—1970 年，以居住区绿化为代表的城市"普遍绿化"效果较为有限。此外，无论是 1956 年的全国城市建设工作会议提出的政策导向，还是"大跃进"期间房管部门的诸多措施，都反映出居住区绿化实际上长期并未有效地纳入园林绿化行业的实践范畴。另一些城市绿化内容，如街道绿化受到经济条件和认识水平的局限，主要是在路旁栽植速生乔木，品种较少，但取得了一些较好的遮阴效果；还有单位庭院绿化，国家建设的重点企业、院校都有相应配套的绿化建设，但一般中、小企业的绿化没有得到应有的重视。而实际上，公园一直是行业实践的核心和重点。

二、城市公园

新中国成立初期，由于人才培养、技术力量、设计机构等的孕育过程，在城市公园的建设中，并没有多少专业规划设计力量的参与和投入。"一五"期间在全面学习苏联的背景下，风景园林行业逐步形成，并有意识地将公园规划设计作为重要的执业内容。20 世纪 50 年代末，由于与苏联政治意识形态相左，中国转而寻求自己的社会主义发展道路，此时提出的"大地园林化"号召，催生了诸多具有民族特色的城市公园，在建设数量上也达到空前的高度。随着 20 世纪 70 年代初国际、国内政治格局的变化，城市公园建设缓慢复苏，其蓬勃发展则在 20 世纪 70 年代末施行"改革开放"政策之后。

1. "文化休息公园"的影响与本土自主探索

"文化休息公园"设计理论是在莫斯科高尔基公园的设计实践中总结而来的。基于高尔基公园的实践经验，苏联共产党中央委员会在 1931 年 11 月 3 日的决议中定义："文化休息公园，乃是把广泛的政治教育工作和劳动人民的文化休息结合起来的新型的群众机构。"高尔基公园的分区设置被总结为文化休息公园的功能分区设计方法，一般定义包括 5 个分区：文化教育机构和歌舞影剧院区、体育活动和节目表演区、儿童活动区、静息区、杂物用地。每个分区有相对固定的用地配额，对道路、广场、建筑、绿化的占地比例也有详细规定。

文化休息公园设计理论为中国城市公园的设计与建设提供了方便、快捷、理性的分析、操作方法，在 1949 年后"百废待兴"的社会、经济条件下，得到了广泛的运用。初期按照这种分区设置模式设计的公园有合肥逍遥津公园、广州越秀公园、北京陶然亭公园、广东新会县会城镇文化休息公园等。功能分区根据场地条件的不同，因地制宜进行划分和设置，以求避免各区在使用上的互相干扰，但其具体名称可能与苏联"教科书"有所不同，分区的设计思想和手段更为重要。

然而，盲目遵循文化休息公园设计理论，进行机械化的分区，甚至削弱场地特征，通常造成单调、乏味的后果；对人活动的硬性规范也忽视了社会生活的多样性和灵活性；照搬"苏联经验"也有损于中国园林特有的文化情趣与内涵。

在全面学习苏联的浪潮中，确实也出现了有意识进行本土自主探索、继承中国造园传统、重视自然风景的公园设计典型：杭州花港观鱼公园。花港观鱼公园于 1953 年设计，1955 年基本建成，是考虑杭州的风景特色和地方文化，特意没有按照苏联理论而设计的作品。公园设计尊重原有的地形地貌，自然形成各具风景特色的分区：北部原有平坦的坟地辟为大草坪，成为青少年活动的场所，与视野开阔的西里湖相连；南面荒芜的荷塘辟为金鱼园，四周以土丘和常绿密闭林带围合，形成自成一体的观鱼场所，与空间相对封闭的小南湖相映成趣；西端部分零星的水稻田，挖深沟通成为一条自然曲折的河港，连接小南湖和西里湖，两岸栽植花木，呼应了"花港"的历史渊源；东北面的花港观鱼古迹、东南面的蒋庄、西北面的杂木密林基本保存原状。此外，公园以植物材料为主造园，全园树木覆盖面积达 80%，并根据游憩功能、风景品质需要组织旷奥空间，再现了"开合收放，层层叠叠"的传统园林空间构图，成为当时最好的公园之一。1957 年先后在苏联和英国首届国际公园管理大会上展出。这种主要运用植物材料进行园林规划设计、发展民族传统的方法，在改革开放后、1986 年召开的全国城市公园工作会议上得到肯定和提倡。

2. "大地园林化"的实践

"大地园林化"的号召，最初在 1958 年 12 月 10 日中国共产党第八届中央委员会第六次全体会议上通过的《关于人民公社若干问题的决议》中提出，以改善国土面貌。这一号召得到了园林行业的积极响应，由于该口号中的"园林"一词是我国传统造园的核心词汇之一，因而继承与发展造园传统成为此时公园设计与建设的显著特征。

其一是山水经营。"挖湖堆山"的群众运动最初作为"爱国卫生运动"的一个内容，在"大地园林化"的感召之下，仍然是公园建设的重要手段。例如，1958 年广州为疏导街道水患，于城西北隅建成流花湖，后辟为流花湖公园。工程就近取土，就低挖湖，就高填方，填挖平衡，运用中国传统造园手法，或夹水为堤、或岛上筑洲，山水空间迂回曲折，营造了如芝英、如云朵、如如意的美妙湖光景色。类似的例子还有北京紫竹院公园（1958 年扩建）、上海杨浦公园（1958 年兴建）、南京莫愁湖公园（1958 年修复）、西安兴庆公园（1958 年兴建）、广州荔湾湖公园（1958 年兴建）等。

其二是景区划分。我国无论北方皇家园林还是江南私家园林，一贯都有"辟景区、点景题"的做法。新园林发展了传统园林借景寄情、依景构园，景以园兴、园以景胜的传统，公园一般都开始设置景区，如上述各公园，多采取景区与功能分区相结合的处理手法，尤其是 20 世纪 50 年代末建设的桂林七星公园结合当地山水风景和历史文化特点，是我国第一座完全由景区构成的现代公园。

其三是意境蕴含。与传统园林运用楹联、匾额、碑刻、景题等文字方式表达、深化意境内涵相仿，新园林也运用了取乎文字以表情达意的手法。但不同于传统诗文富于暗示、"言有尽而意无穷"的内向特质，这一时期城市公园的命名或景题大都意义明晰，面向普通民众、展现革命情怀。例如北京青年湖公园（1958 年兴建）、红领巾公园（1958 年兴建）的园名体现了挖湖清淤、植树绿化等造园过程中青少年身体力行、勇当先锋的纪念、教育意义；又如上海长风公园（1958 年开放）的园名取自《宋书·宗悫传》"愿乘长风破万里浪"句——假传统诗文之形传新革命情怀之神，表达了特定时期的文化取向与趣味。

除上述传统"再现"之外，1958 年 2 月建筑工程部召开的第一次全国城市园林绿化会议中首次提出的"园林绿化结合生产"口号，甚至被称作"大地园林化"的中心内容，意欲"变公园的消费性为生产性"。在绿地中种植果树、利用水面养鱼等，还提出在园林绿化工作中贯彻"农业八字宪法"，大搞生产。这些"生产"内容带有特定历史时期的烙印，侵害了城市公园绿地休憩、游乐、观赏的基本功能，其政治性、片面性混淆了园林绿化建设的主次，是为其历史教训。在随后的"文化大革命"中，该政策被继续推行，甚至成为彰显纯正政治意识形态的一项绝对而必需的实践内容。

3. "园林革命"的实践

"文化大革命"期间，高等院校遣散，专业机构瘫痪，先后组建的首都园林批修联络站、首都园林革命编辑部在 1967 年、1968 年先后出版《园林革命》共 7 期，"特刊" 1 期，引导园林领域的革命高潮，其实践却与园林行业并无多少关联，无法以专业的评判标准来衡量。

首先，是在"破旧立新"的口号下，掀起了砸盆花、铲草坪、拔开花灌木的风潮，园林绿化惨遭浩劫。10 年间，园林绿地被破坏或侵占已司空见惯。据不完全统计，至 1975 年年底，全国城市园林绿地总面积只有 1959 年的一半，比经济最困难的 1962 年还下降了 28%。显然，游赏、休闲空间的损失与破坏在当时并不值得可惜，因为艰苦奋斗、承受困苦是树立正确思想、确立革命意识的需要。

其次，是继续实行"园林绿化结合生产"，这是在"大跃进"发动之时提出的行业政策，在"文化大革命"期间被提升为"社会主义园林"建设的准则和绝对要求。许多地方为了"结合生产"而导致环境质量、美学价值的彻底丧失，例如福州西湖公园沦为"五七农场"，汕头中山公园变成养猪场，上海陆家嘴公园于 1972 年沦为市公交公司汽车五场等，不一而足。"结合生产"政策的极端化，消解、否定了园林绿地以绿色植物为主造景的基础，偏离了现代园林绿化建设的主旨。1986 年 10 月，城乡建设环境保护部城市建设局召开全国城市公园工作会议，正式否定了"园林绿化结合生产"作为园林绿化工作的指导方针。

最后，是以命名宣示"红色园林"，更新公园或景点的名称：北京香山公园改名"红山公园"；上海复兴公园改为"红卫公园"；石家庄解放公园更名"东方红公园"；福州西湖公园改称"红湖公园"——"红色"表达了"文化大革命"极左政治所要求的纯粹的意识形态。显而易见，取乎文字进行园林创作、表达园林意境原本是传统园林表现"诗情画意"的主要途径。这种传统在"文化大革命"中成为一种手段用以表达新的革命理想，也从一个侧面反映了在普遍的破坏之中，仍然具有内在生命力的些许专业和行业价值。

4. 七十年代公园建设的复归

国际交往活动的开展产生了改善城市形象的需要，一定程度上，"旧文化"不再成为禁忌，园林绿化业务工作又逐步开展起来，提出了"公园要办，园林事业要发展"的政策，对公园建筑和设施，尤其是古建筑，逐步进行维修，对一些公园也进行了改建，例如上海天山公园（原法华公园）1973 年改建，融合了苏联文化休息公园的功能分区方法与中国传统造园借景寄情、依景构园而设置景区的处理。日坛公园于 1978 年在其东南部辟新园"曲池胜春"接待中外游客，园林基于原有坛庙的空间格局，布局结合自然式与规则式，以障景、对景、框景等传统造园手法，运用现代工程技术和现代建筑材料，创造了民族形式与现代风格融合的新园林，成为园林新时代来临的标志。

三、城市绿地系统规划

20 世纪 50 年代初，经由苏联专家访问、指导，以及出版《绿化建设》《城市绿地规划》《苏联城市绿化》等译著，引入了苏联城市绿地系统规划的理论与方法，引入了城市绿地类型的概念，使中国园林的视野进一步从花园、公园的范畴扩大到对城乡尺度的绿地体系的认识。我国于 1963 年 3 月出台的《建筑工程部关于城市园林绿化工作的若干规定》划分了各种城市绿地类型，主要参考了《绿化建设》的分类（表 3-1）：

表 3-1　苏联《绿化建设》与我国《建筑工程部关于城市园林绿化工作的若干规定》对城市园林绿地的分类

	苏联的分类	我国的分类
公共绿地	文化休息公园、体育公园、植物公园和植物园、动物公园和动物园、散步和休息公园、儿童公园、花园、小游园、林荫大道、街道上的绿地、行政和公共机关（地方苏维埃、车站、博物馆、图书馆等）的绿地、森林公园、禁猎禁伐区、街坊内的绿地	各种公园、动物园、植物园、街道绿地和广场绿地等
专用绿地	学校、技术学校及高等学校的绿地，幼儿园和托儿所的绿地，俱乐部、文化宫及少年之家的绿地，科学研究机关的绿地，医院和其他医疗防疫机关的绿地，工厂企业的绿地，农场居住区的绿地，疗养院、休养所及少先队夏令营的公园和花园	住宅区、机关、学校、部队驻地、厂矿企业、医疗单位及其他事业单位等绿地
特殊用途绿地	工厂企业的防护地带，防止不良自然影响的林带，防水林带，防火绿地，保护土地和改良土壤的栽植，沿公路和铁路两边的绿地，墓地上的栽植，苗圃和花场	各种防护林带，公墓
生产用绿地	—	苗圃、花圃
风景区绿地	—	风景区

与苏联的绿地类型设置相比，我国的分类结合本土的政治、社会与文化背景，增加了"生产用绿地"和"风景区绿地"两类。"生产用绿地"的设置反映了新中国成立后建设社会主义经济基础、进行社会主义大生产的普遍需要，可视为园林绿化行业对政治、经济条件与需要的一种反映；"风景区绿地"体现了我国园林绿化建设重视自然风景的文化传统，也反映了我国丰富而独特的风景名胜资源。

"苏联经验"在具体的规划设计实践中加深了我国业界对绿地系统改善城市小气候、净化空气、防尘、防烟、防风、防灾等功能的认识，引入了绿地系统规划的系列原则，如《绿化建设》介绍了莫斯科改建中所做的绿地系统规划，并体现在 1955 年由中央批复的包头城市绿地系统规划方案之中：规划布局从城市卫生防护、防尘、防烟、防风，改变小气候，美化城市，建立休憩绿地着手，配合工业区和居住布局，规划了卫生防护林带；另有道路绿化、公共绿地、专用绿地和生产绿地等；参照苏联的绿地指标，采用了较高的绿地定额，占居住用地的 25%，城市绿地面积则占到城区总面积的 40% 以上；绿地均匀分布组成较为完整的绿地系统；规划了城区大、中、小公园绿地和宽 120 米的林带楔入城区，形成城区内的林带绿环。

但是，由于新中国成立初期我国城市绿化基础普遍较为薄弱，号召并强调普遍植树。在城市绿地系统规划的实践中，更多的是保留一些原有绿地，把不适于用作房屋建设的废弃地、低湿地等开辟为绿地。另外，由于"建筑先行，绿化跟上"的城市建设政策，绿地系统规划多半是在规划基本格局已经确定的情况下，见缝插针，补补贴贴而已。尽管如此，苏联的城市绿地系统规划经验为我国初期的城市建设提供了有益的启发和参照。

四、风景疗养区规划

这个时期，国家对一些重点地区的风景区或工人疗养区进行了一些规划和建设。1964 年，桂林被列为第二批对外开放城市，广西桂林市委、市政府提出要把桂林建设成为"中国式的风景游览城市"。中南工程管理局、广西壮族自治区建工局和桂林市城建局等部门技术人员组成规划设计工作组，下设技术领导小组和总体规划、建筑规划、风景绿化规划、阳朔规划 5 个小组，于3—6月重新编制《桂林市总体规划说明书》《桂林市近期规划设计（1965—1970）说明书及投资估算》，同时编制完成了《城市规划基础资料》《桂林市风景绿化规划》《桂林市政工程规划》，编绘了《桂林市工程管线综合规划图》《全市河湖系统规划图》《桂林市公共建筑分布图》《桂林市风景点绿化规划图》《阳朔规划图》等图纸167张，说明书8份。在政策与规范的指引下，桂林市总共划分为包括漓江景区、芦笛景区、尧山景区等在内的十六景区与十多个桂林市的外环景点，并且规划、治理、改造桂林水系；开发桂林西城区，用于政治、经济、文化、交通等功能，将其退出桂林旧城的风景用地，保护原城区；规划市区公园风景区。这一系列政策和举措，均保护了桂林市风景资源与桂林风景区的完整性，也更好地推进了桂林市的风景区建设。夏昌世参与了桂林市总体规划、漓江（桂林—阳朔）风景详细规划、兴安秦堤景区规划等。漓江景区规划，景点设置注重从景观资源、人文历史以及观赏休憩、基础设施等方面考虑，游览方式规划不同的风景区体验，最大程度展现漓江景观特色以及满足游客需求。

青岛市在解放之后，青岛市人民政府积极研讨以确定青岛市的发展方向。由于我国实行计划经济体制，把城市规划看作是国民经济计划的具体化和延伸，青岛市城市规划建设也步入了全国统一计划之中。1950年，青岛建设局编制《青岛市都市计划纲要（初稿）》，作为青岛市在这一时期规划建设的指导，并确定青岛市城市性质为："轻工业、吞吐口、海军基地和风景疗养区"。1957年青岛市制定的《青岛市城市初步规划》，确定青岛城市的性质为"一个具有国防、工业、对外贸易和疗养的多功能城市"。1960年青岛市编制了第一个《青岛市城市总体规划》，确定青岛市城市性质是"国防、工业、港口和休疗养的综合城市"。青岛市崂山风景区作为青岛市重点建设的风景区之一，涵盖了壮丽的山海以及海滩景观、历史悠久的名胜古迹等特色，着实是一处自然景观与人文景观融汇之地，充分展示崂山风景区的景观特色，响应青岛市的风景区规划。

秦皇岛北戴河风景区汇聚人文资源和自然资源于一体，是我国第一批国家重点风景名胜区之一。1948年北戴河解放，北戴河被建成劳动人民的疗养院和休养所。1953年，北戴河被确定为中央暑期办公地。北戴河风景区于1979年被列入对外开放的旅游区，开始规划建设北戴河风景区，在原有景点的基础上，还开发了新的景点，充分发掘其景观资源，发挥北戴河风景区的景观特色。1979年，全国旅游会议在北戴河召开，这成为北戴河风景区的发展契机，对北戴河风景区规划发展提出了建设性的意见，推动北戴河风景区的规划发展。

解放初期，由于社会动荡，西湖风景区水域无人治理、植被萧条、古迹已失去了当时的姿色，显现出一片狼狈落寞之景象。在新中国成立之初，杭州作为对外开放城市以及风景旅游城市，西湖风景区的治理工作也渐渐步入正轨。1950年，杭州市人民政府开展绿化西湖治山造林运动。1951年，治理西湖被作为杭州市的城市建设项目，杭州市人民政府成立了疏浚西湖工程处。直至1959年，西湖植树总数累计达到2570万株，水域治理工程竣工，西湖风景区又迎来了崭新的面貌。1971年，我国重新登上了联合国的舞台，国内形势得到好转，西湖风景区迎来了又一次的恢复工程，包括水域的再次治理、古迹的重新整饬、景点的再次修整开放等。西湖风景区的二次规划建设，使得如今西湖风景区展现在世人面前的是一片郁郁葱葱、鸟语花香、碧水清波的活力景象，成为国内外家喻户晓的风景名胜。

1979年，邓小平同志在时任安徽省委第一书记万里同志的陪同下游览黄山，对如何开发建设黄山做出了重要批示。同年,清华大学建筑学院教师带领最后一班工农兵学员开始编制黄山风景区总体规划。规划工作于1983年完成。这是国内最早的几个风景区规划之一,形成了完整的规划图纸,有效指导了后来黄山风景区的建设和发展,其制定的规划原则,至今仍有借鉴意义。

这一时期,我国风景疗养区规划还处于复苏阶段,从公共卫生与劳动保护出发,发展了如青岛海滨、北戴河、西湖等风景区,发展了类型众多的疗养设施。同时,为对外接待的需要,发展了游览接待服务设施,建设开放城市和风景区,迎来了新时代风景疗养区规划设计的探索。

第四节 组织与期刊

一、学术组织

随着风景园林事业的发展,风景园林实践和科研、教育工作者越发需要由专业团体组织在一起,广东、北京、武汉等地方率先成立了园林学会。其后,全国的园林绿化学术组织也开始组建。这些学术组织通过举行学术会议、开办学术期刊等,在推动学术交流方面发挥重要作用。

1962年11月,经过几个月的筹备,广东园林学会在广州正式成立,"作用在于团结广大园林工作者与园林有关各方面的人员,发挥他们的创造性和积极性,提高园林科学技术水平,把园林建设事业向前推进"。第一任理事长由时任广州市人民委员会副市长的林西兼任,副理事长是何竺、林坚、夏昌世、罗浤鉴,秘书长是金泽光。林西认为,园林学会和许多"行业"都有关系,它包括园林建筑、园艺、美术等各方面,是综合性的学会。为此,广东园林学会成立了9个专业组:①园林建筑规划组;②园艺组;③建筑装饰组;④盆景组;⑤书画金石组;⑥鸟、虫、鱼组;⑦园林摄影组;⑧绿化工程组;⑨园林经营管理组。"文革"期间学会被迫停止活动,1978年年底学会恢复活动。在恢复大会上,通过了《广东园林学会章程》,明确规定广东园林学会为跨行业的学术性组织,是广东省城市园林科技艺术工作者和园林爱好者的群众性组织,学会任务包括积极开展园林学术活动,举办学术报告会总结交流经验、出版会刊、配合专业部门开展园林科研活动等。

在1963年决定筹备北京市园林绿化学会之后,1964年7月29日至31日,北京市园林绿化学会在北海公园举行成立大会暨第一届年会。到会者包括会员和来宾共150余人。会议上,原中国园艺学会理事长、北京市园林局臧文林副局长报告了筹备经过,中央建筑工程部城市建设局丁秀局长讲话。丁秀介绍了新中国成立15年来全国园林绿化的成就和当前的形势,并对今后的园林绿化工作着重提出5点希望。北京农林局局长汪菊渊教授就园林绿化科研规划的安排问题作了报告,第一天上午还进行了理事选举。1964年11月7—14日,在北京市园林局主办菊花展览的配合下,北京市园林绿化学会在北海公园召开了菊花学术讨论会。"文革"期间,北京市园林绿化学会被迫停止活动。1980年,该学会恢复活动,以"北京市园林学会"的名称举办了年会。1981年,北京市园林学会创办了内部出版的不定期的会刊。

武汉市园林学会于 1964 年 12 月 12—14 日召开了第一届年会暨会员代表大会，出席代表、特邀代表和来宾共 70 余人。武汉市城市建设委员会焦景尧主任作了关于"园林工作者如何革命化"的报告。本届年会共收到了论文和技术经验总结 44 篇，在大会上宣读的论文有《武汉园林树种的历史见证及其选择问题的探讨》《武汉地区工厂区绿化问题》等 7 篇，在小组会上宣读和讨论的论文有《传统园中之园初探》等 10 篇。会议期间，总结了第一届理事会的工作，讨论了 1965 年的工作计划，修改了学会章程，选出了新的理事会。武汉市园林学会后来更名为"武汉风景园林学会"，会刊是内部刊物《武汉风景园林》。

1966 年在原国家建筑工程部城市建设局丁秀局长的主持领导下筹备成立"城市园林绿化学术委员会"，设在中国建筑学会，后因"文化大革命"而中断。1978 年 12 月，在山东济南召开全国城市园林绿化工作会议期间召开了"中国建筑学会园林绿化学术委员会"成立大会，中国建筑学会秘书长马克勤到会并报告了园林绿化学术委员会的筹备过程和学会的组织及任务，宣布了园林绿化学术委员会委员名单（共 69 名），由丁秀任主任委员，林西、于林、程世抚、汪菊渊、夏雨、余森文、陈俊愉任副主任委员，由学术委员杨雪芝兼任学术委员会秘书。中国建筑学会园林绿化学术委员会于 1983 年 11 月 15 日改称为中国建筑学会园林学会（对外称中国园林学会），为二级学会。1989 年 11 月 17 日，中国风景园林学会在杭州正式成立，成为一级学会。

二、学术期刊

中华人民共和国成立后 30 年，刊载学术研究论文、介绍行业实践经验最为主要的传播媒介是《建筑学报》和《园艺学报》。学术组织成立后，都将开办学术刊物作为重要工作。广东园林学会自 1962 年成立之后，不定期出版《广东园林学术资料》，共 4 期，还编辑了 1 集特刊［《广州公园——建国以来广州公园规划设计及建设经验（讨论稿）》］。1979 年 2 月，由郑祖良任主编广东园林学会主办的《广东园林》杂志正式创刊（内部发行）。1981 年 12 月，由王缺主编的《广东园林》杂志改为定期出版（季刊），全国发行。

第五节　国际交流

1950—1970 年的 20 年，由于政治环境的因素，国际交流对于风景园林学科与行业的影响主要来源于苏联。1952 年上半年北京农业大学通过教育部得到列宁格勒（现彼得格勒）林学院城市及居民区绿化系的教学计划和教学大纲，随即在全面学习苏联的政策驱动下，我国的"造园专业"于 1956 年 8 月被更名为"城市及居民区绿化专业"，是中国风景园林学科发展历程中的重大事件之一。1956 年 5 月，朱钧珍、刘承娴等合译勒·勃·卢恩茨的俄文著作《绿化建设》由中国工业出版社出版。这是一本内容翔实、理论系统的园林专著，对当时我国的园林建设影响巨大。专业名称的变更可视为"学习苏联"浪潮推动下对本土园林传统进行革新的一种尝试，同时带来"造园"与"绿化"所指向的学科专业内涵、行业实践范畴的论争及分歧，实则反映了新时期条件下，学科平衡现代发展与传统传承的困境。

同样地，这决定了当时的行业名称——"园林绿化"，虽然"绿化"是其时最为主要的任务，但是基于"绿化"进行"造园"才是行业实践的真正目标与核心。具体而言，苏联的绿地系统概念和绿地系统规划的系列原则，为我国现代风景园林事业进一步打开了面向"大地风景"的视野；其文化休息公园理论给中国的现代公园设计提供了一个极具操作性的理性框架，却暴露出现代"工具理性"对实现人文关怀、传统承继的局限性；其居住区绿化模式并不适于中国，囿于经济条件等限制，居住区绿化在中华人民共和国成立后 30 年间成效甚微。

虽然中华人民共和国成立后 30 年间，由于意识形态等因素，与国外的交往及交流主要是50 年代学习、引进苏联风景园林学科及行业经验，但我国风景园林也有少许对外传播，即上述花港观鱼公园在落成之后，在 1957 年参加了中国建筑科学院在莫斯科举办的展览，其中的翠雨厅照片还刊登在《星火》杂志的封面上；同年，花港观鱼公园还参加了在英国利物浦举办的国际公园与康乐设施成立大会的展览。这大概是中华人民共和国成立后 30 年我国风景园林对外交流的最为突出的事件，以展示中华人民共和国成立后在风景园林建设中所取得的成就。在全面学习苏联的时局下，对外交流的载体并不是"文化休息公园"等新建设，而是立足于本土风景园林传承的新创造，这说明风景园林千年传统之弥足珍贵，而且是国际交流中彰显文化身份的必然选择。

小结 发展特征与学科影响

中华人民共和国成立后的 30 年，是风景园林学科和专业教育的形成与早期发展阶段，其随政局跌宕起伏，既有宏图初创的理想，又有萧飒停滞的遗憾。从学科的角度看，教育体系化和学术组织的成立，成为此阶段最重要的成果。

在教育方面，1950 年初期自主整合教学资源，即 1951 年由北京农业大学园艺系成立造园组，标志着我国系统的风景园林高等教育的开始，也是我国风景园林学科独立建制的开端，具有里程碑意义；1952 年，造园专业正式进入国家高校专业目录，得到了广泛的认可。尽管中国风景园林学科的办学坎坷、专业名称屡变，但是各校的尝试和探索为改革开放后全国风景园林学科教育的蓬勃发展奠定了基础。

在研究方面，这一时期，风景园林学术研究呈现出"百花齐放"的局面，在园林历史研究、造园艺术研究、园林设计研究等领域均有丰富的论著产出，尤其是江南古典园林研究、清代皇家园林测绘及研究、岭南园林研究等。

在实践方面，中华人民共和国成立后 30 年的行业实践受到国家政治、社会、经济因素的深刻影响，因之引入了苏联的诸多理论与理念，也有基于本土文化和社会条件作出的自主探索，在城市绿化、城市公园、城市绿地系统规划等方面取得了一些切实的成绩，也积累了可贵的经验，在风景区规划方面也有宝贵的尝试。

在组织与期刊方面，在这个特别的历史时期，风景园林的学术组织也相继成立。1962 年，广东园林学会率先成立；1964 年，北京园林绿化学会和武汉市园林学会召开了第一届年会；1978 年，中国建筑学会园林绿化学术委员会成立。相应地，在学术期刊方面，广东园林学会自 1962 年成立之后，不定期出版《广东园林学术资料》；1979 年，广东园林学会主办的《广东园林》杂志正式创刊。这些学术组织凝聚了专业技术人员，学术期刊传播了专业知识，对于学科的发展具有重要的直接影响。

在国际交流方面，由于政治环境等因素，国际交流对于风景园林学科与行业的影响主要源于苏联。苏联的绿地系统概念和绿地系统规划的系列原则，为我国现代风景园林事业进一步打开了面向"大地风景"的视野，而"苏联经验"在指导各种园林绿地规划设计及其建设的过程中，利弊参半。此间，我国风景园林文化输出的主要代表是植根传统而锐意出新的花港观鱼公园。这些都成为风景园林学科与行业在改革开放后进一步发展的历史基础和可贵经验。

总体而言，尽管该时期我国风景园林学科还处在形成和曲折发展之中，但是其探索依然在各方面影响着后来学科的发展。早期"造园组"培养的毕业生，数量虽少但发挥了重要作用，清华大学在当时的营建系保留了风景园林的师资和研究方向，培养的本科生和研究生毕业后也在我国风景园林领域做出了重要贡献。由于各种原因，风景园林专业教育基本上只有北京林学院（现北京林业大学）延续下来，其培养的毕业生后来在我国风景园林事业的发展中起到了非常重要的作用。广东和北京两地较早重视学术团体乃至学术期刊的出版，其专家群体在 1980 年之后在国家和地区的风景园林事业的发展中贡献很大。另一方面，该时期从苏联学习到城市绿化和城市绿地系统规划的理念和方法，其影响持续至今。而在 1950—1960 年对于中国传统园林艺术的调查和研究，亦是 1980 年中国风景园林学科快速发展的基础。

撰稿人：林广思　赵纪军　罗雨晨　付彦荣

第四章　中国风景园林学学科的蓬勃发展
（1980 — 2010 ）

中华人民共和国成立后，在 1951 年成立了造园组，面对国家百废待兴的局面，各地也开展了一些园林工程实践。其后，在向苏联学习的政治、社会、经济环境大背景下，风景园林学科的人才培养、行业实践等发展也受到深刻影响，虽经历"文化大革命"出现近十年的停滞，但主要的成果如园林史方面的学术理论研究，教育人才培养体系等还是得到了相对完整的传承，在城市绿化、城市公园等工程实践和城市绿地系统规划方面也取得了一些切实的成绩，为学科改革开放阶段的恢复发展，积累了丰富的经验。

1980 — 2010 年，正值我国改革开放的头 30 年，我国经济、政治、文化、社会、学术等各领域均得到恢复并迅速发展，对外交流程度不断深入。园林绿地在服务人民大众休闲生活、改善城市居住环境方面发挥着日益重要的作用。伴随着国家改革开放、经济发展和城市化水平不断提升，扩大了风景园林的社会需求，风景园林教育呈现体系化、层次化特征，自然文化遗产资源日益受到重视并得到有效保护，城市园林绿地规划设计和建设水平日益提升。这些因素促进了风景园林学科的蓬勃发展。中西方文化的交流日益密切，也在很大程度上促进了风景园林学科的国际视野与发展定位。

20 世纪 80 年代初期，园林教育在高等院校中陆续恢复。随着风景园林行业法规、政策和技术标准相继出台，行业管理体系日趋完善。在风景园林本科专业教育方面，为了回应社会需求，武汉城市建设学院于 1984 年设立风景园林系，开设 4 年制风景园林专业。风景园林本科专业曾于 1999 年裁撤，并在 2006 年恢复。在研究生教育方面，1990 年，国务院学位委员会和国家教育委员会联合下发了《授予博士、硕士学位和培养研究生的学科、专业目录》，撤销了林学一级学科下的园林规划与设计二级学科硕士点，在建筑学一级学科下设立了风景园林规划与设计二级学科（可授工学、农学学位）。在 2005 年国务院学位委员会通过《风景园林硕士专业学位设置方案》，设置风景园林硕士专业学位，主要为风景园林事业相关行业培养应用性、复合型专门人才，更好地适应我国风景园林事业发展的需要。

20 世纪 80 年代，城市建设工作快速发展，国家各项政策相继出台，园林建设事业迎来恢复发展的春天。风景园林实践范围涵盖了对古典园林进行修复和重建、对城市公园进行新建改建，以及风景名胜区的保护、规划、设计和管理等。此外住房制度改革和土地使用制度改革的启动与推进，相关居住区绿地和城市道路绿化设计也日渐增多，极大地拓展了行业从业范畴与数量。中国风景名胜区和世界遗产事业也在此阶段正式开展。1982 年，我国公布第一批 44 处国家重点风景名胜区，1985 年《风景名胜区管理暂行条例》与 1987 年以泰山为代表的 6 处文化与自然遗产被列入《世界遗产名录》，标志着我国开始更为重视对名山大川的自然与文化资源的严格保护，开始了中国世界遗产发展的新篇章。同时，涌现出更多的业内学者将目光转向理论研究，园林史、园林艺术、中国古代风景园林文献的搜集和注疏研究都掀起一波浪潮。1988 年，《中国大百科全书——建筑·园林·城市规划卷》首次为园林学进行了准确的定义，确立了学科的独立地位。各地园林设计院成为国内园林设计的重要力量，北京、天津、沈阳、上海、南京、苏州、杭州、广州等城市园林管理机构以及中国城市规划设计研究院相继组建园林设计院所，成为最早的一批甲级园林设计单位。

20 世纪 90 年代，中国经济进入了高速发展时期，中国国内生产总值十年增幅 430%，城镇化率十年增幅 9.81%。风景园林行业随着大规模的新区建设和旧城改造、城市环境综合治理等，以及行业管理体制的完善、建设部开展的国家园林城市创建活动等而稳步推进。1994 年，国务院发布《关于深化城镇住房制度改革的决定》开始对城镇住房全面市场化改革，成立社会化经营的房地产企业，开启了住宅开发商业化时代，为园林绿化发展提供了大量需求。

这一时期新建、改建的园林不仅沿袭了中国传统园林的造园手法与风格，呈现出传统园林的风貌，还广泛采用了现代设计理论和手法，大量运用新技术、新工艺和新材料，体现了科学和艺术的统一。

随着国际交流的不断深入，我国的园林项目和产品走向海外，被世界所认识。据统计，传播海外的中国园林已达 60 余座，如美国纽约"明轩"、加拿大温哥华"逸园"等。自 1990 年以后，院校学生开始广泛地参与以 IFLA 为代表的国际竞赛并屡屡获得优秀成绩。在进入 21 世纪前后的一段时间内，中国加入世贸组织，国内外规划设计理论和思潮相互影响，出现了中外融合，兼容并蓄，多元发展的态势。

总之，改革开放 30 年，随着国家大政方针、各项政策、法规规范相继出台，指明学科的前进方向，行业体系向系统化与规范化发展。伴随着经济的快速提升、园林城市的建设，各地城市绿地系统规划逐渐完善，一批优秀的园林建设项目涌现出来。城市建设的需求与教育体制的改革激发了各院校对风景园林人才的培养、学术研究深入开展的热情。对外交流活动有力推动了中西方文化的融合。经过全行业共同努力，风景园林的行业地位和社会认知度得到显著提升，学科呈现蓬勃发展的势头。同时，学科间的交叉也日益增加。1993 年，吴良镛提出人居环境学的概念，将建筑学、城市规划和风景园林学视作人居环境学科的三个支柱学科。

随着学科蓬勃发展，我国城市人居生态环境得到显著改善，人们休闲活动质量明显提升，城市风貌显著优化，自然资源得到较好的保护。

第一节　教育与课程

20 世纪 80 年代后的 30 年里，由于风景园林前景日趋广阔、建设任务日益丰富，人才的需求越来越多，如何培养充足的后备人才也成为一大时代课题。专业人才的教育及对应的课程设置，引起了业内人士和教育管理部门、学者广泛而深刻地重视，并得到了质的飞跃，主要表现在教育模式多样化、培养层次多样化和课程体系完备化三个方面。

一、教育模式多样化

在经过了 20 世纪 50—70 年代学科曲折的演变和摸索后，在改革开放 30 年内多样化成为教育模式的最大特点。经济的腾飞促使学科发展进入高潮，思想的开放鼓舞教育事业勇于开拓，学科的内容趋于完善，发展方向及内容趋于多样，各院校的风景园林教育特色模式崭露头角，形成良好的发展局面，也为 2011 年确定为一级学科奠定了发展的基础。

1. 学科的发展及内容的多样性

中华人民共和国成立后到 20 世纪 70 年代末，我国现代风景园林教育经历了形成与曲折发展的时期，随着改革开放、高等教育的改革，以及城镇化过程中经济社会发展带来的社会需求增加，风景园林学术研究专著相继出版，有些书稿是在 20 世纪 50—60 年代就已经写好，得以在这个时期印刷出版。例如 1981 年出版的陈植的《园冶注释》和 1984 年出版的陈从周的《说园》。这些著作对园林历史、园林设计等内容进行了系统的总结，很好地指导了众多古代园林的修缮与设计。另一方面，学科实践内容也逐渐丰富起来，不再局限于传统庭园、城市绿化、公园，开始涉及风景名胜区、森林公园、湿地公园等。

随着实践领域的拓宽，传统意义上的"园林"已不足以涵盖新的内容，于是风景园林一词开始出现并引起学者的广泛认可，成为反映学科内涵变化与发展的新的代名词。1984 年教育主管部门正式批准设立"风景园林"专业。

20 世纪 80 年代后期，风景园林学科建设随经济建设发展也进入高潮时期，更多不同背景的院校开设风景园林学科相关课程。1989 年中国风景园林学会在杭州正式成立，积极开展国内外风景园林学术交流活动，指导学科建设，推动教育发展，推广先进技术，通过《中国园林》学刊传播先进理论和科技成果。

1992 年北京林业大学率先成立园林学院，风景园林学科开始拥有自己独立的学院。2005年，国务院学位委员会颁布了《风景园林硕士专业学位设置方案》，风景园林学科从此进入了新的发展阶段。

风景园林学科的研究内容分为"传统园林学、城市绿化和大地景物规划"3 部分，其中传统园林主要包括园林历史、园林艺术、园林植物、园林工程、园林建筑等分支学科；城市绿化是研究绿化在城市建设中的作用，确定城市绿地定额指标，规划设计城市园林绿地系统（包括公园、街道绿化等）；大地景物规划是应对当今全球性的环境景观问题而提出来的课题。园林学是研究如何运用自然因素（特别是生态因素）、社会因素来创建优美的、生态平衡的人类生活境域的学科。这非常全面而精确地界定了学科教育内容本身的综合性和复杂性。

2. 形成学科的特色化教育模式

基于风景园林学科更为丰富的内涵，各个不同学科背景的院校也结合自身的特点，逐渐发展出不同的风景园林教育模式。在教学中较多地考虑综合性创新性人才培养，重点是设计能力、工程技术的培养，强调理论结合实践和各学科综合的教学内容。有些院校在保障基本美术绘画知识的基础上，开设了建筑及城市规划专业基础课。还有些院校开设了较丰富的生态相关课程，以及地域性植物认知和设计的相关课程。这种特色课程的开设，使风景园林学"科学和艺术"相结合的学科特征更加突出。

　　虽然处于不同的风景园林教育模式下，但各类院校都以风景园林基础课程为背景，在结合自身特点的基础上，充分利用院校独特的教学资源，力求综合规划设计、人文社会以及技术实践等多元课程，培养有宽度、有厚度、有特色的人才。随着社会对人才综合能力的要求，不同学科背景的院校在保持各自优点、特色的基础上，进行相互借鉴，使课程体系更加完善，学生的知识结构更加合理。

二、培养层次多样化

　　20世纪80年代至2000年前后，伴随着风景园林实践的迅速发展，我国风景园林教育也在快速发展并不断创新。从模仿国外、单一模式走向结合国内需求和结合自身特点的自主创新，培养层次逐步多样化。伴随着教育部对专业的认定和细化，各院校纷纷成立学院，学科、专业、硕博士学位点，呈现百花齐放的繁荣局面。

　　1. 设立风景园林专业

　　1984年7月31日，教育部、国家计委发出"印发《高等学校工科本科专业目录》的通知"，要求首先在高等工业学校中试行，其他类型高等学校参照试行。在该目录中，"风景园林"专业首次出现在通用专业目录部分的土建类专业中。因为建设部的建议，在1986年年初的教委会上委员们拟定："'园林专业'放在'林科资源环境类'，而在工科专业系目设有'风景园林专业'，在农科设'观赏园林专业'。以上方案中，不同专业各有侧重。'园林'侧重园林生态，'风景园林'侧重规划设计、园林建筑，'观赏园林'侧重花木生产。"

　　由于专业目录调整自1984—1992年，各学校先后成立了风景园林院系，开设风景园林专业。1984年，武汉城市建设学院在风景园林系开设了风景园林专业，这是我国首个以"风景园林"命名的本科专业。1985年，同济大学将1979年设立的园林绿化专业改名为风景园林专业。1987年，北京林业大学在开设园林专业基础上，新设风景园林专业并于1988年，把原有的园林系分别设立园林系和风景园林系，后于1992年两系合并成立了我国首个园林学院。这些院系的建设，壮大了教育实力，也确定了学科新的发展方向。

　　2. 设立风景园林学术型硕士和博士学位

　　1983年第一次研究生学科目录制订时，本学科分别以园林规划设计和园林植物为二级学科，归属于农学门类林学一级学科。1990年学科目录修订时，风景园林规划与设计作为二级学科归属工学门类建筑学一级学科，园林植物二级学科归属于农学门类林学一级学科中。1997年修订中，"城市规划与设计（含风景园林规划与设计）"二级学科归属工学门类建筑学一级学科，"园林植物与观赏园艺"归属农学门类林学一级学科。其中，1986年北京林业大学被批准设立园林植物二级学科博士点，1993年北京林业大学被批准设立风景园林规划与设计二级学科博士点，均是本学科在全国最早设立的博士点。

　　3. 设立风景园林硕士专业学位

　　2005年1月12日，国务院学位委员会第二十一次会议审议通过了《风景园林硕士专业学位设置方案》，决定设置风景园林硕士专业学位，主要为风景园林事业培养应用型、复合型专门人才，更好地适应我国风景园林事业发展的需要。2005年3月，国家正式设置风景园林专业硕士学位，首批25所高校于同年9月开始招生。

三、课程体系完备化

自 20 世纪 20 年代我国风景园林学科教育出现以来，其成长和发展就立于园艺、建筑、规划、艺术等多类学科的基础之上，学科背景多元，各学校本学科的课程也非常多样。经过多年的积累与改革，除一般开设的公共课和平台课之外，园林设计类、园林植物类、建筑工程类以及园林历史类等传统主干课程在各个院校的课程安排中贯彻。而随着时代的发展，课程内容也进行了调整和丰富，以风景园林规划设计为核心，由历史和理论、技术、相关自然科学、相关人文科学等不同板块构成我国现代风景园林专业的核心课程，包括园林绿地规划、风景园林设计、风景园林史、园林工程、园林建筑设计、建筑构造、园林植物学、3S（或其中之一）、生态学（或景观生态学）、测量学、园林艺术、水彩素描是现代我国风景园林专业的核心课程。

1. 1980—1990 年：院校较少，沿袭摸索

这一时期由于是复苏时期，开办院校有限，各院校的课程体系很大程度上沿袭了 1950 年或 1960 年的办学方针，对于新时期的教学机制尚处于摸索阶段，各高校办学各有所重，区别明显。

较早开设本专业的一些院校中有关苏联的城市绿化古典主义教育的渊源仍很明显，并不断发挥在植物和生态方面的优势，自然基础学科课程较为丰富。这些院校除了园林设计、园林绿地系统规划之外，还开设了诸如园林植物、观赏园艺、观赏植物学、园林树木学、栽培学、园林植物造景应用等植物学特色专业课程。

还有很多院校中的风景园林教学以建筑和城市规划学科的优势作基础。在课程分配上，城市规划以及建筑设计等课程占据一定的比例，但是植物类课程比例较少，大多院校重视对学生空间感、城市规划、建筑技术、遗产保护等方面的培养。

综上所述，这一时期各类院校基本上都延承了各自以往的办学经验与特色，课程的优势和特色得到弘扬，也不断整合总结、化零为整。学校之间的交流学习已有良好萌芽但规模不大。这一时期的教学梳理了过去多年来零散的教学情况，形成了初步的教育体系，为我国在改革开放初期培养了一大批优秀的风景园林行业人才。

2. 1991—2000 年：学科交汇，初有成果

这一时期，一方面国内风景园林学科建设已初有成果，同时与各学科的交流机会增多，艺术学、社会学、地理学、经济学、行为心理学、生态学等学科的发展都对风景园林学科产生了影响，不同优势背景的院校也开始积极交流、取长补短，这种影响在高校教学中主要表现为课程的多元化发展趋势。但另一方面，在 1997 年国务院学位办颁布《授予博士、硕士学位和培养研究生的学科、专业目录》，取消已经存在的风景园林规划与设计二级学科，合并为城市规划与设计（含：风景园林规划与设计）二级学科，致使学科的教学、科研等活动大多是在城市规划与设计学科的名义下进行，内容与名称不符，导致无法与国际同学科接轨，影响了学术研究和学科发展。

一些院校不拘泥于对传统古典园林的学习，逐渐扩展到整个大地资源，增设了风景园林规划类的课程。比如"景观与区域规划""水文学""城乡规划原理""可持续环境""景观分析与评估""景观资源利用与保护规划"等。同时，更加强化空间塑造等规划设计能力提升。

而有着雄厚的植物生态实力的院校也发挥优势，更加注重学科的交叉性，植物和生态类的课程面域更广阔，除了丰富的理论知识授课外，还安排了对应的户外实习课程。

另一些院校纷纷重视起植物教学，诸如观赏园艺学、园林花卉学、园林树木学等被纳入课程体系中来，并安排了植物认知实习课程作为补充，其中种植设计、植物景观营造等兼顾植物和设计的课程尤其得到重视。同时，建筑类院校也充分发挥自身在建筑和城市规划方面的积累，体现了两者与风景园林教学体系的融合和互补，强化学生规划设计能力和造型能力的培养。

综上所述，这一时期机遇与挑战并存。思潮活跃、知识联合促成了风景园林多学科交叉的特点，也诞生了一批精彩的学科交叉课程。各学校、各领域的相互学习借鉴也有利于人才的培养。取消"风景园林规划与设计"二级学科对于风景园林教育发展则是不小的打击，也在一定程度上造成了课程设置不便与混乱的情况。但整体而言，这是一个承上启下的过渡阶段，各院校的课程体系建设仍在积极的尝试。

3. 2001—2010年：吸纳科技，对接国际

这一时期，在研究生教育上，风景园林规划与设计算作城市规划与设计二级学科的一个方向，教学活动存在诸多不便和困扰。其后，生态环境的保护和建设引起全球重视、"生态文明"被写进十七大报告、2008年北京奥运会召开，在这一系列背景下，风景园林人才的社会需求不断增加，在教育部高教司批复下高校陆续恢复了风景园林本科专业的招生和教育，但是研究生的学科目录还没有改变。

随着科学技术日新月异的发展，更多先进的测绘、计算机、图像分析制作等技术被应用到风景园林工作中来，在课程设置上也有明显体现，且趋势越来越强烈。"风景园林计算机辅助设计（CAD）""园林电脑效果图制作""地理信息系统（GIS）"等课程受到越来越多院校的青睐。

另一方面，高等院校越来越广纳优秀教学理念。已经具备良好基础的我国风景园林教育开始更多地与国际对接交流，吸纳国外优秀的教学方法，还提供大量讲座、论坛以及与国内外高校的联合课程等，使课程更灵活开放。其中以"Studio（研究小组）"为组织模式的规划设计课程为很多国内院校所接受，它整合国内以往办学经验和国际上的先进方法，在本时期末已经发展成衔接良好、实践丰富、培养团队化工作模式的精品课程。在规划设计课程的选题上，也有越来越多的高校关注城乡发展中的重要而紧迫的问题、核心和难点地段等。

综上所述，这一时期的各项相关先进科技的注入为风景园林课程增添了一抹抹亮色，而接受了这些课程教育的学生不仅掌握了良好的风景园林专业能力，而且学到了科技为设计所用的新思路和钻研精神，为之后进行科学的风景园林规划设计打下了坚实的人才基础。

第二节　学术研究

20世纪80年代初，中国风景园林学科发展经历了近十年的停滞和积累后，一批具有影响力的学术研究经过重新整理后进行发表，涌现了一批经典著作。同时改革开放后我国风景园林行业快速发展，学科研究领域更加广泛，相继有一批有影响的专著问世。

第一版《中国大百科全书——建筑·园林·城市规划卷》（1988）的出版，使园林学成为与建筑学、城市规划学同列为人居环境建设的三个各自独立又密切联系的学科之一。书中准确地提出了园林学科的性质、范围，阐述了学科的发展历史，全面地概括了学科的研究内容，共分为三个层次：传统园林学、城市绿化和大地景物规划。主编汪菊渊先生在书中写到的"园林学是研究如何运用自然因素（特别是生态因素）、社会因素来创建优美的、生态平衡的人类生活境域的学科"为学科进行了准确的定义，园林部分的词条则详细解释了园林学中各类词汇的内容和意义。

此后，风景园林学术研究也进入了新的发展时期，本部分从中国古代园林研究、风景名胜区与自然保护地研究、城市绿地研究、园林工程研究及西方园林研究等方面梳理，总结代表性的研究成果。

一、中国古代园林研究

改革开放后，我国园林快速发展的需求更彰显出中国古代园林的价值，学术界对于中国古代园林的研究有了长足的进展，对于中国古代园林的历史、类型及园林艺术的研究都更加全面和深入，为中国当代园林的发展提供滋养。中国古代园林的研究，也是当代对传统园林艺术和文化进行传承的重要内容。对于中国园林史的研究具体可分为中国园林通史研究、中国园林断代史研究、园林历史人物研究、皇家园林研究、私家园林研究及中国园林艺术研究。

1. 中国园林通史研究

很多中国古代园林历经百年乃至数百年的跸事增华，其自身的演变可以折射出中国古代园林在某一历史阶段的演进情况，对中国古代园林通史的撰写就是对此珍贵的记录，是系统了解中国古代园林的重要途径。

在研究初期，一些论著为中国园林通史的研究奠定了基础。《中国古代苑囿》（1983）从苑囿的发展概况、苑囿古迹、苑囿的设计思想及苑囿的艺术技巧方面对中国古代苑囿作了粗略的概况性总结，理出其大概的发展脉络，并通过对现存的明清皇家园林的设计思想、设计艺术技巧进行分析，以期达到古为今用的目的。《中国宫苑园林史考》（1988）介绍了有关中国园林的诸家著述，论及各种直接和间接文献，并分期论述各时代中国园林的设计特点和风格，与同时期的日本宫苑园林进行比较。

1990年，周维权的《中国古典园林史》（第一版）（1990）将3000多年的园林发展历史分为生成期、转折期、全盛期、成熟期和成熟后期5个阶段，记述历朝重要的园林实例，便于读者能够借助具体的形象加深对中国古典园林的整体理解。此外还有《中国古代园林》（1991）等书籍，从发展概况、造园艺术与传统文化的关系、文化价值等方面对中国古代园林进行了研究。《园综》（2004）1995年成稿，收集历史上园林研究相关文献322篇，上括西晋，终于清朝，大体勾勒出了我国古代园林的发展轮廓。

2000年以后，对中国园林通史的研究更加全面和成熟。张家骥著《中国造园艺术史》（2004）从造园的社会实践角度，对各个历史时期，在一定社会基础上形成的具有时代性的园居生活方式，作了合目的、合规律性的分析；对各个时期造园的性质，园林在内容与形式上的特征和历史的继承与发展关系做了比较与阐述。此外，园林史研究的前辈学者陈植遗著《中国造园史》（2006）论述了自先秦至19世纪末中国造园的发展变迁过程，并对我国有关造园词汇的起源及意义做了详细的考证和研究，全书将我国历史园林按苑囿、庭园、陵园、宗教园等各种类型进行分类研究，对其艺术特色加以深入分析，同时全面介绍了我国的造园名家和造园名著。《中国造园史》的出版是对我国造园理论和历史研究的总结，是对我国风景园林学科研究的重要贡献。

汪菊渊多年研究完成的遗著《中国古代园林史》（2006）依照时代顺序详细记述了自有文字记载以来直至清末2000多年的中国园林的发展历程，以及与园林有关的政治、经济、城市、建筑、绘画、文学及相关艺术的背景和历史作用，重点讨论了古代园林的最初形式问题，论证中国古代山水园和园林艺术传统，既总结了中国古代山水园的历史发展，又预测了其今后在中外园林改革创新中所能作出的贡献。该书堪称是对古代园林历史、文化和实践系统研究的里程碑式成果。

2. 中国园林断代史研究

中国园林断代史研究为对各个时期中国古典园林的研究，即通过考古发现或史料整理对东周、秦、汉、六朝、魏晋南北朝、唐、宋、元、明、清等历史时期的园林历史分别进行研究，由于园林发展时期的不同，不同时期的研究也随之有不同的侧重点。

研究者从史料及考古发现中挖掘相关记载，再通过整理资料理清园林发展的规律，如《东周青铜器上所表现的园林形象》（2000）。秦汉园林研究集中在上林苑和阿房宫的研究中，如《汉昆明池及其有关遗存踏察记》（2000）；魏晋南北朝园林史研究主要为魏晋南北朝私家园林研究和魏晋玄学对园林历史发展的影响研究，如《魏晋南北朝园林概述》（1984）和《魏晋南北朝的私家园林》（1989）等；隋唐五代园林研究集中在对唐长安园林、白居易故居、崇州罨画池、公共园林曲江的研究中，如《盛唐皇家园林华清宫遗址在临漳发现》（1988）、《唐宋中州园林杂识》（1988）、《唐代园林别业考论》（1996）及《隋唐宫廷建筑考》等；宋朝园林研究集中在艮岳、凤翔东湖、北宋东京（今开封）园林、南宋临安等园林研究中，如《北宋东京的园林与绿化》（1983）、《北宋开封园苑的考察》（1983）等；明清园林历史研究主要为现存明清园林遗构研究，如《承德避暑山庄》、《圆明园考》（2006）等。

《中国历代园林图文精选》（2006）一书（共四辑）为各时期园林研究历史资料之集成，系统地反映了中国古典园林的起源、形成、发展及完善这一历史过程，为断代史的研究提供了丰富的史料。第一辑选文范围为先秦、两汉、魏晋南北朝以及唐代（包括南唐）与中国园林相关的各种文献，文献体裁包括经史、辞赋、散文和诗歌等；第二辑精选了宋元时期关于皇家园林、山水游记以及花石谱牒的篇章，选文内容具有相当的文学与美学价值；第三辑选录了与明代园林艺术有关的篇章，内容既有园林景观的描述、园林的游赏、园林的沿革，也有造园法则和美学思想的阐发；第四辑收录了明末著名造园家计成的《园冶》全书、文震亨的《长物志》卷一《室庐》、卷三《水石》以及李渔的《闲情偶寄·居室部》等有关园林建筑的论述。

3. 园林历史人物研究

古代历史人物留下了一定的园林传记，通过这些人留下的园林论著或者园林工程可以对他们的造园思想进行了解与分析。对历史园林人物的研究主要集中于对计成、李渔、王维、戈裕良、白居易、薛福鑫、张涟等著名园林历史人物对美学思想的探求，考察其园林实践，研究其园林理论，从而梳理出中国古典园林发展嬗变的轨迹，探究中国古典园林在艺术和文化方面的底蕴，主要论著有《中国古代园林人物研究》（2004）。还有一些具体研究如《清代造园叠山艺术家张然和北京的"山子张"》（1982）、《计成研究—为纪念计成诞生四百周年而作》（1982）、《诗人园，画家园和建筑家园》（1984）、《造园大师张南垣（一）（二）——纪念张南垣诞生四百周年》（1988）、《戈裕良家世生平材料的发现——二论戈裕良与我国古代园林叠山艺术的终结》（1989）、《计成与影园兴造》（1983）等。

4. 皇家园林研究

这个时期对于皇家园林的研究主要集中在颐和园（1888年之前称为清漪园，以下统称为颐和园）、承德避暑山庄、圆明园等著名皇家园林的研究。

对于颐和园和承德避暑山庄的研究开展较早，多集中在发展沿革研究、布局和设计手法及楹联匾额研究等。相关成果有《颐和园》（2000）、《北京颐和园》（2009）、《承德古建筑》（1982）、《避暑山庄和颐和园》等优秀著作。

圆明园享有"万园之园"的美誉，其历史、造园艺术及遗址保护研究逐渐成了这个时期的研究热点。同时也诞生了许多研究论著，如上海古籍出版社的《清代档案史料——圆明园》（上下两册）（1991）、中国圆明园学会编《圆明园四十景图咏》（1985）等。《圆明园考》（2006）研究了圆明园以及长春园、熙春园、绮春园、春熙院等圆明五园从创建、繁荣到毁灭的全过程，提供了翔实的档案史料，推动了圆明园的历史研究。

"样式雷"是清代著名的营造世家，长期执掌内务府样式房，主持了圆明园、颐和园、北海等皇家园林的设计，至今留存大量的图档，是今天理解和研究古代造园的宝贵财富。21世纪对样式雷图档中皇家园林史料的研究逐渐增加，代表性成果包括《光绪朝颐和园重修与样式雷图档》（2008）、《样式雷与清代皇家园林》（2008）等。

5. 私家园林研究

对于私家园林的研究主要包括江南园林、北方园林、岭南园林三大方面。

江南园林的研究主要包括苏州园林、扬州园林、上海及周边园林，研究内容集中在重要园林的历史沿革、江南古典园林特色、造园艺术成就、造景布局的独特手法以及有关的历史故事、景物特点等。其中对苏州园林的研究尤为深入，产生了《江苏园林名胜》（1982）、《苏州历代园林录》（1992）、《江南理景艺术》（2001）、《苏州古典园林艺术》（2001）、《苏州古典园林》（2003）等论著。

北方园林也在中国园林史上占据重要地位。《北京私家园林志》（2009）详细记述北京私家园林的历史源流、造园手法、园居生活对造园活动的影响、社会文化内涵等，从历史沿革、园林格局和意匠分析3个方面对30多处重要的北京私家园林进行重点解析，并通过文献考证，记录了历代300多座私家园林的概貌，对北京的古城保护具有重要的参考意义。

岭南园林是中国园林史上重要的地域流派，既受到中原园林文化的深刻影响，又在近代遇到外来文化的冲击，在建筑、山水、植物等方面具有自身的独特风格。《岭南园林艺术》（2004）从园林沿革、造园理念、庭园建筑、叠山理水、实例欣赏等5个方面对岭南地区的造园艺术作了全面而深入的分析和总结，并附有丰富的图像资料，是近年来该研究领域的代表性成果。

除了以上三大私家园林风格的研究，对巴蜀园林、徽派园林的研究也逐渐增加。巴蜀地区历史文化悠久，地形地貌丰富多变，形成了独具巴蜀特色的园林文化，随着越来越多的深入考察和研究的展开，一些相关著作先后问世。如对于四川盆地园林的研究论著《蜀中名胜记》（1984）介绍了四川近 125 个州县的风景名胜，先简溯历史沿革与山水形势，再分述各地的名胜古迹，并征引前人诗文，以为佐证，渊博详瞻，可作研究蜀中掌故的参考，在研究四川历史、文学、旅游等方面有着重要价值。徽州园林包括儒商园林、水口园林等多种园林类型，其相关研究集中于徽州儒商园林史、园林文化、园林艺术等方面，系统的研究成果有《徽派园林研究》（2001）、《徽州古园林》（2004）等。

6. 中国园林艺术研究

中国园林是人类文明的重要遗产。中国园林不仅仅是营造一种环境，更是文明长河中一颗璀璨的明珠。对中国园林艺术的深入研究有助于了解其营造的学问，传承与发扬中国园林艺术的美学与价值。中国园林艺术研究主要包括园林美学研究、造园手法研究及园林与中国文化研究三大方面。

一些综合研究中国园林艺术的著作集中国文史哲艺与古建园林于一炉，具有极高文学价值。如《园林谈丛》（1979）对园林这种综合艺术品的构成与赏鉴作了深入浅出的探讨，写法生动自然，从中可见到艺术的匠思、文学的韵味、美学的深度与哲学的辩证观点。《中国园林艺术概观》（1987）及《中国园林艺术》（1991）都全面呈现了中国古典园林的发展历史、造园技艺和最经典的代表之作，前者通过各位名家对于中国园林艺术的论说与鉴赏文章，后者通过学术性与鉴赏性完美结合的建筑艺术画册的形式，清晰地阐述了中国园林的发展脉络和风格特色。《中国园林艺术》（2006）对我国造园历史、论著和艺术形式诸方面作了扼要的介绍和评述，还就园林艺术与绘画和文学的关系作了点评。

在园林美学研究领域，《园林美学》（1989）以中国造园历史及诸多著名古典园林为线索，就园林与园林美等专题进行阐述，对园林建设中的美学问题作了深层的透视和剖析。《中国园林美学》（1990）是我国第一部对中国古典园林美进行系统化研究的专著，把园林美的历程置于双重文化的广阔背景上审视，阐述中国古典园林的真善美论和比较美学，为园林学提供了一个具有理论价值的参照。《园林美与园林艺术》（1987）是一本将园林艺术作为一个独立学科来写作的论著，包含对中国古典园林美学的论述，亦包括对国外园林艺术设计手法的分析。《画境文心：中国古典园林之美》（2008）撷取古园艺术的 12 个主题，介绍了古典园林的历史沿革、体制分类、造园原则、构景要素，开掘了景、境、情、趣的深层含义，记述了园林同诗文、绘画和戏曲的联系。另有《江南古典园林艺术概述》（1981）、《浅析古典园林的美学思想》（1989）、《以小见大寓情于景——漫谈中国古典园林美》（1985）、《中国古典园林与传统哲理》（1989）、《园林意境扪谈》（1989）等论著，都为中国园林美学的解读和传承做出了贡献。

对于造园手法的研究集中在造园基本原则、空间艺术分析等方面。一部分是对造园手法的分析，如陈从周《说园》（1984）对造园理论、立意、组景、动观、静观、叠山理水、建筑栽植等方面皆有独到精辟之见解，不仅是一部园林理论著作，更是一部别具一格的文学作品，诚如叶圣陶先生评述："熔哲、文、美术于一炉，臻此高境，钦悦无量。"又如《中国古典园林分析》（1986）立足于运用建筑构图及近代空间理论的某些基本观点，对传统造园手法作系统而深入地分析，突出强调中国造园艺术的基本特点，艺术地再现了自然山水，并巧妙地把自然美和人工美结合为一体。其他论著还有《中国古典园林艺术结构原理》（1982）等。另一部分著作是对于造园专著进行复兴，如陈植《园冶注释》（1981）对我国第一部系统全面论述造园艺术的专著《园冶》进行注释。陈植《长物志校注》（1984）对明朝文震亨著的《长物志》进行校注等。

从中国文化的角度审视园林，也是园林艺术研究的重要方面。《园林与中国文化》（1990）论述了完整的古中国文化体系中古典园林艺术的基本形态特点及历史进程。《梓室余墨》（2000）则采用了乾嘉朴学家学术札记的传统形式，一事一题，长短不拘的487题，以古建、园林为主，兼及书画、文物、古迹以及近代学人、文士、教育、民俗等诸多领域，言之有物，有史可征，极具文史资料价值。《中国园林文化》（2005）寻觅中国园林文化发展的踪迹，具体地阐释中国园林从萌芽、产生、发展到成熟的文化变迁；分析体现在建筑、植物、山水等物质符号中的文化因子，将中国园林文化置于全球文化语境中，分析其文化特质和发展变迁的深层原因。

对于中国园林中的专项内容的研究也涌现出来。《中国园林建筑》（1988）系统地阐述了中国古代园林建筑的历史发展及其与时代美学思潮、文化背景的渊源，并结合国内的大量实测进行分析。该书荣获"中国图书奖荣誉奖"及年度"全国优秀图书"。《园林理水艺术》（1998）介绍了传统及现代园林理水的方式类别及艺术手法。

《香港园林》（1990）填补了有关香港园林的研究空白，该书系统介绍了香港园林的类型、分布与基本特点，并对其设计问题进行阐析。《香港寺观园林景观》（2002）则是对香港寺观园林的进一步研究。

该时期的一些著作也成为风景园林教学中历久弥新的经典教材，至今仍被查阅使用，如《中国古典园林史》（1999）、《中国古典园林分析》（1986）、《中国园林植物景观艺术》（2003）、《苏州古典园林》（2010）、《园林美与园林艺术》（2006）等。

二、风景名胜区与自然保护地研究

随着社会经济发展日新月异，自然保护与风景游赏的需求日益强烈，风景园林研究领域以风景名胜区为开篇的保护地研究也在这一阶段得到蓬勃发展。从类型上看，具有法定意义的保护地包括自然保护区、风景名胜区、森林公园、地质公园、湿地公园等，对于其价值认知、规划设计、保护管理等方面的研究显著增长，尤以风景名胜区研究为胜；在研究领域中，"国家公园"概念被引入我国并开展了颇具前瞻性和开创性的研究；随着我国加入了《保护世界文化和自然遗产公约》等重要的自然保护方面的国际公约和国际项目，以国际视野认识并阐释我国自然与文化遗产，以国际标准和惯例保护和管理我国自然与文化遗产成为研究热点。

1. 风景名胜区研究

风景名胜区在我国古已有之，但作为一项设立制度的系统性国家事业，在20世纪80年代才正式起步。30年来经历了从无到有、从小到大、从局部到逐渐完善的过程，我国风景名胜区事业不断发展壮大，在保护自然文化遗产、改善城乡人居环境、维护国家生态安全、弘扬中华民族文化、激发大众爱国热情、丰富群众文化生活等方面发挥了极为重要的作用。许多学者参与了基础理论、风景资源管理相关的研究，风景名胜区研究体现了多学科参与的特征。

基础理论研究方面，对风景名胜区资源系统的规律和特征的认识不断深入；旅游开发和风景资源保护之间的关系随着两者矛盾日益突出而成为研究热点，旅游可持续发展已经成为共识，旅游环境影响及环境承载力成为研究核心；系统研究风景名胜区居民社会规律，实现风景名胜区与社区协调发展的问题，已经受到广泛关注，社区参与、社区受益的理念逐渐成为共识。

在风景名胜区规划方面的研究得以系统化开展。周维权所著《中国名山风景区》（1996）为梳理我国名山类风景区历史和演变、认识名山风景区价值和特征理清了框架、奠定了基础。《风景规划：〈风景名胜区规划规范〉实施手册》（2003）是张国强等为配合《风景名胜区规划规范》的实施而编写的一本实用性工具书，在理论层面上主要解决风景规划是什么、风景规划应该做什么和风景规划为什么要这样做等问题；在实践层面上介绍了国内较典型的 16 个风景区规划的实例，进一步阐明上述问题。《风景名胜区管理学》（2003）总结和探讨了有关风景名胜区管理的规律和方法。《风景名胜区规划原理》（2008）对风景名胜区规划的理论、方法、程序等内容进行了系统的介绍与论述等。

风景名胜区研究始终具有多学科参与的特征。早在 1982 年设立第一批国家级风景名胜区时，当时的建设主管部门就邀请风景园林、建筑、城市规划、地理、文物、旅游、环保等方面的专家学者进行名单评审和保护问题的讨论工作。随着风景区研究的不断深入，不同时期各个学科参与的程度和贡献有所变化。总体上，早期理工科类学科参与研究较多，对风景名胜区的研究主要体现在物质空间的建设和改造上；之后社科类如经济、法律等学科参与程度显著加深，风景名胜区的管理体制、营销宣传等软环境建设的问题逐步得到重视。

该时期关于风景名胜区的硕博士论文超过 600 篇，以风景区、旅游资源、人文景观、风景名胜资源、景区管理为主要关键词写作的文章较多。

此外国家自然科学基金项目也有对风景名胜区的研究，如《世界文化与自然遗产地武夷山风景名胜区景观干扰计算机模拟与生态安全预警机制研究》等项目。

2. 国家公园研究

虽然"国家公园"在这一时期并未纳入国家法定保护地类型，但自这一概念被引入国内，相关研究就持续进行，取得了很多进展，主要研究内容包括以下几个方面：

其一，研究聚焦于对部分国家的国家公园的系统引介，如美国国家公园管理体制、加拿大国家公园规划与管理等。在我国风景名胜区制度建立初期，也组织了专家学者与美国国家公园进行系统的交流互访，全面了解了美国国家公园系统的制度建设、规划与实施、旅游发展等情况，并进行了系统性总结与提炼，对风景名胜区制度建设起到了关键作用。

其二，系统研究梳理了全球范围国家公园与自然保护地的发展。在回顾世界国家公园运动 130 余年历史的基础上，提出了认识方面的 4 项进步：保护对象上，从视觉景观保护走向生物多样性保护；保护方法上，从消极保护走向积极保护；保护力量上，从政府一方走向多方参与；空间结构上，从散点状走向网络状，以及在技术方法上的诸多进展。

其三，出现了将我国各类自然保护地作为一个开放复杂巨系统而开展的系统性研究，在与自然保护相关的各学科和领域中首开先河。研究揭示了我国各类自然保护地作为一个开放复杂巨系统的整体性作用机理，提出了解决我国自然保护地系统性和结构性问题的整体思路。这一研究在滇西北地区人居环境与"国家公园"建设、云南省域"国家公园"和自然保护区建设，北京市风景名胜区体系规划，以及泰山、黄山、梅里雪山、三江并流等风景名胜区和世界遗产地的申报、规划和管理中得到应用，也为 2013 年之后我国开展"国家公园体制建设"和"以国家公园为主体的自然保护地体系建设"奠定了基础。2003 年编制的《国家文化与自然遗产地"十一五"规划纲要》是中华人民共和国成立以来第一个在国家层面以遗产地（主要包括风景名胜区、国家重点文物保护单位、国家历史文化名城、国家级自然保护区、国家森林公园、国家地质公园世界遗产等）为对象的专项保护规划纲要，正是上述研究的政策性转化和发展深化，该规划于 2007 年由国务院批准颁布，为我国"十一五"期间的自然文化遗产保护起到了纲领性的指导作用。

3. 世界遗产研究

我国于 1985 年加入《保护世界文化和自然遗产公约》，20 世纪 80 年代开始，我国学者对世界遗产进行了大量研究，内容涉及价值体系研究、管理规划研究、预备清单与申报技术环节研究等。尤其是进入 21 世纪以来，随着申报世界遗产的热情不断高涨，将各类遗产作为整体进行研究的趋势逐步显现出来，表明了对遗产地的研究开始注意多学科的融合，世界遗产研究从内容上反映出对遗产概念认知和遗产保护理念的不断更新。

在相关著作方面，《中国的世界文化与自然遗产：世界遗产名录与地质学及自然风景区的关系》（1995）汇编了作者从 1982 年开始在国内报刊上发表的有关保护风景名胜区及地质遗址的文章和报道，以及相关会议的报告、讲稿等。《中国世界遗产年鉴 2004》（2004）生动、准确地反映了我国从 1985 年至 2003 年 12 月 31 日近 20 年世界遗产发展的概貌，全面展现了我国世界遗产的风采。《中国世界遗产管理体系研究》（2004）是国内第一部系统研究中国世界遗产管理体系的著作，也是国内首次将可持续发展的系统理论和战略管理理论运用于中国世界遗产管理的论著中。

在论文方面，国内研究学者共发表论文 2622 篇，其中硕博士论文 243 篇，主要集中在 2000—2010 年这一时间段内。研究内容主要可以分为遗产本体、遗产开发、遗产保护、遗产保护与发展、遗产话语五大方向，涉及遗产价值及评价、遗产旅游开发、遗产保护理念、保护技术、经营管理、设计规划、遗产监测、遗产学科教育等多元化内容。具体有如《中国世界遗产的空间分布特征》《中国世界遗产保护与利用研究》《对国内世界遗产资源可持续发展问题的思考》等。

在成立的基金方面，我国既有针对世界遗产专门成立的基金，也有在大门类基金下进行世界遗产研究的。前者既有国家级别的，如中国文化遗产与可持续发展基金（CHSDF）；也有针对某些地区的，如广东省贤能堂世界文化与自然遗产基金会等。后者主要包括国家自然科学基金、中国博士后科学基金等，在这些基金下开展了丰富而深入的世界遗产研究，如国家自然科学基金项目《世界文化与自然遗产地武夷山风景名胜区景观干扰计算机模拟与生态安全预警机制研究》。

4. 文化景观研究

风景园林是文化和历史的载体，反映特定时期人类社会的文化发展，是人类文明智慧的结晶。文化景观对保护前人的文化遗产、创造当下有价值的文化有重要的意义，是风景园林未来发展的一个新视点。该时期文化景观的研究集中在文化景观的演变与发展、乡土景观的保护、文化遗产保护、如何处理风景园林与自然文化景观之间的关系，以及在实践中如何促进风景园林中的文化建设等方面的内容。

在相关著作方面,《人文地理学：文化、社会与空间》（1986）一书中定义了文化景观,即"文化景观包括人类对自然景观的所有可辨认出的改变,包括对地球表面及生物圈的种种改变。"《自然景观到文化景观》（2005）以燕山以北农牧交错地带为研究对象,从自然、人文景观变迁的研究视角,探讨自然景观到人文景观、人地关系演变的过程。《走进文化景观遗产的世界》（2010）中定义了文化景观遗产,对文化景观遗产保护的理论进行了探索,对不同类型文化景观遗产的特征进行了分析,并且总结了当前文化景观遗产面临的挑战以及保护文化景观遗产的途径。

该时期关于文化景观的文献研究数量迅速增加,期间发表论文9400多篇,包括硕博论文159篇,尤其在2000年前后呈现突发性增长,其研究内容多与风景园林学、景观生态学、乡村景观、景观保护与规划相关,围绕文化景观规划、评价、空间构建、历史变迁展开。

此外国家自然科学基金项目、国家社会科学基金项目对文化景观的研究也有一定的支撑,但总体来说相关研究项目较少。该时期受国家自然基金项目资助发表的文章达100余篇,如《传统地域文化景观破碎与孤岛化现象及形成机理——以沪宁杭地区为例》《景德镇陶瓷文化生态景观的演变》《文化景观的研究内容》《文化遗产的完整性与整体性保护方法——遗产保护国际宪章的经验和启示》《关注遗产保护的新动向：文化景观》《作为文化景观的风景名胜区认知与保护问题识别》《我国文化景观的类型及其构成要素分析》《风景园林的地方性——解读传统地域文化景观》等。

5. 其他自然保护地研究

根据世界自然保护联盟的定义,自然保护地是指"通过立法或其他有效途径识别、专用和管理的,有明确边界的地理空间,以达到长期自然保育、生态系统服务和文化价值保护的目的。"在我国自然保护地主要指受到保护的自然区域,属于主体功能区中"禁止开发区",主要包括自然保护区、风景名胜区、地质公园、森林公园等陆地自然保护区,面积约14700万公顷,占国土面积的14.7%。这一阶段主要以各个类型的保护地研究为主,缺乏系统性、整体性的自然保护地体系研究。

自然保护区方面,著作有《中国国家级自然保护区》（2003）,介绍了各保护区的自然保护对象、保护区的自然环境、生物资源、旅游资源、社会经济状况、功能区划、经营管理以及评价与展望；《自然保护区生态旅游开发与管理》（2010）结合自然保护区的发展和保护情况,深入分析了我国自然保护区生态旅游当前所面临的关键问题等。森林公园方面,著作有《中国国家森林公园》（2005）,全面、科学、艺术地展示我国森林公园的风采及发展历程等；期刊论文《寻找保护与发展的平衡点——尖峰岭国家森林公园总体规划》讨论了森林公园的规划方法及其保护与发展的平衡问题。地质公园方面,著作有《地质公园规划概论》（2007）,对地质公园的总体规划和建设规划的原理、方法、结构组成分别论述介绍等。水利风景区方面,著作有《水利风景区：人与自然和谐相处的家园》（2007）,展示了水利风景区建设与管理的优秀成果和秀美独特的水利风景资源等。湿地公园方面,著作有《陕西丹凤丹江国家湿地公园综合科学考察与研究》（2010）,介绍了陕西丹凤丹江国家湿地公园的自然环境、植物与植物资源、旅游资源、湿地公园管理等。城市湿地公园方面,著作有《湿地概念与湿地公园设计》（2006）,阐述了城市湿地公园的特征、营建原则、设计目标、设计方法,以及城市生态湿地可持续发展的理念、模式等。

该时期关于自然保护地的硕博士论文 83 篇，主要以自然保护地立法体系、管理制度，以及自然保护地分类下国家公园、自然保护区、我国海洋特别保护区的保护与管理等。研究自然保护区立法与管理的代表论文有《中国自然保护区立法的现状评价与完善》（2001）、《中国自然保护区分类管理体系初步研究》（2005）等。研究国家公园的代表论文有《论我国风景资源管理体制——国家公园体系的建立》（2003）、《国家公园运作的经济学分析》（2006）等。研究海洋特别保护区的代表性论文有《我国海洋特别保护区的理论与实践研究》（2006）、《海洋保护区管理系统的设计与实现》（2008）等。

此外国家自然科学基金项目也有对自然保护地的研究，自然保护区方面有《九寨沟自然保护区旅游地理结构及旅游持续发展研究》《云南少数民族龙山森林及村寨生态保护小区管理研究》等。森林公园方面有《森林公园旅游活动生态效应的变化机制及调控研究》等。湿地公园方面有《三江平原沼泽湿地垦殖对地气碳交换和土壤碳库影响的研究》《潮间带湿地中的多组分多相流及其对植物生长的影响：以海南东寨港红树林湿地为例》等。城市湿地公园方面有《典型城市湿地土壤——水微界面磷的转化机制》《基于关键生态过程的城市湿地公园景观健康研究——以西溪国家湿地公园为例》等。

三、城市绿地研究

城市绿地系统规划是城乡风景园林发展的纲领性规划，同时也是城市规划中一项重要的专项规划，具有鲜明的中国特色。伴随着国家园林城市的建设，全国大中城市逐渐开始编制独立的城市绿地系统专项规划，也有一些学者开始进行相关的研究及相关资料、书籍的撰写、编纂工作。

《风景园林设计资料集·风景规划卷》（2006）整理了风景规划行业的优秀成果，中国城市规划设计研究院《风景园林师——中国风景园林规划设计集·园林绿地总体设计分卷》（2008）集合了每年一次的中国风景园林规划设计交流会的主要参会项目。《城市园林绿地规划与设计》（2006）和《城市绿地系统规划》（2010）主要从城市绿地规划角度进行编写。

该时期关于城市绿地系统的硕博士论文数量大幅增加，大都分布在 2000 年后，主要是以城市的绿地系统布局结构及规划为主。

此外国家自然科学基金项目也有对城市绿地系统的研究，如《基于景观选择理论的多尺度城市景观动态研究》《生态城市绿地复合系统景观格局优化对比研究》《城市景观格局演变及其生态环境效应研究——以深圳市为例》等。

四、工程技术研究

园林建设需要合适的工程技术支撑，工程技术是风景园林学科体系的重要组成部分，主要是研究风景园林建设的工程原理、施工技术和养护管理方法。具体内容包括塑造地形的土方工程、堆山叠石工程、园林理水工程（含园林驳岸工程、喷泉工程）、园林给水排水工程、园路和广场铺装工程、绿化种植工程、园林绿地养护工程、园林建筑工程、园林景观照明工程及弱电工程（含监控、广播）等。在这个时期，随着国家经济的快速发展和城市化进程的加快，园林绿化建设突飞猛进，对于园林工程的研究也在蓬勃发展。

按照我国古代建筑工程技术的发展进程研究阐述，中国城市规划设计研究院《中国古代建筑技术史·园林建筑技术》（1985）是一部关于古代建筑工程技术历史发展的专门著作。《建苑拾英：中国古代土木建筑科技史料选编》（1990）将分散在各类古籍中的土木建筑工程技法等收集整理，可使从事土木建筑工程的科技人员得到启迪和借鉴，并为专家学者的研究工作提供较系统的史料。《园林理水艺术》（1998）则从中国传统园林理水角度，介绍了园林动态水景的各种表现方式和园林理水的艺术手法及园林水旁植物配置的方法。《江南园林假山》（2002）介绍了自中国园林假山的萌芽至今发展的全过程，展示了以苏州、扬州、湖州、杭州及无锡、南京、上海等地现存的24处著名古典园林中的假山堆叠艺术与成就，同时阐述了园林假山堆筑的技术要领。

此外"高技术研究发展计划（'863计划'）"也有对园林工程技术方面的研究，如渤海典型海岸带生境修复技术（1986）项目，研究盐碱地条件下，确保园林植物健康生长的技术体系。研究涉及耐盐碱植物的筛选与繁育、盐碱土壤工程化改良等技术。在工程改良技术方面，结合绿化要求和滨海地区水文地质条件，研究高效排水降盐新工艺和配套的集成技术体系。同时开展植物的耐盐能力评价、耐盐植物引种和驯化等研究。

"十一五"国家科技支撑计划重点项目是为了实现国家目标，通过核心技术突破和资源集成，在一定时限内完成重大战略产品、关键共性技术和重大工程，是我国科技发展的重中之重。风景园林学科共有3项相关的国家重大科技专项项目，如《城市数字化关键技术研究与示范》《区域规划与城市土地节约利用关键技术研究》及《城市生态规划与生态建设关键技术综合研究与示范》。

五、西方园林研究

由于不同的地理条件、文化背景创造了不同的历史文明，改革开放后，相关学者不仅对中国古典园林的研究更加深入，对西方园林的研究也逐渐兴起。系统梳理西方园林历史与西方园林艺术对完善园林学科有重要作用，也为传统园林现代化提供了可借鉴的样板。

1. 西方园林历史研究

这个时期对于西方园林史的研究开始系统地展开，最早始于童寯的《造园史纲》（1983）。《造园史纲》深入浅出地把握世界造园艺术发展的脉络，略述东西方十余国家造园沿革史全例，从神话天国乐园到今天抽象的园艺，对各国造园艺术的突出成就加以品评，指出17、18世纪中国、日本与英、法等国的造园成就及其相互影响。1988—1990年，陈志华进行"外国造园艺术及中外造园艺术比较"，并出版《外国造园艺术》。《西方园林》（2001）和《西方园林史：19世纪之前》（2008）对于西方古代园林史做了较为详尽的介绍。国内学者开始对国外风景园林发展过程进行研究，其中《环境设计史纲》《西方现代景观设计的理论与实践》等，对现代西方园林状况做了较为系统的介绍。

2. 西方园林艺术研究

西方园林的产生、发展研究是西方园林艺术研究的主要内容。《西方园林史——19世纪之前》（2008）总结了西方园林的时代特征和地域特点，系统地阐述了从古埃及到近代西方园林艺术的发展历程。《世界园林发展概论：走向自然的世界园林史图说》（2003）整理了公元前3000—2000年世界园林发展的历史，选用100个实例，说明各个阶段的特点及其前后的联系关系和未来发展趋势。

西方园林流派研究是西方园林艺术研究的另一方面。《外国造园艺术》（1980）系统地介绍了外国造园艺术的四个主要流派及其代表作品——意大利的文艺复兴园林（附有古罗马园林）、法国的古典主义园林、英国的自然风致式园林及伊斯兰国家的园林，阐明了它们所赖以产生的社会、经济条件和当时的历史文化背景，深入分析了各种造园艺术的内在规律。《西方现代景观设计的理论与实践》（2002）简述了西方园林发展的历史和西方现代景观探索的过程及主要流派，梳理了西方现代景观设计产生和发展的脉络。

第三节　工程实践

城市绿地建设、乡村生态环境建设、风景名胜区与自然保护地规划是风景园林学科实践的三大主要领域。前两者是人们为了维持城市或乡村生态环境平衡而进行的人工体系建设，后者是人们为了保护和利用不可再生的自然和文化遗产资源而进行的自然体系建设。

一、城市绿地建设

1980 年后，随着国民经济的迅速发展，城市园林绿化发展迅速，行业管理法制化程度不断提升，行业标准化水平逐步提高。具体来讲，城市绿地系统规划大量实施，城市公园建设如火如荼，公园类型不断丰富。之前在城市用地中被忽视的附属绿地被发现具有重要的生态效益，还有极大的实践潜力空间。道路绿地建设持续发展，此外，城市绿道建设被许多城市所接受，并大力实施，成为城市绿地建设的热点。

1. 城市绿地建设整体概况

城市绿地建设阶段分为三个时期：1980—1990 年，城市园林绿化开始受到重视，各类公园绿地建设加速，行业管理有法可依；1991—2000 年，城市园林绿化稳步发展，园林城市创建统领，行业管理法制化程度不断提升；2001—2010 年，城市园林绿化蓬勃发展，行业的标准化水平显著增强，市场化程度明显提升。

（1）1980—1990 年，园林绿化受到重视，有法可依

20 世纪 80 年代，随着改革开放，城市建设工作百废待兴，城市园林绿化作为城市基础设施之一重新纳入了城市建设内容，受到了国家的广泛重视，园林绿化事业蓬勃发展。

1980 年年初，国家政策对于园林绿化的发展起了重要的引导作用。随着第三次全国城市工作会议和全国城市园林绿化工作会议的召开，明确了城市园林绿化工作的基本任务是贯彻为生产、为人民生活服务的方针，继续强调普遍绿化是城市园林化的基础，是园林绿化的重点，并首次提出了城市园林绿化的规划指标。这一时期在全国开展了大规模的义务植树运动，这对于推动城市园林绿化的发展，无疑是一股强劲的东风。随后召开的第四次全国城市园林绿化工作会议强调了普遍绿化的重要性，要加强苗圃建设，继续落实义务植树。从此之后，全国的城市园林绿化建设进入了高潮。同时，为了改变一些地方追求绿地的生产效益更胜于其绿化功能的问题，全国城市公园工作会议不再把"以园养园""园林结合生产"作为园林绿化工作的指导方针，而提出要正确处理好环境效益、社会效益、经济效益的关系。这对园林绿化事业的健康发展，起到了重要的作用。

在这一时期我国的绿化建设开始正式步入法制管理轨道，城乡建设环境保护部于 1982 年颁发了《城市园林绿化管理暂行条例》，这是城市园林绿化的第一个部门规章，对我国绿化建设具有里程碑意义。此后国家科学技术委员会发布了由城乡建设环境保护部起草的《城市建设技术政策》，政策中提出了建设城市公园的重大意义和具体技术政策。1989 年通过的《中华人民共和国城市规划法》中强调了绿地系统规划在城市规划中的重要性，规定在编制城市规划时，应当注意保护和改善城市生态环境，加强城市绿化建设，保护自然景观，城市总体规划应包括绿地系统规划。这对保证城市园林绿化的规划用地，促进事业的发展，又是一个有力的法律保障。

1980 年全国城市园林绿化蓬勃发展，取得了显著成绩。据 1980 年年底统计，全国 220 个城市园林绿地总面积达 855.4 平方千米，其中城市公园 679 个，面积 161.92 平方千米；园林苗圃面积 79.86 平方千米。但城市绿化水平仍然偏低。1989 年年底统计，全国城市园林绿地总面积增至 3811.29 平方千米，为 1975 年的 6 倍；其中公共绿地面积已达 526.04 平方千米。从以上数据可以看出，城市园林绿化无论是从公园面积和公园数量上都得到了快速提升，为城市居民提供了舒适的生态环境。

（2）1991—2000 年，园林绿化进行法制管理，创建园林城市

进入 1990 年，随着我国城市化进程的发展，城市建设的速度也在加快，城市环境问题越来越突出。一方面，园林绿化对改善城市环境具有重要作用，人们的认识度越来越高；另一方面，一些地方在城市建设中侵占园林绿地的现象仍然屡见不鲜。因此，这一时期的园林绿化建设，是随着城市环境综合整治的深入、法制建设的加强以及创建园林城市活动的发展而稳步前进的。

1990 年后，为了改善城市环境，发挥城市综合功能，适应改革开放的需要，全国范围内开展了城市环境综合整治活动。通过每 3 年开展一次城市环境综合整治的检查，总结经验，推动城市环境建设的发展。这项活动的持续开展，对 1990 年城市园林绿化的发展，起到了巨大的推动作用。此外，这一时期推动城市园林绿化建设深入发展的另一项活动就是创建园林城市，以城市园林绿地为核心，全面评价城市人居环境综合质量，以此带动各地风景园林建设水平的提升。参照国内外城市园林绿化管理的经验，建设部制定了《园林城市评选标准》。之后经过严格评选，表彰了多批园林城市。创建"园林城市"活动的深入开展，把全国城市园林绿化建设推向了一个新的高度。

1990 年之后，由于经济建设带来的城市开发建设高潮，导致了大量侵占绿地和破坏绿化的问题，为此国家颁布了一系列法律法规以加强园林绿化的保护工作。国务院于 1992 年颁布了中华人民共和国成立以来的第一个城市绿化法规——《城市绿化条例》，它的发布实施是城市绿化工作进入法制管理的一个良好开端。条例中明确规定规划绿地的使用性质不得更改，城市规划行政主管部门和绿化行政主管部门需共同组织编制城市绿化规划，并纳入总体规划。同年，建设部（现住房和城乡建设部）颁布了《城市园林绿化当前产业政策实施办法》和行业标准《公园设计规范》，确保公园能够全面发挥游憩和改善环境的功能。1993 年，建设部推出了《城市绿化规划建设指标的规定》，进一步明确了城市绿地分类体系，并根据城市规模，对城市绿地规划指标提出了相应的具体要求。1994 年，建设部发布《城市动物园管理规定》，鼓励动物园积极开展珍稀濒危野生动物的科学研究和易地保护工作。1995 年，建设部颁布实

施《城市园林绿化企业资质管理办法》和《城市园林绿化企业资质标准》，完善了城市园林绿化市场监督管理制度。

园林城市的创建和法律法规的制定，促使这一时期园林绿化水平普遍得到提高，城市园林绿化建设从量的增长转变到质的提高。截至1999年，全国共建设国家园林城市19个、国家园林城区1个，另外还包括一大批省级园林城市、园林小区和园林单位。城市建成区绿地率由1981年的3.77%增加到22.9%，人均公共绿地面积由1981年的1.5平方米增加到6.52平方米。同时，一批大型的规划设计或施工单位相继成立并发展起来，全国具有一定规模的园林绿化企业总量超过5万家。

（3）2001—2010年，行业管理范畴扩大，城镇人居环境提升

进入21世纪后，风景园林行业法规、政策和技术标准对行业管理的作用日益凸显，多项法规政策陆续实施。新世纪的行业范畴逐渐扩大，增加了城市生物多样性保护、城市湿地、世界遗产申报和管理等内容。随着市场化程度的提高，园林建设工作的质量管理得到了更多的保证。园林绿化工作大量提升了城镇形象，城镇的生态环境也显著改善。《关于加强城市绿化建设的重要通知》揭开了园林行业高速发展的序幕，2001年温家宝总理在全国城市绿化工作会议上做了重要讲话，制定了未来十年城市绿化的工作目标和主要任务，这是行业的标志性政策。随着园林城市建设蒸蒸日上，2004年建设部在创建国家园林城市的基础上推进国家"生态园林城市"建设，把创建"生态园林城市"作为建设生态城市的阶段性目标，印发了《创建"生态园林城市"实施意见》，并进行了试点评选。同时，提出了节约型园林绿化要求。

随着绿化建设的不断深入，为使城市绿地系统规划和建设有法可依，建设部颁布了一系列的法规文件及标准规范如《城市绿线管理办法》《城市绿地系统规划编制技术纲要（试行）》《关于加强城市生物多样性保护工作的通知》《城市绿地分类标准》等，逐步建立了城市绿线管理制度，各级政府对城市绿化的管理水平大大提高。2007年，建设部为引导和实现城市园林绿化发展模式的转变，发布了《关于建设节约型城市园林绿化的意见》；同年，中国风景园林学会就我国风景园林技术标准和法规进行了详细调研并建立了资料库，使得行业的标准化管理进一步加强。经过先前不断的实践，我国园林绿化行业的第一个国家工程建设标准《城市园林绿化评价标准》于2008年编制完成，并于2010年颁布执行。这一评价标准包括了城市园林绿化以及城市环境和基础设施建设的多个领域，涵盖了规划、建设、管理等多个层面。

在政策推动下，2001年我国园林绿化水平开始迅速提升。到2011年，我国建成区绿化率39.22%，人均公共绿地面积达到11.8平方米，城市绿化已经达到并超过2001年的政策目标。全国城市建成区绿化覆盖率38.22%、绿地率34.17%、人均公园绿地面积10.66平方米。同时，各地根据地域特色，建设了一大批高质量的公园绿地、城市片林和林荫大道，加强了城市自然资源和生物多样性保护。截至2010年年底，共设立了63个国家重点公园和41个国家城市湿地公园。各地、各部门积极开展绿化先进创建工作，助推城乡生态文明建设。截至2010年，批准了180个国家园林城市（具体园林城市批次及名单见附件）、7个国家园林城区、61个国家园林县城、15个国家园林城镇，以及22个国家森林城市。此外，巨大的市场培育了大批城市园林绿化企业，据统计，这一时期我国园林企业数量总计在15000家左右。以风景园林设计专项资质和城市园林绿化施工资质核准为抓手，规范园林绿化设计和工程市场。许多园林绿化企业通过了ISO9000质量管理体系认证，企业管理水平和工程质量逐步提升。2009年，园

林绿化出现第一家上市公司。随着城市园林绿化的发展，城镇面貌和形象得到极大提升，城镇人居环境和生态环境质量显著改善。

2. 城市绿地系统规划

城市绿地系统是城市健康环境的重要组成部分，是城市具有生命的基础设施，在保护城市生物多样性、构建和谐宜居城市、维护城市可持续健康发展方面具有重要的不可替代的作用。城市绿地系统规划是重要的城市专项规划，是创建国家和省级园林城市（县城）考核的重要内容。城市绿地规划同时也是城市规划中一项重要的专项规划，具有鲜明的中国特色。

中国城市绿地系统的研究从20世纪40年代的城市开放空间规划开始，历时60多年，但是大量的研究主要集中在2000—2010年这10年左右，研究成果呈持续上升趋势。全国大中城市逐渐开始编制独立的城市绿地系统专项规划。例如北京市在《北京城市总体规划（2004—2020年）》基础上编制的绿地系统规划，与新城规划、中心城"街区控规"紧密衔接，科学规划全市绿地系统结构，积极响应"人文北京、科技北京、绿色北京"的建设要求。《上海市绿地系统规划》致力于从建成区的规划实施走向城乡一体的生态网络，构建从"城区公园绿化与城郊造林相结合"到"城郊结合、城乡一体"的生态网络。先规划建设隔离林带，后依托林带建设城市公园，实施"长藤结瓜"式的创新性建设模式。《杭州市绿地系统规划》结合杭州绿地资源相对丰富、多种生态资源并存的城市中心区作为绿地系统规划的重点区域，各个下级城市组团和村镇绿地成为子系统，塑造起"山、湖、城、江、田、海、河"的都市绿地基础结构网络，构建出"一圈、两轴、六条生态带"的绿色有机体，强调绿地系统在城市总体规划形态中起到的作用，进而塑造出杭州独特的自然景观和历史文脉传承相结合的城市总体格局。这几个城市开展的城市绿地规划工作及一系列研究都对中国城市绿地系统的健康发展起到了很好的示范作用。

3. 城市公园绿地建设

改革开放以后由于城市扩张的速度比较快，相应的城市公园绿地建设也同步加速，城市公园在类型上有所增多，数量、面积增加，城市公园的功能也在不断完善以适应城市公民生活的需要，城市公园的设计理念在不同时期，为顺应城市建设发展的需要，也需要有所转变，逐渐地趋向生态化、科学化发展。具体的表现在以下几个方面：

1980—1990年公园建设复苏：十一届三中全会以后，城市公园建设得到了复苏，这一阶段城市公园建设的速度有所加快，城市公园在造园手法上也逐步脱离了苏联模式的影响，不断地探索适宜于我国的城市公园规划建设新思路。城市公园不仅集中在大中城市，一些小城市、工矿企业、边远县城也开始兴建公园。

1990—2000年城市公园类型增加：城市公园在类型上有所增加，出现了遗址公园、森林公园、生态公园、主题公园、郊野公园等。公园的建设范围也有所扩大，由原来的主要集中在城市，发展到乡村集镇。城市公园内部基础设施不断完善，儿童娱乐设施明显增加。公园在造园手法上更趋向于人文性，关注人生活的需求。

2001—2010年城市公园发展迅速：在这一阶段城市公园建设的特点是：公园数量面积较之前明显增多，空间布局上与城市相结合逐步趋于均衡化，公园类型上逐渐增多，出现了居住区公园、休闲公园、湿地公园等一系列主题公园。公园造园手法上，运用新材料和新的设计手法；造园思想上，由原来的城市大绿、满足基本游憩休闲到现在逐步考虑公园的生态设计，为缓解城市生态环境问题而注重城市公园的生态效应。

城市公园作为新时代城市发展和人民生活需要的产物而出现，因顺应社会变革和城市发展而发展，我国城市公园在缓慢的历程中不断发展完善，城市公园在数量、面积、类型上不断增多，公园设计的思想在不断变化。顺应着政治和经济发展的变化，城市公园生态设计理念作为新时期城市公园规划建设的方法在不断地被接受和推广。接下来将从综合公园、社区公园、专类公园、带状公园、郊野公园这五个不同的城市公园类型中探索这一时期的城市公园实践。

综合公园

这一时期综合公园的发展随着城市公园规划的大趋势而变动，人们逐渐认识到综合公园在健全城市生态系统、改善城市风貌和生态环境方面的作用，公园设计手法也从传统的造园手法到生态化的设计理念，综合公园和城市生活联系得更加紧密，突出了日常休闲生活的需要。公园改造与历史保护相结合，彰显了城市特色。

改革开放后，随着商品经济的发展和人们生活观念的转变，单纯的文化休息型公园已经不适应形势发展的需要。于是许多公园立足于"新、奇、特"的基础上，开始不断增加和更新游乐项目和各种商服网点来服务游客，这样就出现了集文化活动、休息、游乐设施、服务设施于一体的多功能公园。

1980年开始，全国兴起了一批大型器械游乐园，这些参与性游乐公园的导向使得园林设计追求仿古硬质景观热、游乐设施热等。在此影响下，许多综合公园转向搞商业经营，用通俗活动招揽游客，导致了"重收入、轻园容"的公园经营思想普遍盛行。进入1990年，日常锻炼活动已经成为人们一种普遍的社会需求，而公园是满足这种需求的主要物质载体，因此综合性公园已经逐渐成为居民日常生产与生活的有机组成部分，综合公园开始注重与城市空间的有机融合。随着观念的改变，综合公园不仅对外免费开放，还拆墙透绿，由传统的封闭式逐渐向开放式转变，同时提升了城市形象，如上海徐家汇公园，整个公园采取开放式设计，形成几个通透的视觉走廊，使公园空间与城市环境有机融合。

同时，公园的规划设计开始多元化，一些新的公园形式开始出现，造园手法不拘一格，越来越多的综合性公园利用植物景观、节假日或公园的场地和环境优势来推出各种艺术性、观赏性、参与性较强的主题节目。

综合公园不仅仅是公益性的城市基础设施，还是改善区域性生态环境的公共绿地和展示城市形象风貌的主要窗口。由此可见，综合公园的功能之所以随着时间的推移而实现其日益精密、细致的自我完善，正是因为政治、经济、文化、城市环境建设等方面所产生的推动力促成这种自我完善的演进。

社区公园

20世纪80年代初期，社区公园以居住区公园和小区游园的形式出现。在改革开放初期，受资金及观念的限制，住区园林建设基本停留在"绿化"层面，设施内容较为缺乏。90年代初，中国大陆首次提出"社区建设"这个概念，并明确地把社区建设作为一项工作任务要求在全国开展。21世纪初，《城市绿地分类标准》对社区公园定义、分类和服务范围做出了明确的解释。在城市绿地分类标准颁布前后，许多学者开始关注社区公园的重要性，尝试对其进行分类和规划设计方法的探讨。社区公园设计手法开始呈现多样化的趋势，从空间结构到建设内容都有了一定突破，逐步注重社区公园绿地的实用功能建设。随着人们社区意识的加强及对人居环境需求的提高，各大城市的社区公园如雨后春笋般相继建成，如北京的奥林匹克社区公园、上海的豆香园、武汉的百步亭公园、杭州天水同方健身公园、深圳的翠竹公园等。

专类公园

20世纪70、80年代全国各城市的公园建设重新起步，数量增加，质量提高，建设速度普遍加快。80年代中后期随着我国经济的快速发展，城市专类公园的数量猛增，类型也不断丰富，从传统类型的植物园和儿童公园到新型的生态科普湿地公园等。

进入1980年以后，植物园发展速度明显加快，一大批植物园开始建设，如济南植物园、西宁植物园、深圳市仙湖植物园等。1990年开始创建的植物园包括呼和浩特园林植物园、大连植物园、鞍山二一九植物园等。进入21世纪以后，各地筹建植物园的呼声愈加高昂。在经济允许的情况下，各地政府部门都将创建城建系统植物园提上了城市园林建设的日程，不少城市还对旧的植物园进行了重整和扩充。

儿童公园是为了给幼儿和学龄儿童创造以户外活动为主的良好环境，供其进行游戏、娱乐、体育活动，并从中得到文化科学普及知识的城市专类公园。改革开放后儿童公园很多都是在原有其他性质公园的基础上进行改建的，还有很多儿童公园是在70、80年代陆续建造的。随着时间的推移，一些年代悠久的儿童公园却面临着被拆除和更换公园性质的困境。21世纪后，很多城市开始思索儿童公园的发展出路，随之出现了新建或改建、扩建儿童公园的热潮。

除了传统的专类公园，新兴的湿地公园也在逐渐起步。我国内地在湿地恢复、重建及湿地保护政策等方面相对滞后，起步较晚，但随着湿地保护与合理开发在国内外日益受到重视，湿地公园得到了社会各界的认同，湿地公园的建设进入一个快速发展期。2004年，国务院办公厅下发了《关于加强湿地保护管理的通知》，标志着我国湿地公园建设正式开始起步。之后，广东省林业厅批准建立了我国第一个湿地公园。2005年，国家林业局出台了《关于做好湿地公园发展建设工作的通知》，批准了2个试点国家湿地公园。这些文件的出台，为湿地公园的发展提供了政策依据和行业指导。这一阶段，湿地公园的建设还处于摸索时期，发展速度缓慢。2007年，我国掀起了建设湿地公园的高潮，批准了12个试点国家湿地公园，湿地公园进入了一个快速发展阶段。截至2009年12月，国家住房与城乡建设部批准命名的国家城市湿地公园已达37处，分布在18个省、直辖市及自治区。与此同时，为了保障国家湿地公园的健康有序发展，国家也开始对试点国家湿地公园开始验收。

带状公园

在1980年中期，许多城市在绿地系统基本框架中突出了绿带，城市带状公园有了进一步的发展，如西安环城公园、合肥环城公园等。进入90年代之后，中国的城市公共园林建设也走上了蓬勃发展的快车道，城市带状公园绿地所占的比重也呈逐步上升趋势，如明城墙遗址公园等。21世纪之后，各城市在环境不断恶化的情况下，注重对水环境的保护，先后对滨水绿带的建设有了可持续的生态规划设计，如天津海河两岸带状公园等。

郊野公园

2000年以后，深圳率先借鉴香港郊野公园的建设模式，在深圳划定21个郊野公园，并且陆续开始建设。其中马峦山郊野公园作为最早由政府批复的郊野公园，得到了社会各界的好评。鉴于深圳在全国率先开展了郊野公园建设，住房城乡建设部委托深圳编制了《城市郊野公园规划设计导则》。同时省委、省政府决定在践行集约、智能、绿色、低碳的新型城镇化道路的基础上，先行加快推进广东省郊野公园规划建设，推进了广东省的生态文明建设。

进入 21 世纪，全国各城市均开始建设郊野公园，除深圳外，北京、上海、天津、杭州、成都、重庆、厦门等城市以及广东地区其他城市，积累了大量的规划、设计与建设经验，根据各自的城市特点和需求，进行了积极而有益的探索。

4. 城市附属绿地建设

附属绿地是附属于各类城市建设用地的绿化用地。附属绿地在城市中分布广、比重大、斑块数量多，作为城市绿地系统的重要组成部分，其绿化质量和分布情况直接影响城市绿化覆盖率及城市园林绿化水平的高低。但是由于附属绿地不单独列入城市建设用地平衡，因而在城市用地指标的实际考核过程中没有受到足够重视，附属绿地的非绿地用途日趋严重，造成城市绿量的大大减少。随着时代的发展，城市建设也在不断重视附属绿地实践，因为它们更贴近人们的日常生活和工作。附属绿地实践主要分为居住用地附属绿地实践和道路与交通设施用地附属绿地实践。

随着人们的居住观念逐渐从简单的"生存性居住"转向"高质量居住"，居住用地附属绿地也逐渐受到人们的重视。人们对于居住区环境的要求从只注重实用、价格等因素转变为对居住区的绿地环境的高品质的追求，居住区绿地景观从单纯的关心绿地面积的大小转向更多地关注人文和自然环境，居住区的绿地设计也从实用性向共享性、艺术性和文化性迈进。21世纪初期，国家提出可持续发展重要战略，"十五"计划纲要提出了建设生态型城市的要求。此后，建设部住宅产业化促进中心编写了《绿色生态住宅小区建设要点与技术导则》；建设部会同有关部门制定了《城市居住区规划设计规范》，指出一切可绿化的用地均应绿化，并宜发展垂直绿化，且对新建居住区的绿地率做出了规定；此后，北京市园林局发布了《居住区绿地设计规范》，加强绿地质量技术指导和监督，为居住区绿地设计提供了切实可行的标准。

城市建设的发展带动了城市道路交通发展进程的加快，道路与交通设施用地附属绿地的建设也随之发展起来。高质量绿化的景观大道，成为许多城市绿化建设的重点之一。道路绿化植物层次丰富，品种繁多，绿地景观优美，也愈加成熟。如南京市种植了万余株行道树，对改善南京市夏季酷热的气候起了一定的作用；深圳市的深南大道作为这座现代城市的轴线，使用了大量花卉点亮了城市印象。近年来，在城市人口大量集中的情况下，在城市绿地建设中越来越多考虑到防灾避险的功能和相应设计。

5. 城市绿道系统规划

我国对绿道系统的认识有一个起步过程，改革开放后生态环境逐渐被人们重视，绿化和美化工程大量展开，1998 年下发了《关于在全国范围内大力开展绿色通道工程建设的通知》，其内容已经初步接近了绿道的概念，但着重点依然是绿化美化工程。1992 年绿道理论进入中国，而首先推广绿道理念是 2000 年发表的《城市中的绿色通道及其功能》，其中对外国绿道规划有了较详细的介绍。在进行理论研究近 20 年后，2010 年珠三角地区掀起了绿道建设的热潮，我国真正的绿道建设由此拉开序幕。

全国大多数城市都先后开展了本地区的绿道系统（或体系）规划，进行了绿道设计，建设了各城市之间或城市内部的绿道。绿道设计类型逐渐增多，如：健身型、教育型、文化型、运动型、远足型、郊野型、混合型等。风景园林师在设计绿道时强调崇尚自然和因地制宜的理念，研究了绿道布局原理及其服务设施配置机制，成功探索了滨海、滨河（湖）、山地、森林、生态、湿地、田园等不同条件下的绿道设计技术方法和工艺手段，绿道体验正在成为城乡居民出行活动的新时尚。

在这一时期全国大中城市逐渐开始进行特色绿道建设，广东省绿道建设走在国内城市的前列，开展了城乡绿道规划与设计，意于在城市密集的珠三角城市群地区内部构建有活力的自然生态系统，在密不透风的城市混凝土森林中打通一条生态通廊，为城乡一体化健康发展提供积极保障。2009年《珠江三角洲绿道网总体规划纲要》中提出"广东绿道"的建设，2010年开始规划和建设工作，建成包括增城绿道、佛山绿道、云浮绿道等最美绿道，以绿意浓郁的开敞空间和百姓游憩活动空间串联各城市，增强人民群众的幸福感和归属感。除广东省外，浙江省杭州市的绿道规划以建设"最美风景绿道"为目标，强调资源和产业、景观与功能、品质与效益的高度结合。并集中反映在宏观的系统规划、中观的选线点规划以及具体的节点景观设计、驿站设计、沿线植物设计中。

二、世界遗产和风景名胜区体系规划和管理

风景名胜区是国家依法设立的自然和文化遗产保护区域，以自然景观为基础，自然与文化融为一体，具有生态保护、文化传承、审美启智、科学研究、旅游休闲、区域促进等综合功能，以及生态、科学、文化、美学等综合价值。风景名胜资源是不可再生的国家公共资源，它是中国国土精华之所在，当今在我国的政治经济活动和人民的精神文化生活中也占据着不可替代的特殊地位。在党中央、国务院的高度重视和正确领导下，我国风景名胜区事业从无到有，从小到大且发展迅速。

1. 中国申报世界遗产，成为"世界遗产公约"缔约国

1985年4月，我国政协委员联名提交了关于我国加入联合国教科文组织《保护世界文化和自然遗产公约》的提案，呼吁建立我国风景名胜资源保护制度。1985年11月，全国人大批准我国参加《世界文化和自然遗产保护公约》；1985年12月12日，中国成为"世界遗产公约"缔约国；1987年，中国开始进行世界遗产的申报工作；1987年12月，在世界遗产委员会第十一届会议上，中国的故宫博物院、周口店北京人遗址博物馆、泰山、长城、秦始皇陵（含兵马俑坑）、敦煌莫高窟6处文化与自然遗产被列入《世界遗产名录》，从此开启了中国世界遗产发展的篇章。

2. 风景名胜区事业整体上积极稳步发展

中华人民共和国成立后，国家曾在会议上多次提出风景区保护管理问题，国务院明确地把自然风景区的建设与维护职责赋予国家城市建设总局，我国的风景区工作就进入了正式实施阶段。1981年2月，国家城建总局联合国务院环境保护领导小组、国家文物事业管理局、中国旅行游览事业管理总局，向国务院提交《关于加强风景名胜管理工作的报告》。该报告后由国务院转批各部门和各级政府，确立了风景名胜区管理工作为中央政府行为的行政地位。

1982年，经国务院批准，产生了我国第一批44处国家重点风景名胜区，开启了中国风景名胜区事业快速发展之路。中国风景名胜区在国家保护地体系中占有重要地位，是中国"世界自然和文化遗产"的主体，是我国生态文明和美丽中国建设的重要载体。自1982年起到2010年，国务院总共公布了7批、208处国家级风景名胜区。其中，第一批至第六批原称国

家重点风景名胜区，2007年起改称中国国家级风景名胜区。中国风景名胜区源于古代的名山大川、邑郊游憩地和社会"八景"活动，反映了自然山水与传统文化的相互影响、相互融合，丰富的地貌类型是风景名胜区自然景观多样的基础，也是风景名胜区文化景观的载体，还是社会主义精神文明建设的重要载体。

3. 夯实基础，法制建设进一步完善

为了应对旅游业迅猛发展和城镇化快速推进的挑战和威胁，国家先后制定并颁布了一系列风景名胜区的法律法规、规章制度和一系列规范性文件。1985年6月国务院颁布我国第一个风景名胜资源专项保护法规《风景名胜区管理暂行条例》，将风景名胜资源的"严格保护"作为风景名胜区工作方针的首要任务，为中国进行风景名胜资源保护和风景名胜区规划、建设、管理工作提供了依据。随后，为了对《条例》中的原则进行具体解释和实施，颁布了《风景名胜区管理暂行条例实施办法》，提出了风景名胜区规划应遵循的原则，并规定了规划的具体内容和材料。2004年全国人大颁布施行的《行政许可法》界定了风景名胜资源特许经营的法律属性。2006年，国务院颁布《风景名胜区条例》，强化了风景名胜区的设立、规划、保护、利用和管理，并在风景名胜资源有偿使用、门票收缴管理以及保护风景名胜区内有关财产所有权人合法权益等方面取得了重要突破，是风景名胜区事业发展的重要里程碑。2008年，风景名胜区规划纳入《城乡规划法》。2010年，国务院常务会议审议，原则通过《全国主体功能区规划》，风景名胜区被确定为国家禁止开发的生态地区，严禁各类开发活动。风景资源保护的专项法规体系为确保国家风景名胜资源的安全保驾护航。

各级地方人大和政府对本地区风景名胜资源也加强了立法保护，先后有19个省（直辖市、自治区）制定了地方性法规。不断完善针对本风景区森林和古树名木保护、动植物资源保护、历史风貌保护、人文资源保护、地质地貌保护、病虫害防治等的保护制度，目前已有82个近40%的国家级风景名胜区实现了"一区一条例"。

4. 部门规章、技术标准和规划管理逐步健全，规划编制成果突出，项目建设有规可据

规划是风景名胜区保护、利用和管理工作的重要依据。30年来，我国风景名胜区规划管理取得三方面重要成就。

规划编制全面规范。针对风景区资源保护过程中出现的问题，先后出台了《风景名胜区建设管理规定》《国家重点风景名胜区总体规划编制报批管理规定》《国家重点风景名胜区审查办法》《国家重点风景名胜区核心景区划定与保护》《国家级风景名胜区监管信息系统建设管理办法（试行）》《关于做好国家级风景名胜区规划实施和资源保护年度报告工作的通知》等50多项部门规章和规范性文件。颁布了《风景名胜区规划规范》（GB 50298—1999），通过规划规范落实资源保护措施。从总体规划的科学制定入手，根据风景名胜资源类型、性质和功能不同，实行分级管理、分类保护利用。风景名胜区规划的编制审批和重大建设工程选址核准制度不断完善。

规划审批程序严格。风景名胜区规划属法定规划，具有严格的审批要求和程序。国家级风景名胜区总体规划由国务院审批，在审批前需经9部门组成的部际联席会议审查；详细规划由国家建设行政主管部门审批。

规划监管制度完备。20世纪90年代以来，受国家经济大开发和旅游业快速发展的影响，我国部分风景名胜区出现了过度开发、违规建设、资源保护失控、山体植被破坏等状况，风

景名胜资源的真实性和完整性受到严重威胁，引起党中央、国务院的高度重视。按照《城乡规划法》《风景名胜区条例》中相关规定，加大对风景名胜区规划实施的监管力度。建立国家级风景名胜区遥感监测信息系统，对150多个国家级风景名胜区的规划实施、资源保护和项目建设情况实施动态监测，及时发现和严肃查处各类违规建设行为。

这一时期的风景名胜区实践中，最具代表性的是黄山风景名胜区，作为世界文化与自然双遗产、世界地质公园，《黄山风景名胜区总体规划》于1982年正式编制完成，于1988年经国务院批准开始实施。完整的规划体系包括总体规划、详细规划、地段详细规划、节点详细规划4个层次和区域类、分区类、单体类、专项类4个类型规划。依据总体规划先后完成了6个游览景区的详细规划，实际的项目规模160平方千米，缓冲区490平方千米。1982年完成的总体规划对于黄山20年来的保护、利用和管理，特别是对遗产的成功申报，起到了不可替代的作用，是黄山历史上第一个全面的综合性规划，也是当时历史条件和认识水平下非常出色的风景区总体规划。

由此开始了一个现代风景名胜区规划探索的新时期，拉开了全国大规模开展风景名胜区规划编制工作的序幕。2001年贵州省完成了我国第一个省域风景名胜区体系规划，此后四川、黑龙江、北京、西藏、福建、山西、山东、浙江和湖南等均编制了风景名胜区体系规划。其中，北京市率先将《北京风景名胜区体系规划》的主要内容、发展目标，整体纳入2004年国务院批复的《北京城市总体规划》中，风景名胜区体系首次成为合法的专项规划内容，成为北京市域风景名胜资源保护与利用的重要依据。

5. 监管创新，科技支撑，信息化建设日趋完善

21世纪以来，住房和城乡建设部借助卫星遥感技术、地理信息系统、管理信息系统和网络技术等高新技术手段，创新景区监测监管模式，推动大范围、可视化、短周期动态监测的数字化资源保护建设。

我国逐步建立了国家、省级建设主管部门、风景名胜区三级监管信息系统和数字化景区体系，变被动查处为实时动态监管。收集和分析风景区范围的大气、水、森林、地质等综合信息。建立森林火险、地震、泥石流、病虫害等灾害监测系统。国家建设主管部门又开展了风景名胜区的标准化建设，开始创建国家级风景名胜区 ISO14000 国家示范区，将风景名胜区资源保护纳入科技化、规范化轨道。

6. 公益性事业带动相关产业发展，做出巨大社会贡献

拉动旅游经济发展。风景名胜区作为文化和旅游经济的重要资源，在培育国民经济新的增长点、促进旅游经济和现代服务业发展方面，发挥着越来越重要的作用。

开展科学普及和爱国主义教育。风景名胜区丰富的自然和文化资源，为开展青少年科普、环境教育和爱国主义教育奠定了基础，是我国社会主义精神文明建设的重要载体。至2012年，全国设立"全国科普教育基地"和"全国青少年科技教育基地"的风景名胜区达到107个，设立各级爱国主义教育基地286个。

促进和谐社会建设。风景名胜区事业发展与人民生活紧密相连，惠及民众，服务社会。30年来，风景名胜区始终坚持资源保护、旅游发展与民生发展相结合的道路，通过旅游收入反哺居民、门票利益居民共享、生态补偿及搬迁补偿、促进居民就业等多种方式，大大提高了居民收入水平，改善了民生，完善了基础设施建设，缩小了地区差距，很好地促进了社会

和谐发展，很多风景名胜区所在地区成为脱贫致富的典范。据不完全统计，2010 年通过带动旅游产业和区域服务业的发展，风景名胜区为 37 万人提供了就业机会，间接为地方创造经济价值 1095.7 亿元。

国际交流密切。认真履行《保护世界文化和自然遗产公约》《生物多样性公约》等国际公约，学习借鉴保护理念和制度，从而推动了风景名胜区成为我国既有保护地体系中最规范、最成熟的一种，同时在资源丰富度、保护和利用模式等方面又有鲜明的中国特色。积极保护世界遗产，促进了我国世界遗产快速发展，树立良好的国际形象。作为遗产大国，我国举办多个会议，形成了一些具有重要影响的国际文件（如:《苏州宣言》《峨眉山宣言》等），为国际自然和文化遗产保护事业作出了重要贡献。具有中国特色的风景名胜区保护管理模式也极大地丰富了国际文化和自然遗产保护的理论、实践和模式，为广大发展中国家正确处理遗产的保护、利用与传承的关系提供了有益借鉴。

三、乡村生态环境建设

中华人民共和国成立后，中国农村结合农业生产和村居进行建设，乡村基础设施条件和农民生活环境条件都持续得到提升。当然也因工业化、城镇化的快速发展，不少乡村的原生态环境、传统文化遗产遭受了不同程度的损坏。现代意义的规模化乡村景观保护、建设大概肇始于 1998 年，包括生态环境保护和田园景观建设等不同方面。

这一时期乡村生态环境急需整治提升，1998 年我国长江、嫩江、松花江等流域遭受了百年一遇特大洪水，唤起了城市对生态环境的危机感，全局性生境修复工作得到重视。2000 年，国务院发布了《全国生态环境保护纲要》，各地都开展了大尺度生态保护、生境修复工作。风景园林行业在其中发挥了重要作用，包括国土生态安全理论架构与实践，河道绿化带、公路绿化带、农田林网、环城林带等带状绿地规划设计与建设等。部分走在生态治理前列的省份还较早开始了乡村人居环境治理工作，如浙江省早在 2003 年就启动了为期 5 年的"千村示范、万村整治"工程。该工程是基本实现农业和农村现代化的综合性项目，其中风景园林行业在许多方面都有贡献，并特别在"布局优化、道路硬化、村庄绿化、路灯亮化、卫生洁化"等乡村环境整治设计、建设上发挥了重要作用。

同时，社会主义新农村建设工作推动，风景园林行业进行新农村景观建设和园林产业发展研究等相关工作。2005 年 10 月，十六届五中全会向全国发出了建设"社会主义新农村"的号召。要求农村建设按照"生产发展、生活宽裕、乡风文明、村容整洁、管理民主"等五个方面进行工作推动。该项号召得到了风景园林行业的积极响应，包括开展新农村景观建设和园林产业发展研究、新农村人居环境综合治理、农居建筑立面整治和农村庭院建设等，如《现代农村新社区景观设计与绿色住宅建设关键技术研究和应用》科研及建设示范、北京雁栖镇范各庄村庄治理。

四、园林博览会与事件性景观

中国国际园林博览会（简称园博会）创办于 1997 年，是由国家住房和城乡建设部和地方政府共同举办的园林绿化界高层次的盛会，是我国园林绿化行业层次最高、规模最大的国际性盛会。园博会会期通常为 3—6 个月，在此期间，有数百万的游人从全国乃至世界各地来到园博会所在地，它有力地刺激了城市商贸、旅游服务和环境景观的发展，为城市带来了显著的经济效益和深远的社会影响。园博会是推动绿色发展的生动实践；是传承弘扬中国传统园林文化，交流国内外造园技艺，促进国内外交流与合作的平台。园博会结束后，园博园作为城市公园永久保留，为广大人民群众提供休闲、游憩、健身的好去处。从 1997 年第一届中国国际园林博览会在大连市会展中心开始，至 2009 年共举办了七届园博会，包括大连、南京、上海、广州、深圳、厦门和济南园博会，从最初的园艺会展，包括微型园艺、插花、微缩景观等，发展至后来的公园整体规划，有效促进了全国城市园林绿化质量的提升和园艺的发展。前五届的园博园都是一种园中园乃至盆景园的微缩景观模式，难以真正做到与自然的融合，达到天人合一的境界。从厦门第六届中国国际园林博览会开始独立建设园博园，面积均在 100 公顷以上，如厦门园博园占地面积达 6.76 平方千米，其中陆域面积就达 3.03 平方千米。由此，园博会进入了新的发展阶段。

1999 年在昆明举办了世界园艺博览会，留下了园博园作为会议遗产，极大地促进了我国园林行业的发展，国内的园林博览会也蓬勃发展。

从 1990 年的北京亚运会开始，我国举办越来越多的国际性大型城市事件活动，这些活动均有承办场地，形成多样的、大型的事件型城市景观。如 2008 年北京奥运会建设了面积达680 公顷的奥林匹克森林公园，2010 年上海世博会建设的世博园区以及浦西江南公园及滨江景观绿地等。

五、城市开放空间与城市景观

城市开放空间是指城市的公共外部空间，是城市空间中最生动、最活跃的部分，具有丰富的城市景观要素诸如公园绿地、水泊河流、自然景观以及人工景观等。改革开放以来，社会与环境问题的重要性已经日益凸显。随着经济的发展，城市开放空间的内涵日渐复杂，在建设可持续发展城市过程中所占的分量也越来越重，因此城市开放空间的规划和设计显得至关重要。

我国在城市开放空间建设中，自 20 世纪 80 年代起，开始引进西方的城市规划设计理论，在开放空间理论研究和实践方面取得了一系列的进展和成就。

根据 2018 年住建部发布的 2016 年城市建设统计年鉴数据显示，全国公共管理和公共服务用地 4975.48 平方千米，绿地与广场用地 5709.17 平方千米，人均公园绿地面积 1981—2010 年从 1.50 平方米增长至 11.18 平方米。近 10 倍的增长离不开我国这 30 年来对城市开放空间建设所做的努力，不仅体现在城市公园的建设上，同时也包括街道、广场等公共开放空间等城市绿化的功劳。城市统计年鉴数据显示 1986—2010 年建成区绿化覆盖率从 16.90% 增长至 38.62%，1996—2010 年建成区绿地率从 19.05% 增长至 34.47%，1981—2010 年公园面积从 147.93 平方千米增加到 2581.77 平方千米。可以看出全国在这 30 年修建了大量的公园，随着城市化进程的深入，建筑物、硬质铺装道路等的扩张侵占了大量绿地和人们游憩休闲的场所，自然山水脉络受到了严重的破坏，而公园等城市开放空间的修建及城市景观的设计正好弥补了这一发展缺陷，不仅给城市带来了新鲜的生命体，维护了城市生态健康，同时也给人们提供了舒适、自由、安全的活动休憩空间。

城市广场在现代城市公共空间的组成里占有不可或缺的重要位置，它体现了城市风貌，集中反映了地域历史文化背景和特色人文情怀。同时在功能方面也为人们提供活动空间和休憩场所，有利于丰富人们的文化生活，如西湖文化广场、上海铁路南站广场景观、南宁民族广场等。

六、地景规划和国土生态修复

20世纪以来，人类改变自然的能力迅速提高，人口快速增长，人类破坏自然的范围日益扩大，而自然的领域则以越来越快的速度日渐缩小。20世纪中叶以后，由于生态学和环境科学等学科的发展，许多科学家认识到在整个地球范围内协调人与自然关系的重要性和迫切性，大地景观规划逐渐成为保护和利用自然环境的重要措施之一。

生态修复是指通过人为的调控，使受污染损害的生态系统恢复到受干扰前的自然状态，恢复其合理的内部结构、高效的系统功能和协调的内在关系。生态修复实施的重点在：①城市山体修复；②城市水体修复；③实施城市废弃和污染地修复；④城市绿地修复。在水系整治规划方面，主要包括长河及京密引水渠昆玉段沿岸城市景观规划设计、铁岭凡河新城城市水系景观规划（建成）、唐山市南湖生态城核心区综合景观规划设计（建成）、福州江北城区水系整治与人居环境建设综合研究等。

第四节　组织与期刊

行业人才的不断扩大，学科研究的日益活跃，促进风景园林行业专业学会的产生。学术组织的建立，又助推了行业进步和学科发展。学会的发展带动了学术期刊的发展，行业的优秀作品和发展动态通过期刊向大家传播，见证了风景园林学科的形成与发展。

一、学术组织搭建交流平台

一个行业发展到相当的规模，自然人才济济，会产生频繁的学术交流活动，并在交流中互帮互助、共同提高，在这样的背景下成立该行业的学会就势在必行。风景园林行业也是如此，需要搭建学会来促进学科发展进行理论探索，传播先进技术，普及科学技术知识，编辑出版学术书刊和科普读物，参与重要项目和发展战略的论证与研究，向社会提供科学技术咨询服务，开展国际学术交流活动，促进民间国际科技合作，举办行业的展览、传播信息等。

目前国内最具权威性、代表性的就是中国风景园林学会。1983年，在中国建筑学会园林绿化学术委员会的基础上，成立的中国建筑学会园林学会（对外称中国园林学会），其是中国风景园林学会的前身。1989年，中国风景园林学会成立大会在杭州召开，作为一级学会的中国风景园林学会正式成立，设立了城市绿化、园林植物、风景名胜区、风景园林经济与管理、园林规划设计5个专业学术委员会。中国风景园林学会的成立和建设，有效促进了科学技术和园林艺术水平的发展和提高，以及风景园林学科体系的发展和完善。在推动行业交流的同时，2005年前后，中国风景园林学会发起召开全国风景园林教育大会，搭建高校间教育教学交流的平台。与此同时，积极呼吁设立风景园林学一级学科。2006年，中国风景园林学会加入国际风景园林师联合会（IFLA），开启了国际交流的新时代。

2009 年，中国风景园林学会召开第一届年会，是自学会在 1989 年成为国家一级学会后的首次全体年会。会议由中国风景园林学会主办，清华大学建筑学院、北京市园林绿化局和北京市公园管理中心承办，北京清华城市规划设计研究院、《中国园林》杂志社和《风景园林》杂志社协办。来自全国各地的 400 余名风景园林工作者出席了年会。共 5 位国内外著名学者作了主旨报告，68 位学者、专家和博士生演讲。年会通过了《中国风景园林北京宣言》。宣言提出，中国风景园林工作者的核心价值观是人与自然、精神与物质、科学与艺术的高度和谐，即现代语境中的"天人合一"。风景园林工作者的历史使命是，保护自然生态系统和自然与文化遗产，规划、设计、建设和管理室外人居环境。大会呼吁营造充满活力、健康、包容、有序的文化氛围，对风景园林事业发展中的重大问题展开充分、认真和建设性的讨论，以达成有利于中国风景园林事业发展的共识。中国科学院院士、中国工程院院士吴良镛在会上发表了以"园林学重组的讨论与专业教育的思考"为题的大会主旨报告；两院院士、中国风景园林学会名誉理事长周干峙在年会闭幕式上发表了以"风景园林事业的一些回顾和前瞻"为题的大会主旨报告；中国工程院院士、中国风景园林学会名誉理事长孟兆祯在年会闭幕式上发表了以"浅谈借景"为题的大会主旨报告。本次会议基本确立了中国风景园林学会的年会制度，包括年会主旨报告、分论坛报告、会议论文集出版，规划设计评奖、论文评奖、现场考察交流等环节，之后每年召开中国风景园林学会年会，成为学科和行业最重要的交流平台。

二、学术期刊开辟沟通窗口

风景园林行业的持续发展带动了学术期刊的产生和发展。学术期刊编辑和出版也成为学术组织的重要工作之一。这个时期学术期刊的发展也可分为三个阶段，创建阶段、稳步发展阶段和蓬勃发展阶段。

1980—1990 年，行业期刊开始初步发展

这一时期创刊了大量的专业类园林期刊，总结实践经验和学术新思路，集技术性、学术性、知识性、实用性于一身，重点围绕风景园林规划设计与人居环境建设的主题，刊登风景园林（包括景观）学科及相关学科的设计实践及学术研究，关注行业动态与政策，推广国内优秀设计项目和行业活动，积极挖掘行业的学术前沿和实践新成果等。期刊中有全面综合型，兼顾风景园林之下的多元化内容，如创刊于 1985 年的《中国园林》，是中国风景园林学会会刊，在国内外公开发行，该刊物以维护人类生态环境为核心，以风景园林规划设计和风景园林植物应用为重点，积极传承和发扬中国优秀园林文化，突出国内外风景园林学科前沿学术理论、科研进展和实践成果。期刊中也有专攻风景园林建设中的某一方面、要素的，如创刊于 1983 年《古建园林技术》，该刊是由北京房地集团有限公司主管，聚焦于园林中的古建筑，为我国从事古建园林设计、施工、古建文物保护修缮部门，以及大专院校等专业工作者提供相关资讯。

除了专业类园林期刊外，科普类期刊往往更通俗易懂，有助于将园林文化融入人民生活的多个方面，传播风景名胜赏析、城市环境建设以及其他园林文化艺术等与大众切身相关的知识，有很强的普及性、趣味性。如 1988 创刊的《园林》，由中国风景园林学会和上海市园林科学研究所主办，重点交流园林绿化行业的前沿知识、实用技术、文化技艺。主要刊登园林赏析、生活花艺、养花门诊、盆景技艺与赏析、名石收藏与赏析等内容。又如创刊于 1984

年的《风景名胜》，由杭州日报报业集团主办，向国内外报道我国风景名胜、历史文化名城、城市建设、环境建设等方面的最新成就、重大新闻；通过介绍国内外国家公园、名胜古迹的历史和现状，向大众普及与风景名胜有关的历史、文化、自然、科学、美术、宗教、地理等方面的知识。再如1985年创刊的《绿化与生活》是由北京市园林绿化局主管的省级期刊，面向相关科技工作者以及热心于改善生态、美化环境的社会各方面读者，以植树造林、种花种草、改善生态、美化环境为主要内容，兼具专业性与科普性。

虽然这一时期开办了大量优秀的园林学术期刊，但是总体上处于起步阶段，数量和影响力都未形成规模。一部分业内研究者将学术论文发表在建筑和规划类期刊的风景园林专栏上，如孟兆祯院士在1980年年初曾将研究园林艺术的论文发表于《城市规划》杂志的风景园林专栏，同类型的期刊还包括《建筑学报》《建筑史论文集》和《林业史论文集》等。交叉领域的期刊专栏对于风景园林行业的前期成长提供了一个发展的平台，同时有助于学科之间的互相了解和沟通。

1990—2000年，学术期刊稳步发展

这一时期，前一阶段刚创建的学术期刊正在稳步提升，逐渐发展为核心期刊，如《中国园林》入选了"中文核心期刊""中国科技核心期刊"，也是国际风景园林师联合会（IFLA）在中国大陆唯一合作刊物；《古建园林技术》被确定为中国建筑科学类核心期刊。此外，也有新的专业期刊出现，如创刊于1993年的《风景园林》，2005年以后由北京林业大学主办，主要刊登风景园林及相关学科的设计实践及学术研究。

2000—2010年，学术期刊蓬勃发展阶段

随着风景园林事业的快速发展、国际学术交流与出版活动越来越活跃，促进了一批有国际视野的期刊产生和发展。比较出色的设计类期刊包括创刊于2002年的《景观设计》，它由大连理工大学出版社与大连理工大学建筑与艺术学院联合主办。还有创刊于2008年的《国际新景观》，关注当代中国的城市问题，以国际化视角全方位介绍景观设计与规划的新方法、新技术、新理念等。再如创刊于2008年的《景观设计学》，由北京大学景观设计学研究院主办，以景观规划设计、规划设计分析、相关理论探讨为核心内容。

三、国内学术交流

随着学术研究的蓬勃发展，工程实践的日益增多和组织期刊的传播，行业对学术交流的需求也日益高涨，各项学术、行业活动、展览等非常活跃，国内外交流和合作不断深入，也吸引了越来越多社会公众的关注。

随着国家城镇建设和生态保护事业的发展，社会对风景园林专业人才的需求越来越大，风景园林学科和行业日益受到关注。风景园林学术组织和各种类型的会议极大促进了国内行业专家学者、技术人员、设计单位和高校的交流合作，形成了集思广益、携手共进的良好氛围，也为理论和实践成果的及时传播搭建了优质平台。

风景园林学术会议围绕园林植物、规划设计、教育等相关专业问题进行探讨。自2009年召开首届中国风景园林学会年会后，年会每年举办一届，成为风景园林学术交流的重要综合性平台，立足国内同行、学术界交流外，也有国外专家的参与。

园林植物方向相关会议内容多集中在园林植物的培育研发、应用方式、保护管理等方面。

其中，中国风景园林学会植物保护专业委员会年会开始于 1991 年，每年举办一次。会议着重研讨交流园林植物病虫危害的预防、防治及园林药物、药械的研制，针对园林植物保护方面存在的突出问题进行解读，探索突破专业领域重要问题的研究方法及思路，研讨破解难点问题的新技术、新方法和新思路，推广综合防治功能技术等，以保障园林树木、花卉及地被植物的健康生长，充分发挥园林绿地的功能效益。

规划设计方向相关会议内容着重针对近两年完成的优秀风景园林规划设计项目进行经验交流，探讨规划设计领域的新理念、新发展和新动态。其中，中国风景园林规划设计交流年会于 1999 年首次举办，每年举办 1 次。年会旨在交流全国最新风景园林规划设计成果，促进风景园林规划设计理论和技术提升，满足生态文明建设发展要求，促进城市生态园林建设。此外，国内还组织了几届"风景园林设计机构发展圆桌论坛"，研讨新形势下风景园林设计机构的管理、发展、改革等。

风景园林教育（类）相关国内学术会议的交流内容主要是教学体系、课程设置、人才培养目标等。中国风景园林教育会议首次召开于 2006 年，此后逐年举办。会议旨在解决风景园林教育快速发展过程中的共性问题，搭建风景园林学术交流平台，促进全国风景园林院系深化合作交流，推动我国高校风景园林教育思想观念的更新，促进风景园林人才培养模式的创新及风景园林学科的持续健康发展。

风景园林科普活动是行业交流的重要方面，活动宣传了风景园林的社会作用和核心价值，普及了风景园林专业知识，引导社会公众走进风景园林，营造良好的城市生态环境，促进城市和谐发展，同时也让更多的社会公众加入风景园林建设的事业中来。其中，具有较大影响力的活动有"风景园林月"系列学术科普活动。它是中国风景园林学会响应 IFLA "世界风景园林月"活动自主创建的一项品牌性学术活动，于每年 4 月举办。2007 年，中国风景园林学会举办了首届"风景园林月"活动，影响逐年提升。每年活动期间，结合当年的风景园林发展动态制定活动主题，组织学术科普报告会、风景园林走近百姓身边、"说园"沙龙、大学生职场沙龙、专业（网络）展和风景园林主题摄影作品征集展示等，增进社会和公众对风景园林学科的了解，有效推动了风景园林知识的普及。

风景园林展览交流活动，展示了风景园林发展成果和地域风景园林特色，促进了学术交流、科技研发和同行间合作，同时展示了当地文化特色，拉动了文化旅游的发展。综合性园林展览会以中国国际园林博览会为代表，展会期间结合展会主题和行业发展需要，组织高层论坛、学术研讨、技术与商贸交流、特色文化艺术展示、展演等系列活动。专业类园林展览会为风景园林某一专业领域的交流平台。其中，中国菊花展览会，由中国风景园林学会组织，创办于 1982 年，每 3 年举办一次，菊花展促进了学术交流和产业发展，同时对弘扬菊花文化，推动当地文化旅游及服务地方经济发展都具有重要作用。此外，中国盆景展览会也由中国风景园林学会组织，创办于 1985 年，每 4 年举办一次，展会加强了盆景文化交流，提高了群众盆景艺术鉴赏力和盆景制作技艺，促进盆景文化事业的发展。

2005 年以来，不同规模的大学生设计展览、大学生设计竞赛等活动，推动了大学生之间的交流，促进了专业教学水平的提升。

第五节　国际学术交流

1980年以来，国内风景园林行业的发展助推了越来越多的国际学术交流活动，主要集中于国际学术会议、教学合作、设计竞赛和项目合作等方面。

中国风景园林学会通过与国际组织的教学机构合作，加速风景园林学科内的信息、经验和思想的交流，定期举办国际会议，进行访问交流，进一步促进中西方园林文化的交流与融合。与IFLA的交流与合作是此期间的重要成果之一。1985年5月，中国风景园林学会首次正式出团，由陈俊愉、孙筱祥和孟兆祯三位学者代表学会参加在日本神户举行的第23届IFLA学术会议。2006年，中国风景园林学会成功加入IFLA，随后，逐年组织代表团参加IFLA世界大会、IFLA亚太会议等，推介中国风景园林学科发展情况。2007年，与IFLA合作，在北京和无锡举办高层研讨会。2009年，在苏州举办IFLA第47届世界大会，会议规模达3000余人，是在我国举办的风景园林行业规模最大的一次盛会。

此外，1998年，在原北京园林学会与日、韩两国学会交流的基础上，中、日、韩三方学会达成协议，共同举办三国风景园林学术研讨会，逐年在三国间轮流举办。此后的十余年中，中国先后在苏州、北京、上海、杭州等举办四届会议，并组织国内学者参加了在日、韩举办的多届会议，有效推动了三国风景园林间的交流，促进了在教育、研究、设计、营建和管理等方面的相互借鉴。

中国风景园林学会与英国、澳大利亚、马来西亚、新加坡等国家的学术团体也保持着联系，开展了不定期的互访活动。其他知名的国际学术会议还包括2015年国际风景园林师高峰论坛等。

风景园林国际教学合作主要包括学者互访和高校合作两方面。1983年，国际风景园林师联合会（IFLA）邀请孙筱祥教授作为中国个人代表参加会议，并较频繁地赴国外巡讲。孙筱祥教授在以哈佛大学为代表的多所美国及澳大利亚高校中详细介绍了中国园林的历史和发展、中国园林的哲学思想及对中国园林未来发展的设想，为国际学者深入了解中国园林和中国文化提供了窗口，在国际上产生了较大的影响。在国外留学的陈俊愉院士和访学研究的苏雪痕教授发表了多篇学术论文，内容涉及中国植物资源对欧洲的影响、中国植物资源调查与利用状况等。这些访问学者在归国后继续保持与国外的密切联系，将更多知名的国际学者邀请到国内进行学术交流，促进国际学者对中国问题的关注和研究。1980年年末，国内高校开始邀请国外知名教授来华交流合作。国外学者通过学术报告分享研究成果、设计思想及国际上的前沿热点，极大扩展了我国高校师生的视野。如北京林业大学邀请美国哈佛大学的教授进行为期10天的系列讲座，将麦克哈格的生态规划、地理分析等前沿理论带到了国内。

2003年清华大学建筑学院建立景观学系，聘请了美国宾夕法尼亚大学艺术学院景观与规划系教授、美国艺术与科学院院士、哈佛大学前系主任、美国著名风景园林师劳瑞·欧林（Laurie D. Olin）为清华大学讲席教授，任第一任系主任，同期建立"劳瑞·欧林讲席教授组"，聘请了具有丰富教学与实践经验的9位国外教授。在2004—2007年，讲席教授组承担了景观史纲、景观生态、景观水文、景观技术以及 STUDIO 课程等主要专业课程的教学工作。这一重要举措不仅成为清华大学风景园林学科发展的新起点，也为全国范围内介绍引进了国外最为先进的教学方法、专业理论和技术，打开了新的局面。

2007 年，由中国风景园林学会组织，邀请 IFLA 时任主席戴安妮·孟斯（Diane Menzies）博士在国内 6 所高校进行了巡讲。此外，21 世纪以来，众多高校开展国际合作，形成了多样化的教学模式，合作高校的质量和数量也在不断提升。我国高校相继与美国、英国、法国、日本、新加坡等多个国家和地区的高校进行了学术互访活动，开展了国际论坛、课题合作、研究基地组建等多种形式的合作交流，既高水平地完成了研究工作，又建立起与国际相关科研机构长期的合作研究平台。

风景园林学生国际竞赛在全球层面上，推动了风景园林教育教学和学生间的设计交流，中国学生在活动中取得了令人瞩目的成绩，向世界展示了中国风景园林教育的水平。1990 年，由孟兆祯教授指导、刘晓明设计的《蓬莱镇滨海景观规划与设计》竞赛作品，获得了国际风景园林师联合会（IFLA）的国际大学生风景园林设计竞赛第一名暨联合国教科文组织（UNESCO）奖。自此，越来越多的教师指导学生在国际大赛中获得佳绩。1980—2010 年在我国风景园林学科产生巨大影响力的国际竞赛主要有：IFLA 国际学生设计竞赛、中日韩大学生风景园林设计大赛、ASLA 竞赛学生奖等。这些学科竞赛的主题随着社会、经济、生态环境的变化而不断转变：从关注于风景园林设计本身的艺术性、科学性和文化性；到关注于社会生活中城市化、工业化对人类生存空间造成的威胁；近年来，随着人居环境和地域风景面临着生态、社会、功能等方面衰退的复杂挑战，竞赛主题更多地聚焦于人与自然的和谐共处。国际竞赛可以激发行业的学习热情和良性竞争，同时对提高行业认知度也具有很高的社会意义。另外，国际竞赛也为风景园林行业构建了人才储备库，在寻找人才的同时也在给予机会，促进行业不断提升。

中外设计项目的交流随着国际交流的日益频繁被越来越多的国际设计师关注，推动了中外合作交流，中国传统园林走出国门，让全世界了解到中国园林文化。其间主要的合作方式为文化输出和友好互赠。典型例子是纽约大都会艺术博物馆的明轩，也是影响最大的一个，开创了古典园林走出国门的先河。70 年代末纽约大都会艺术博物馆计划建造一座园林，来展出一批明代家具。于是美国纽约大都会艺术博物馆出资，以苏州网师园内"殿春簃"为蓝本，移植建造于纽约大都会博物馆内。整个项目于 1981 年落成，因其以明代的建筑风格为基调，故称为"明轩"。该项工程成了中美两国文化交流的大事件，将中国的苏州园林与古老的文化传统展现给西方世界，促进双边文化、政治的交流与互动，同时这一事件在风景园林学科的发展史上也具有非常重要的意义。此后，在风景园林设计单位向市场化转变的过程中，更多园林项目和产品出口海外。截止到 20 世纪末，已有 10 多个园林项目出口美国、加拿大、澳大利亚等国家和地区，如"寄兴园""逸园"和"谊园"等。

友好互赠项目建立在友好城市交流中，数量众多，不胜枚举，友好城市建交促进了中西方园林文化交流，较大程度地把中国园林输出到国外。上海、苏州、镇江等国内城市将独具特色的中国园林赠送给杜伊斯堡、横滨、金泽等国外城市。此外，还有多个在国外设计建造的中国园，其中慕尼黑国际园艺展的芳华园是我国在国外自行设计建造的第一座露天园林，为岭南园林传统风格。

中国风景园林师的设计作品开始斩获国际大奖，从 21 世纪初开始多次荣获美国风景园林师协会（ASLA）专业奖、英国景观行会（BALI）国家景观奖、意大利托萨罗伦佐国际风景园林奖、IFLA 亚太地区风景园林奖等奖项。

小结　发展特征与学科影响

在 1980—2010 年我国改革开放的 30 年里，伴随着国家改革开放以及教育制度改革等政策，经济水平、城市化水平、对于自然文化遗产资源的重视、中西方文化的交流、城市建设水平与人们生活水平等都在日益提升，由此带来的对于园林的社会需求促进了风景园林学科的蓬勃发展。同时，风景园林学科体系构建也取得了长足发展。

1. 学科发展特征

风景园林学科在这一阶段呈现四大特征：风景园林行业体系逐步规范化，风景园林建设项目从传统到现代，风景园林设计单位由单一到多元，风景园林人才培养蓬勃发展。具体表现如下：

1）风景园林行业体系：逐步规范化

改革开放以来，我国出现了一批具有重要意义的行业行政法规和技术规范体系。初期阶段以国家大政方针为导向，覆盖风景园林设计、施工和管理等方面，对行业起到了重要的指导作用。国家层面的《国务院关于开展全民义务植树运动的实施办法》（1982）将绿化祖国作为治理山河、维护和改善生态环境的一项重大的战略措施，《城市绿化条例》（1992）是新中国成立以来国务院发布的第一个有关城市绿化的法规。随后在地方层面上，除个别地区外，县以上各级人民政府均应成立绿化委员会，各地相关部门相继开始城市园林立法工作，地方性法规、政策和标准也相继出台。

进入 21 世纪后，风景园林行业法规、政策和技术标准在行业管理的作用日益凸显。《风景名胜区条例》（2006）、《工程建设标准体系（城乡规划、城镇建设、房屋建筑部分）》标准体系（2003）、《城市湿地公园规划设计导则（试行）》（2005）、《城市园林绿化评价标准》（2010）等法规政策和技术规范陆续实施。新世纪的行业管理范畴逐渐扩大，增加了城市生物多样性保护、城市湿地、世界遗产申报和管理等内容，随后《关于加强城市生物多样性保护工作的通知》（2002）、《国家城市湿地公园管理办法（试行）》（2005）等规范性文件也相继出台并实施。

为更好管理风景园林行业，随着 2001 年中国成为世界贸易组织成员，园林绿化单位通过了 ISO9000 质量管理体系认证，为风景园林行业的供需双方提供了质量保证。《关于建设节约型城市园林绿化的意见》（2007）引导和实现城市园林绿化发展模式的转变，同年中国风景园林学会就我国风景园林技术标准和法规进行了详细调研并建立了资料库，使得行业的标准化管理进一步加强。2009 年成立了全国城镇风景园林标准化委员会，促进城市园林绿化的可持续发展。

2）风景园林建设项目：传统到现代

中华人民共和国成立后，经过 30 多年的建设发展，城市绿化事业取得了很大的成就，城市绿地形成了一定的规模，在类型上也由传统园林营建发展到现代城市绿化、风景名胜区建设等，对改善生态环境起到了巨大的作用。

公园建设更加注重生态化。打破了此前传统造园手法中追求"入画"的纯景观效果，生态化设计逐渐成为园林景观设计的主流。从广州珠江公园（20世纪90年代建设）较早开始利用植物生境和景观相结合的手法来设计生态园林，到奥林匹克公园（2008年）作为展示中国环保理念的平台，采用中水净化、近自然林系统、废物资源循环利用、节能建筑等多项生态技术，融入现代科技，打造成为中国园林建设项目的典范。园林设计市场空前繁荣。这一时期新建、改建的园林不仅沿袭了中国传统园林的造园手法与风格，呈现出传统园林的风貌，还广泛采用了现代设计理论和手法，现代的科学技术和建筑材料，或运用了现代的工程技艺来营造新的园林景观。

系统性风景名胜区规划制度正式起步。风景名胜区在我国古已有之，但作为一项设立制度的系统性国家事业，在1980年才正式起步。30多年来，我们使用了国家最小的资金投入，保护了国家最珍贵的资源。20世纪80年代开展了大规模的风景资源普查研究，并在前期规划过程中对管理体制规划进行了重要探索，拉开了全国大规模开展风景名胜区规划编制工作的序幕。2006年国务院颁布《风景名胜区条例》，强化了风景名胜区的设立、规划、保护、利用和管理。自1982—2010年，国务院总共公布了7批、208处国家级风景名胜区，在保护自然文化遗产、改善城乡人居环境、维护国家生态安全、弘扬中华民族文化、激发大众爱国热情、丰富群众文化生活等方面发挥了极为重要的作用。

城市绿地系统规划极具中国特色。城市绿地系统规划是城乡风景园林发展的纲领性规划，同时也是城市规划中一项重要的专项规划，具有鲜明的中国特色。伴随着国家园林城市的建设，全国大中城市基于城市总体规划要求逐渐开始编制独立的城市绿地系统专项规划，强调绿地系统在城市总体规划形态中起到的作用，进而塑造出城市独特的自然景观和历史文脉传承相结合的城市总体格局。

3）风景园林设计单位：由单一到多元

改革开放初期，各地园林设计院是国内园林设计的重要力量，北京、上海等城市园林管理机构以及中国城市规划设计研究院相继组建园林设计院所，成为最早的一批甲级园林设计单位。

伴随着国家园林城市的建设和企业化管理的改革，设计单位由原来单一类型向多元化发展。一批大型的规划设计或施工单位相继成立并发展起来，原有的设计院也根据国家有关要求进行了企业化管理体制的改革。按照市场取向，实行企业化经营，逐步实现与市场接轨、与国际接轨，使园林设计院成了自主经营自负盈亏、自我发展、自我约束的法人实体和市场竞争主体，扩大了行业市场。此外许多知名的国际景观设计公司入驻中国，在中国设立了办事处或分公司，将不同于中国的设计概念、标准、过程等带入中国，影响了中国的景观设计实践。

就此我国风景园林设计单位呈现出多足鼎立的格局，这些设计单位拥有先进的技术条件、技术装备及管理水平，使园林建设从设计到施工等各个阶段逐渐完善。

4）风景园林人才培养：蓬勃发展

随着风景园林行业的发展，社会需求的持续扩大，呼唤更多的高级人才进入风景园林行业中，由此，风景园林人才培养在 30 年取得重大发展。

教育模式更为多样。基于风景园林学科丰富的内涵，各个不同学科背景院校也结合自身的学科特点，逐渐发展出不同的风景园林教育模式。在教学中较多地考虑综合性创新性人才培养，重点是工程技术、设计能力的培养；强调教学内容的理论结合实践和各学科综合。

培养层次更为全面。设立了风景园林专业和风景园林硕士专业学位，构建了从本科到研究生、博士生、博士后多层次全方位的高级人才培养架构，开设相关专业的院校从十几所拓展至二百多所，主要为风景园林事业相关行业培养应用性、复合型专门人才，更好地适应我国风景园林事业发展的需要。

课程体系更加完备。我国风景园林学科教育成长和发展立足于园艺、建筑、规划、艺术等多种学科的基础之上，各类学科院校都以风景园林基础课程为背景，园林设计类、园林植物类、建筑工程类以及园林历史类等传统主干课程在各个院校的课程安排中贯彻始终。而随着时代的发展，课程内容也进行了调整和丰富。

培养目标更为清晰，继承传统又反映时代特色，回应社会的行业建设需求，高校力求将规划设计、人文社会以及技术实践的学科综合起来，培养有宽度、有厚度、有特色的人才。此外科研能力也大为提升，学术活动与成果呈现新的局面。

2. 学科影响

1）风景园林行业的影响力与日俱增

经过改革开放的 30 年，随着风景园林学科蓬勃发展，人居生态环境得到显著地改善，人们休闲活动得到明显地促进，城市风貌得到良好的优化；自然资源得到较好的保护，历史名胜与文化遗产得到广泛地传承；更好地促进了与建筑学、城市规划共同实现建设美丽人居环境的目标；在海外的影响力通过项目出口、学术交流等途径日渐提升。风景园林行业的影响力逐渐扩大，行业地位也实现了由低到高的转变。

从国家角度来看，独立的行业标准扩大了风景园林行业的影响力。风景园林行业的发展从 1995 年中华人民共和国住房和城乡建设部（简称：住建部）印发《城市园林绿化企业资质管理办法》和《城市园林绿化企业资质标准》后而逐渐加快，园林绿化企业自此从建工企业中分离出来。2007 年，住建部印发了《工程设计资质标准》，将风景园林工程从市政公用行业脱离出来。在 2008 年度全国优秀工程勘察设计行业奖评选中，风景园林工程项目首次由本行业专家独立评选，扩大了风景园林行业在工程勘察设计领域的影响力。

从社会关注度角度来看，因气候问题与环境问题的日益严重使园林绿地建设得到社会各界的重视。作为唯一有生命的绿色基础设施，园林绿地在改善城市生态环境、维护城市安全等方面具有重要作用，它可以美化城市，帮助城市树立良好的风貌，为人们提供优美的生活环境，从而提升城市的吸引力，促进城市发展。园林绿地也可以为人们提供社交场所，增添生活情趣，丰富人们的知识，提高人们的环境意识，在新时代引起社会各界的广泛关注。

从资源保护角度来看，1982 年我国公布第一批 44 处国家重点风景名胜区、1985 年《风景名胜区管理暂行条例》与 1987 年以泰山为代表的 6 处文化与自然遗产被列入《世界遗产名录》，标志着我国开始对名山大川的自然与文化资源严加保护的决心，开始了中国世界遗产发展的篇章。风景园林学科将大地的自然景观和人文景观当作资源来看待，从生态、社会、经济价值和审美价值 3 个方面来进行评价，在开发时最大限度地保存自然景观，最合理地使用土地。

从学科发展来说，1988年《中国大百科全书——建筑·园林·城市》（规划卷）是我国第一次著书明确园林学为独立的学科，准确地提出了风景园林学科的性质、范围，阐述了学科的发展历史，并全面地概括了学科的研究内容。风景园林学科研究分传统园林学、城市绿化和大地景观规划3个层次，其中传统园林学园林建筑、城市绿化中的城市园林绿地系统部分完善了建筑学、城市规划学学科发展。风景园林学学科的崛起完善了人居环境体系，使之成为与建筑学、城市规划同列为人居环境建设的3个各自独立又密切联系的学科。

从国际角度来看，中国风景园林行业在海外的影响力日渐增加。自20世纪80年代后期开始出现良好的局面，我国风景园林界与国外同行的交流也频繁起来。园林项目输出为世界了解中国提供了直观体验的空间范本，更多的"中国制造"项目获得国际赛事认可，学会组织承办的各项国际会议吸引国际景观行业间讨论与合作，越来越多的教师指导学生在国际大赛中获得佳绩，更多的高校开展了与多个国家和地区的高校间学术访问活动，建立起与国际相关科研机构长期的合作研究平台。这些都扩大了风景园林行业的海外影响力。

2）风景园林学科得到传承与延续

总体来说，风景园林学学科蓬勃发展阶段（1980—2010）相对完整地传承了"形成和早期发展阶段"（1950—1970）的主要成果，如学术理论；并总结了早期发展阶段城市绿地系统规划、城市绿化、城市公园等实践方面的丰富经验。

这一阶段我国处于工业化、城市化的重要时期，环境和资源面临很大压力，园林绿地作为唯一有生命的基础设施，对于物质文明和精神文明建设具有不可替代的作用。国家经过多年的实践检验出台一系列法规政策、规范标准，指明了学科方向；各设计单位承担多元化的项目类型，积累了大量园林建设成果，扩大了行业市场；各个高校回应行业的社会需求，完善了培养教育体系；多位学者潜心理论研究，从多角度多方面进行学术积累，积淀了学科理论深度；经过专家们的共同努力，为下一阶段学科的全面发展打下良好的基础。

撰稿人：郑　曦　周宏俊　张同升

第五章 中国风景园林学学科的全面发展
（2011 年之后）

　　21 世纪第一个十年完成之际，中国的经济社会发展进入了一个新的历史阶段。到 2010 年年底，我国的经济总量超过日本，成为世界第二大经济体。但我国人均国民收入仍远低于世界平均水平，改善民生的任务任重道远。在城镇化发展方面，从 2011 年开始，我国城镇化水平超过 50%，标志着我国从一个农民大国，进入以城镇人口为主体的社会。此外，这一时期的社会经济发展还面临人口老龄化加剧、经济增速放缓甚至下行的压力、环境污染等一系列挑战。党的十九大报告中指出，我国社会主要矛盾已经转化为人民日益增长的美好生活需要和不平衡不充分的发展之间的矛盾。社会发展呈现从以数量导向为主向以质量导向为主转变的趋势。

　　为进一步提升社会发展质量，国家提出了一系列全方位的、开创性的制度创新和改革举措。在城镇发展方面，党的十八大明确提出了"新型城镇化"概念，中央经济工作会议进一步把"加快城镇化建设速度"列为 2013 年经济工作六大任务之一。在生态环境保护方面，党的十八大做出"大力推进生态文明建设"的战略决策。2015 年 9 月 11 日，中央政治局会议审议通过《生态文明体制改革总体方案》，系统阐述了生态文明体制改革的 6 大理念、6 大原则以及 8 项制度等具体的改革内容。2015 年 10 月十八届五中全会召开，加强生态文明建设首度被写入国家五年规划。2018 年 3 月通过的宪法修正案中，生态文明建设被列入国务院行使职权之一。2018 年 5 月，习近平总书记对全面加强生态环境保护，坚决打好污染防治攻坚战，做出了系统部署和安排，"习近平生态文明思想"这一重大理论成果由此确立。对外交流方面，2013 年习近平主席提出"一带一路"倡议，推动沿线各国实现经济政策协调，开展更大范围、更高水平、更深层次的区域合作，共同打造开放、包容、均衡、普惠的区域经济合作架构。中国国际影响力、感召力、塑造力进一步提高。

　　在上述经济社会发展转型、生态文明建设、"一带一路"倡议、新型城镇化等新时代背景下，风景园林学因其学科特色，肩负着极为重要的历史使命与责任，也迎来了前所未有的发展机遇。

第一节　一级学科的建立

　　风景园林学科以营造高品质户外空间为基本任务，以协调人与自然关系为根本使命，在"人类世"和"生态文明"阶段前景广阔。改革开放以来我国风景园林教育发展迅速，学科和专业点快速增长，开设专业点的院校范围不断扩大，师资队伍逐渐壮大，形成了多层次、宽领域的人才培养体系。

　　自1998年以来，由于城镇化建设对园林行业人才大量需求，我国风景园林学科点和专业点增长迅猛。截至2018年，风景园林学博士点21个，其中有19所为2011年新增一级学科博士点，2所分别为2013年、2018年新增一级学科博士点；风景园林学一级学科硕士点46个，风景园林专业硕士点59个。在本科教育中，我国有202所院校开设了风景园林本科专业。

一、建立一级学科的背景

1. 专业和学科

　　中国现代风景园林专业教育自1951年设立造园组开始，至2009年已经历经了近60年，并在建筑学和林学一级学科内以不同形式存在。时代进步，生态学科发展，人类对环境不断深入认知。改革开放后，我国城乡人居环境建设快速发展，人民群众对健康优美环境有了更高需求，风景园林专业已发展成为一门以户外空间营造为核心内容，以协调人和自然关系为根本使命，融合现代多学科知识和技能的交叉应用型新型学科。风景园林学的知识框架和教学内容已经远远超出了"建筑学""城市规划"和"林学"的范畴。1998—2009年，风景园林相关的博士点和硕士点年均增长约20%，本科专业点年均增长约14%。学科主线及核心问题逐渐清晰，作为一级学科的条件已具备，增设风景园林学为工学门类一级学科取得了广泛共识。

2. 行业发展

　　2005年，风景园林一线从业人员565.5万，行业发展和各种实践领域活动，对学科发展和专业人才提出了更高要求。2008年城市公园8557个，人均公园绿地9.71平方米，建成区绿地面积174.7亿平方米；公共绿地建设投资（不计征地）约6000亿—10000亿元；国家园林城市139个，国家园林县城40个；地市级园林管理局680个，各级自然与文化遗产保护管理机构6000余个；风景园林及景观设计单位1200多家，具有城市园林绿化二级以上资质的企业超过2000家；2009年，我国已有38处世界遗产地、885处风景名胜区、6000余处国家文化与自然遗产地，风景园林行业的发展迈入了新台阶。

3. 学科发展与"学位授予和人才培养学科目录设置"修订

　　根据《学位授予和人才培养学科目录设置与管理办法》（学位〔2009〕10号）规定，我国约10年进行一次一级学科目录调整。1983年农学门类林学一级学科内设园林规划设计和园林植物二级学科，1990年风景园林规划与设计作为二级学科归属工学门类建筑学一级学科，园林植物二级学科归属农学门类林学一级学科。1997年在工学门类建筑学一级学科下设"城市规划与设计（含风景园林规划与设计）"，在农学门类林学一级学科下设"园林植物与观赏园艺"。2009年第四次开展的"学位授予和人才培养学科目录设置"修订工作，使得学科发展迎来新的历史机遇。

4. 广泛共识，全面响应

增设风景园林学成为工科门类下的一级学科是时代的需求，取得了学科内部、相关学科、行业主管部门和中国风景园林学会的广泛共识。受到住房和城乡建设部的重视，并得到中国风景园林学会全力支持，在全国范围内各个层面得到积极回应：来自全国相关领域20位院士（含建筑学一级学科内全部院士）联名至信有关部门表示认可和支持。来自全国70多所建筑、农林和艺术类院校的院长、系主任和学科负责人，以及众多用人单位集体发声，强烈呼吁增设风景园林学科为一级学科。

二、一级学科建设的必要性

风景园林学的根本使命就是以保护、规划、设计、管理等手段，在不同尺度的大地上，有智慧地、创造性地处理人和自然之间的关系。风景园林规划设计是为不同需求的人群服务，是一个公共资源合理分配的过程，其根本使命是"协调人和自然的关系"。因此，当今时代背景下，风景园林独立发展极具必要性，同时也将面临诸多挑战，主要表现在：

（1）符合国际趋势。当今现代化和资源环境承载力之间的尖锐矛盾呼唤着新的科技革命和产业革命，迫切需求人居环境建设的可持续性发展，风景园林学成为承担这一历史使命的合理选择。作为独立学科，"Landscape Architecture"风景园林学在国际上广泛设置，持续发展100余年，其独立发展是国际化趋势。

（2）社会发展的人才需求。回顾近代历史，可以发现风景园林学科沿传统文理学科与现代科学技术交叉学科演化的主轴发展。体现科学和艺术的结合、逻辑思维和形象思维的结合。风景园林事业的快速发展，急需相应的高级技术人才支撑。

（3）城市发展需求。可持续发展已经成为全人类的共识，气候变暖、能源紧缺、环境危机是人类面对的共同挑战。科学发展、生态文明、和谐社会已经成为中国的基本国策，经济稳定增长和快速城市化仍将持续很长时间。

（4）鼓励学科交叉融合的机遇。风景园林是一门涉及多学科的综合性学科，本身需要多学科、多行业力量的整合。建筑学等相关学科的迅速发展为风景园林学学科提供了有利基础与条件，扩宽思路，发挥优势，积极创新，拓展研究方向。

（5）理论技术与教育工作有待完善。理论技术上应重视并不断发展新工具及新应用技术。教育方面应全面协调风景园林学一级学科与风景园林学专业硕士培养方案，将培养人才与未来职业资格认证进行有效的衔接。

（6）高层次人才和社会需求间的缺口巨大。高品质户外空间日趋强烈的需求与快速城镇化对自然环境的巨大压力迫使我们需要建立一个广阔、横跨多个知识门类的风景园林学学科，以实现高层次人才的综合、系统和专门化训练。

风景园林学学科面临提升发展的重要机遇，需明确社会需求与学科定位，共同解决目前学科面临的挑战，在现有基础理论之上，坚持创新和融合，促进社会全面发展和提高对未来问题的预见性。

三、关键时间节点和事件

1. 2002—2009 年，不同学校和组织推动学科发展

2002 年，北京林业大学起草了设立风景园林学科一级学科报告。2004 年 11 月，由建设部人事司组织，在北京召开景观学（筹）会议，推动成立"景观学"专业指导委员会，来自全国 20 多所高校的风景园林负责人参加。2005 年 1 月 21 日，国务院学位委员会第二十一次会议审议通过《风景园林硕士专业学位设置方案》。全国第一批 25 所高校成功获得学位授权点。4 月 28 日，中国风景园林学会向国务院学位委员会、建设部、教育部、中国科协递交《关于要求恢复风景园林规划与设计学科并将该学科正名为风景园林学科（Landscape Architecture）作为国家工学类一级学科的报告》。2003 年，教育部批注西南交通大学增设"景观建筑设计"专业。2006 年 1 月，中国风景园林学会教育分会（筹）组织牵头，撰写《关于申请以"风景园林学学科（Landscape Architecture）"统一规范国内相关专业并作为工学类一级学科的报告》，递交教育部，参加签名的院校 22 所。同年，教育部恢复本科"风景园林"专业，增设本科"景观学"专业，均归属工学门类土建类专业。

2. 2009—2010 年，增设风景园林学一级学科论证与有效推进

2009 年 2 月 25 日，国务院学位委员会和教育部印发《学位授予和人才培养学科目录设置与管理办法》的通知。6 月 8 日，发布《国务院学位委员会　教育部关于修订学位授予和人才培养学科目录的通知》（学位〔2009〕28 号），7 月组建工作小组。

按照管理办法中一级学科调整程序，首先是"一定数量学位授予单位或国家有关部门提出调整动议，并依据本办法第七条的规定提出论证报告"。2009 年北京林业大学和天津大学分别递交了《风景园林一级学科调整建议书》。

2009 年增设工学门类一级学科工作启动。9 月，中国风景园林学会首届年会在清华大学举行，会议起草《中国风景园林学会北京宣言》，共同思索中国风景园林事业面临的机遇和挑战，风景园林工作者的历史使命和担当。会议期间，清华大学、同济大学、重庆大学、西安建筑大学和湖南大学的风景园林院系负责人于 9 月 13 日共同商讨了一级学科推进工作计划。10 月 6 日，风景园林一级学科第一次论证会在西安建筑科技大学建筑学院举行，来自清华大学、同济大学、重庆大学、天津大学、湖南大学、华南理工大学和西安建筑科技大学的 9 名专家学者，讨论风景园林一级学科论证报告。11 月，在重庆大学首次召开风景园林学、建筑学和城乡规划学三个一级学科的学科建设讨论会。12 月 21 日住建部组织了风景园林学（工学）、建筑学和城乡规划学三个学科增设一级学科论证会。2010 年 9 月，由住房和城乡建设部成立"高等学校风景园林学科专业指导小组"，作为"风景园林教指委"的前身，由来自 13 所院校的代表组成，清华大学为主任单位。"住建部高等学校风景园林学科专业指导小组"既是增设风景园林学为一级学科的因，也是果。之所以是"因"，缘于"指导小组"的筹备和建设过程中，若干主要成员不遗余力、不计成败、密切配合，在增设一级学科的过程中发挥了关键的策划、组织、协调和推动作用，并起草了《增设风景园林学为一级学科论证报告》；而"果"是因为上述过程大幅度提升了风景园林学的地位和影响，也使得"高等学校风景园林学学科专业指导小组"最终得以成立，其中的很多成员也成为一级学科建立前后中国风景园林教育卓有成效的领导者、组织者、宣传者和推动者。

3. 2011 年 3 月正式公布风景园林学一级学科成立

2011 年 3 月 8 日，国务院学位委员会、教育部印发《学位授予和人才培养学科目录（2011年）》的通知，其中，风景园林学增设成为工科门类一级学科。

2011 年 8 月，全国第一批风景园林博士学位授权点在 19 个高校设立，分别为北京林业大学、东北林业大学、东南大学、福建农林大学、哈尔滨工业大学、河北农业大学、河南农业大学、华南理工大学、华中农业大学、重庆大学、南京林业大学、清华大学、四川农业大学、天津大学、同济大学、武汉大学、西安建筑科技大学、西北农林科技大学、中南林业科技大学。

第二节　教育与课程

风景园林学科体系中重要的环节是人才培养。风景园林教育的发展与课程培养体系是风景园林人才培养的关键，是支撑风景园林学科发展的重要支点。自 2011 年风景园林学正式成为一级学科以来，在人才培养、教育规模与质量方面形成了全面迅速发展的新局面，不同背景的院校相继开设风景园林相关的专业与课程，并设置了不同层次的培养体系，课程体系建设因此也越来越完善。

一、教育体系

我国现代风景园林教育诞生于 20 世纪 50 年代，其专业名称先后经历过多次改变，此后又经历了专业裁撤与恢复办学的曲折过程。在 2011 年提交的一级学科论证报告中，风景园林学科逐渐呈现明晰的框架与规模，包含风景园林历史与理论、风景园林规划与设计、大地景观规划与生态修复、风景园林遗产保护、园林植物与应用以及风景园林工程与技术 6 个学科方向，其本硕博不同层次的教育教学关注的重点也逐步快速发展并各有侧重。本章重点论述自 2011 年成为一级学科后的风景园林教育的发展特点、发展规模、教学思想和人才培养等 4 个方面，并探讨在一级学科背景下的风景园林教育体系的构建。

1. 多元化背景下风景园林教育发展的特点

风景园林学学科自身的综合性很强，在发展中进一步融合了生态、建筑、地理、社会和艺术等多学科的相关知识，为学科教育体系的构建带来了一系列挑战；另一方面由于师资匮乏，学科的全面发展也受到一定限制。2011 年以来，中国风景园林教育通过对多种理论的整合与提升，逐渐完善并呈现出基于多元化背景的规范发展过程。

基于风景园林学学科丰富的内涵，不同层次、背景与类型的院校构建并逐步发展教育教学体系，同时又结合自身的学科特点和办学背景，逐渐发展出基于规范又各具特色的风景园林教育模式。由于各学校学科教育的发展背景与课程设置、教师教育背景等不尽相同，各院校在专业课程的设置也有所不同，因而形成不同特色类型的课程体系。多元化的教育模式、特色化的课程体系、丰富的理论成果为学科培养不同层次不同特长的人才做出了积极的贡献。

第一，风景园林学科呈现多学科整合规范化日益凸显的特点。风景园林学科的教育培养在一级学科的背景下不断创新与发展，通过深化学科内涵，拓展学科外延，逐渐发展并形成了规划与设计、植物与生态、工程与技术等知识为核心的多学科融合的完整体系。

第二，风景园林学科本硕博人才培养类型和层次逐渐完善。当前我国的风景园林学科具有本硕博及博士后完备的培养途径，主要类型包括：第一类是风景园林本科、硕士、博士教育体系贯通的院校。第二类是仅设置有风景园林学硕士、博士教育体系院校。第三类是仅设置有风景园林本科教育体系的院校。

第三，风景园林学科的人才培养中高校与行业教育实践进一步联合。由于学科的应用型特点，要求风景园林教育的发展必须与行业需求紧密联系。目前全国范围内的风景园林教育指导机构包括：中国风景园林学会教育工作委员会，教育部高等学校建筑类教学指导委员会风景园林专业教学指导委员会、全国风景园林专业学位研究生教育指导委员会、国务院风景园林学科评议组等，这些机构充分发挥自身职能，主办中国风景园林教育大会、风景园林学科发展论坛、全国风景园林本科教育大会暨教育部高等学校建筑类教学指导委员会风景园林专业教学指导委员会年会等，共同参与风景园林本科专业规范和国家标准制订等工作，构筑风景园林学术共同体，另外还联合中国风景园林学会、中国学位与研究生教育学会风景园林专业学位工作委员会等，围绕风景园林专业教育问题同国内及海外相关企事业单位开展产学研一体化对话活动，引导教育机构与行业单位共同协作，构筑风景园林职业发展共同体。

第四，校企协同。学校与企业合作，形成了"企业参与、学校自主、联合培养"的新模式，深入开展校企合作，有助于提高学生的就业竞争力，促进教学改革，加强应用型人才培养。校企协同的关注对象，也不再局限于风景园林专业硕士，还包括了含本科、科学硕士等其他层次的学生们。

2. 风景园林学科内涵与教育目标

随着工学、农学、理学、艺术设计等学科背景的办学单位对风景园林学科内涵与外延的认识逐渐接近，并且对风景园林学科的内涵不断明确，各类院系正逐渐形成共识的人才培养目标，将相关的自然科学、人文科学与工程技术理论与知识融合在人才培养体系之中。

1）学科内涵

风景园林是一门综合性的应用学科，是综合运用科学与艺术的手段，研究、规划、设计、管理自然和建成环境的学科，以协调人与自然之间的关系为宗旨，保护和恢复自然环境，营造健康优美的人居环境。其研究内容主要围绕2个方面的问题：如何有效保护和恢复人类生存所需的户外自然环境以及如何规划设计人类生活所需的户外人工环境。基于以上研究内容，风景园林融合了工、理、农、文和管理学等不同门类的学科知识，综合应用科学和艺术手段，交替运用逻辑思维和形象思维方法，具有典型的交叉学科特征。

风景园林学科的三大基础理论是风景园林空间营造、景观生态学和风景园林美学。以建筑学、城乡规划学、生态学和美学等理论与方法作为基础理论的内核，广泛吸收相关自然与人文学科的知识体系，自然学科包含地理学、水文学、植物学、地质学、气候学和土壤学等；人文学科包含艺术学、历史学、游憩学、管理学、文化人类学和社会学等；工程学科包含土木工程、环境科学与工程、水利工程和测绘科学与技术等。

风景园林空间营造理论是风景园林学的核心基础理论，内容主要围绕着如何规划和设计不同尺度户外环境展开，景观生态理论是风景园林学在解决如何协调人与自然关系这一学科核心问题时的关键工具；风景园林美学理论反映了风景园林学科学与艺术、物质与精神相结合的学科特点，是关于风景园林学价值观的基础理论。

一般而言，风景园林学科研究较多采用3种方法，分别为学科融贯方法、实验法、田野调查法，这些方法能够综合分析并解决研究中遇到的各类复杂性问题。

2）培养目标

风景园林教育针对不同培养层次，建立不同的培养目标。本学科教育的基本目标是将学生培养成在满足社会和个人需求的同时，能够解决由不同需求引发的潜在矛盾的专业人员。要求学生学习和掌握的知识或具备的能力有以下几点：充分尊重文化和自然规律；掌握工程材料、方法、技术建设规范与工程管理的相关知识；熟悉植物材料并掌握其应用的理论与方法；掌握风景园林规划设计与理论方法；具备对各种尺度的风景园林规划、设计、管理的调查研究与实践能力；熟练应用计算机与信息技术；了解公共政策与法规；培养沟通与交流能力；树立正确的职业道德与价值观。

不同院校在培养目标上形成一定的共识，为面向整个国土、城乡、城市的生态保护与人居环境建设、园林景观规划与设计、国家公园、自然保护地、风景名胜区等的规划设计、城市绿地系统和城市各类绿地及公共空间规划设计、遗产保护与文旅规划设计等，以及管理、施工、监理等方面的高级工程技术，培养具有优秀的综合素质、实践能力和创新精神的高层次风景园林规划与设计、建设与管理复合型人才，掌握以知识和责任为依据的综合技能，以满足国家和社会的需要。

3. 各层次人才培养方案

"协调人和自然的关系"是风景园林学的使命。为实现这一目标，学科设置本科、研究生多层次培养计划，在不同阶段侧重不同教育理念，力求培养符合具有国际化和本土化双重视野，符合时代发展需求和社会需求的高学历人才。

风景园林专业本科生培养重点是：贯彻《高等学校风景园林本科指导性专业规范》要求，培养适应国家生态环境和人居环境建设，具有扎实的专业基础理论和合理的知识结构，系统掌握风景园林规划与设计、风景园林植物应用、风景园林施工与管理等方面基本能力，拥有获取知识、应用知识、表达知识、沟通协作等综合能力的高级工程技术人才，充分了解本专业的学科前沿和发展方向。风景园林专业本科有四—五年学制，授予工学学士学位。理论教学和实践教学两翼并重，课内和课外相融，共同培养创新型、复合型高端人才。

在综合素质培养方面，通过实践教学环节，提高学生运用理论知识进行风景园林艺术创作和规划设计的能力。通过毕业设计和综合性实习培养渠道相互交融，重点培养学生综合运用所学知识和技能去独立解决实际问题的能力。通过各种设计竞赛、科研创新项目、学术讲座、社会实践以及就业实习等教育环节加强学生的专业知识和技能，提高综合素质。

风景园林学术型硕士培养重点是：了解风景园林学科的发展背景，与建筑学、城乡规划学之间的学科关系，以及专业知识领域的相同与不同。应掌握的知识结构包括4个方面：①掌握中外风景园林历史发展过程和特征；②掌握学科研究方向的基本理论和方法，了解风景园林各主要研究领域基本内容和国内外研究进展；③了解与风景园林学相关的地学、植物学、生态学、水文学等自然学科知识，以及美学（或艺术学）、社会学、资源管理、游憩学和行业政策法规等人文知识；④了解风景园林学主要学科方向的研究内容及其进展。硕士学位获得者应该具有探究风景园林学科问题的热情、兴趣和主动性，具备将风景园林理论研究和规划设计实践相结合的思维方式，具备较好的学术洞察、实地调研、归纳分析和团队合作的能力，以及良好的创新意识。

风景园林专业学位培养重点是：具备扎实的风景园林理论体系和娴熟的风景园林实践能力，良好的团队协作和多专业协同精神以及积极的创新意识。风景园林硕士专业学位获得者应当具有正确的职业价值观、良好的思想道德和社会公德，具有良好的职业操守，坚持生态文明，科学发展的理念，具备强烈的社会责任感和职业使命感。应掌握的知识结构包括：（1）基本知识：①具有哲学、社会学、美术学、设计学、心理学、历史学、经济学、文学、管理学等人文社会科学领域相关的基本知识；②具有建筑学、城乡规划学、生态学、林学、生物学、地学、环境科学与工程、土木工程、水利工程、测绘科学与技术等自然科学领域的基本知识。（2）专业知识：①掌握园林与景观设计、地景规划与生态修复、风景园林遗产保护、风景园林植物应用、风景园林工程与技术、风景园林经营与管理等的基本理论和方法；②了解中外风景园林历史发展的过程和特征，了解中外风景园林理论与实践的前沿和发展动态；③熟悉我国风景园林行业及相关领域的方针政策、法律法规和技术标准规范。

风景园林专业学位应接受的实践训练包括案例研讨、设计训练、实习实践等形式。风景园林硕士专业学位获得者必须认真参与培养单位组织的各类实践训练，全面提升理论知识应用能力与实践操作技能。在整个风景园林硕士专业学位的培养环节中，学生所参与的实践训练累积学时原则上为6—12个月。

风景园林博士培养重点是：全面系统地掌握风景园林学科的基本理论与方法，包括：①风景园林空间营造理论；②风景园林美学理论；③生态学理论；④风景园林学6个学科方向的基本理论。同时需要广泛了解相关学科的知识：风景园林学是理工和人文跨学科融合的知识体系，涉及自然系统和社会系统，包括美学、伦理学、地理学、经济学、法学、艺术学、植物分类学、园艺栽培、环境科学与工程、水文学、市政工程和建设管理工程等相关学科知识。风景园林学的理论与实践研究广泛涉及多学科合作，博士学位候选人应具备良好的团队精神和综合管理能力、协调能力，能了解国内外学科发展前沿与动态，切实服务于国家与社会的重大需求。

二、课程体系

作为一个多领域交叉的学科，风景园林具有很强的综合性，风景园林学科课程体系为一级学科建设与发展提供了强有力的支撑。本部分重点介绍在一级学科背景下我国风景园林本、硕、博等不同层次的人才培养课程体系的框架构成。

1. 本科课程体系

风景园林本科教育是学生具备扎实的专业训练及从事专业实践的基础，建立完善科学的教育体系关系到该学科的未来发展道路，决定了中国风景园林行业从业人员的发展水平与方向。风景园林专业有广泛的布局和不同的背景，在综合性大学与农林类院校、建筑类院校和部分艺术类院校中都有开设，与全国其他专业设置基本一致的是，这些院校在本科期间提供了相似的公共基础课，包括思想政治类、英语类、体育类和基础科学类等公共课程，覆盖了学生在本科期间需要掌握的通用知识。除了公共基础课之外，课程设置多是以专业必修课为核心，专业选修课和实践实习为扩展的模块化特征。不同院校在专业课程设置上也会根据自身学科特色略有差别，但是本科层次的培养仍是以基础性、全面性与综合性为总体目标，特色性更多放在研究生阶段的培养上。

目前，风景园林本科生的课程设置一般分为公共课、专业课、实践与毕业环节三大部分：①公共课为公共学位课和公共选修课；②专业课包括专业必修模块和专业选修模块，专业必修模块通常包括风景园林规划设计类子模块、植物生态类子模块、风景园林工程与技术类子模块等等；专业选修模块为规划设计类子模块、生物生态类子模块以及人文社会历史类子模块。实践与毕业设计部分包括专业实习子模块、综合实习子模块、学术活动子模块以及最终的毕业设计模块（见图 5-1）。

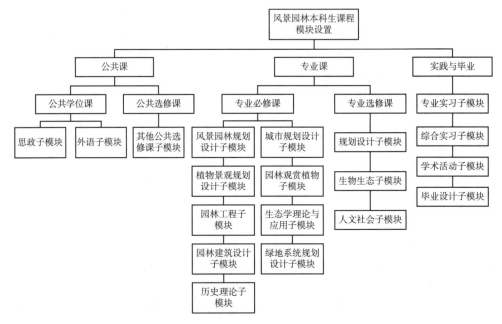

图 5-1 风景园林学士学位本科生课程模块设置一般框架
注：各校实际情况在此基础上略有不同

本科生课程设置的总体特征表现为：

第一，构建知识基础宽厚、主线分明的课程体系。注重专业基础训练的培养，考虑到风景园林学科的综合性特点，强调系统的专业基础课程的学习，保证必需的专业基本知识和技能。坚持科学、艺术、设计三大主导，贯穿于教学各个环节。由于不同院校在本学科发展的历史、性质与背景方面具有差异性，会有不同方面的侧重。风景园林学科注重规划设计、生物生态与人文社会方面的综合能力培养，为延展风景园林学科深度，不同背景的院校根据自身学科群的特点开设了多样的专业选修课程，注重课程协调性与衔接性，拓展知识结构。如开设园林植物栽培养护学、园林植物病虫害防治、园林文学、风景资源学、环境行为与心理学、景观美学、景观数字技术、景观维护与管理、游憩学原理等，延续了不同学校的传统和特色。

第二，课程设置突出复合型人才培养目标，注重课堂教学与实践教学的相互结合，提高学生将理论知识灵活运用于实践中的能力。重点培养学生解决实际问题的综合能力和创新能力，设置形式多样、内容丰富的实践教学活动，包括参与竞赛、专项实习（园林植物实习、测绘实习、美术实习）、综合实习、参加学术活动等，来完善教学内容，延展学生自我发展空间，拓宽学术视野。各个院校均有各具特色的专项实习，如偏重于植物实习、偏重于测绘实习、美术实习等，此外还有风景园林综合实习也占有重要的地位。如南方北方综合实习、风景旅游认知实习、设计院实习等。院校期望能够在实践中培养学生主动寻找、发现问题，学习、组织相关专业知识，并运用知识积累解决问题的能力，最终以提高学生的专业技能和综合素质为目标。很多院校还积极举办风景园林学术活动，作为专业知识的补充和完善、教学内容的延伸、自学能力锻炼的场所、学生个性发展的空间，形成了素质教育的新阵地。各大院校通过邀请国内外知名的专家学者传授最新的专业理论和实践经验，使学生在业余时间也能丰富自己的专业知识。如"园林讲堂""景园学堂""建园讲堂""景观学术讲座"等活动。同时，学校与业内公司达成的就业实践合作关系，为学生提前了解行业状况提供了一个重要平台。

第三，实施"注重基础，工程结合、培养能力、拓宽口径"的人才培养模式，构建"通识教育 + 学科基础教育 + 专业教育 + 第二课堂教育"的人才培养体系，搭造生态类知识平台、艺术类知识平台、工学类知识平台、人文类知识平台等多平台融合、多学科交叉的综合教育框架。各院校充分发挥自身优势，培养出各有所长的优秀人才。

2. 研究生课程体系

1）风景园林硕士专业学位研究生（MLA）课程体系

根据2005年国务院学位委员会通过的《风景园林硕士专业学位设置方案》规定，风景园林硕士专业学位的课程按照风景园林事业相关领域并结合用人部门的实际需要设置。课程体系要求体现整体性、综合性、实用性和一定的前瞻性。课程内容应反映艺术与科技的有机结合，弘扬中华优秀文化，体现风景园林事业国内外的最新成果和进展。在此基础上，全国风景园林硕士专业学位教育指导委员会组织专家于2009年提出了《全日制风景园林硕士专业学位研究生培养方案的指导意见》，推进了风景园林硕士专业学位研究生课程规范化建设。2016年，全国风景园林专业学位研究生教育指导委员会对原指导性培养方案进行修订，出台了新版《全日制风景园林硕士专业学位研究生指导性培养方案》（以下简称《培养方案》）。《培养方案》规定风景园林硕士专业学位研究生培养由课程学习、实习实践、学位论文三个主要环节组成。其中，课程设置由学位课程（即必修课程）与选修课程两部分构成。学位课程包括政治理论、外国语、风景园林历史与理论、风景园林规划与设计。政治理论和外国语为学位教育必设课程，风景园林历史与理论和风景园林规划与设计为风景园林专业学位核心课程。选修课程包括园林植物资源与应用类（必须开设）、风景园林工程与技术类（必须开设）、生态学类和风景遗产保护类、风景园林信息技术类、风景园林政策法规与经营管理类等限选课程模块，风景园林表达类、园林文化与艺术类、城乡规划类、建筑类、游憩与旅游类、社会学类、环境学类、经济学类、公共管理学类等任选课程模块。《培养方案》进一步规定，风景园林专业学位核心课程必须遵照核心课程教学指南编写教学大纲，限选课程模块、任选课程模块均不得少于4类，其中园林植物资源与应用类课程、风景园林工程与技术类课程为必设模块。2017年出台的全国《学位授权审核申请基本条件（试行）》进一步规定，风景园林硕士专业学位拟开设学位课程和限选课程应突出实用性和综合性，案例教学比重不低于50%（见图5-2）。

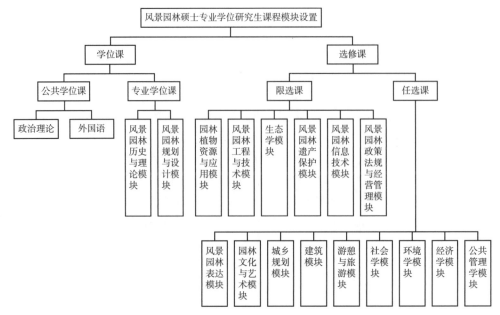

图 5-2 风景园林硕士专业学位研究生课程模块设置一般框架

注：各校实际情况在此基础上略有不同

随着全国层面风景园林硕士专业学位研究生课程规范化建设工作的大力推进，各个院校的课程设置不断完善，近年来总体表现出如下趋势：

第一，课程设置覆盖内容愈加广泛，普遍注重体现学科综合性。各类院校在延续学科传统的同时，越来越注重学科交叉。在专业理论课程方面，大部分院校的课程已涵盖了风景园林历史与理论、风景园林规划与设计、园林植物资源与应用、生态学、风景遗产保护、风景园林工程与技术、园林文化与艺术、城乡规划和建筑等课程模块。在其他学科方向，环境学、公共管理学、社会学等课程也逐渐受到重视。

第二，专业学位研究生的实践类课程比重高，实践授课方式趋向多元化。风景园林专业学位研究生的培养强调传统教学与实践教学的结合，以提升风景园林硕士专业学位研究生的实际操作能力和创新能力。大部分院校在课程模块及必修环节设置中包含有场地实践、设计考察等综合训练类课程，同时结合校企联合、国际联合培养项目等教学模式来全方位强化专业学位研究生的实践能力。其中，与企业、事业单位开展联合培养的校外实习课程已成为风景园林专业学位研究生的必修项目，要求学生在校期间必须完成6—12个月不等的校外实践训练。通过参与实际项目，了解风景园林实践的具体工作流程，培养专业学位研究生独立设计和管理项目、综合解决景观规划设计问题的能力。

同时，各高校依托学科发展的基础背景不同而呈现出不同的特点。不同院校除涵盖专业理论课程核心板块外，建筑类院校更加侧重风景园林规划设计类课程，多阶段、多专题的规划设计课程模式是建筑类高校设计类课程的主要特征；由于与建筑学、城乡规划学两个一级学科的融合性十分紧密，因此建筑学、城乡规划学类选修课程较为丰富，强调城市设计、生态修复等综合课程。农林类院校自然科学类基础课程较多，尤其植物类、生态类课程在专业理论课程中占比较大，且课程内容丰富。艺术类院校专业理论课程内容更加侧重于人文艺术、美学方面，此外，艺术类院校的设计类课程类型丰富，甚至纳入了当代艺术、景观雕塑等艺术领域设计课程。

2）风景园林硕士学术学位研究生课程体系

与专业学位研究生培养目标有所不同，风景园林硕士学术学位研究生是以风景园林学及相关领域内系统的专业知识、基础理论作为坚实基础，培养学生综合思维能力，解决实际问题的专业技能，以及较强的自学、自我提高和自我适应能力，具备基本的学术研究素养，使之能够在毕业后从事本学科或相邻学科的教学、科研、技术开发或相应的管理工作等。围绕这样的培养目标，2017年国务院学位委员会发布的《学位授权审核申请基本条件（试行）》规定，硕士课程体系设置应能够满足风景园林学一级学科硕士研究生的培养目标和学位要求，覆盖学科各主要研究方向，并根据本校学科发展特色进行课程构建和创新。建立完整的课程教学管理、考核和评价体系，全面提升硕士研究生的专业知识、能力和技能。

目前各个院校培养目标基本一致，突出课程的基础性、系统性及前瞻性是现阶段各大院校课程体系设置的基本原则。模块化建构仍然是课程设置的基本特征。课程模块设置一般分为公共课和专业课两大部分：①公共课分为公共必修（学位）课和公共选修课，其中包括思政模块、外语模块或其他公共选修模块；②专业课分为专业必修（学位）课、专业选修课以及其他环节，其中专业必修课是培养风景园林硕士学术学位研究生的重要基础，一般会结合各院校二级学科方向特点在历史与理论、规划与设计、生态修复、园林植物应用、工程技术、遗产保护等模块中进行选取。专业选修模块一般为交叉学科和跨专业选修子模块（见图5-3）。

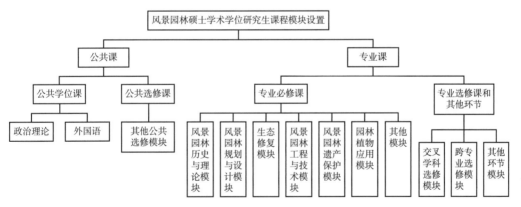

图5-3 风景园林硕士学术学位研究生课程模块设置一般框架
注：各校实际情况在此基础上略有不同

风景园林硕士学术学位研究生课程具有如下特点：

第一，课程设置体现学科发展方向，覆盖内容广泛。在专业课中，基于对风景园林学科综合性的认识，新问题与新的认知不断涌现，呈现融合与交叉的发展趋势。各大院校学术学位研究生课程在专业必修（学位）课上，涵盖了历史与理论、规划与设计、生态修复、园林植物应用、工程技术、遗产保护等方向，并注重体现本院校学科水平和办学特色。在专业选修课及其他必修环节中，通过模块构建的方式将相关专业的知识内容组织到整个课程体系当中。此外，注重学科前沿追踪，专业研讨类和学术交流类启发式课程也在逐渐受到重视。同时，针对学术学位培养目标，部分院校还规定了同等学力、跨一级学科的学生尚需补修本、硕的一些课程。在上述课程内容的设置上，一些院校还通过开设硕士双学位课程等新途径整合国内外教学资源。

第二，强调对学术学位研究生学术与职业综合素质的培养。基于风景园林学应用型学科的专业特点，各院校注重平衡理论课程与应用实践之间的关系，并向理论课程倾斜。加强对学术学位研究生理论水平及综合科研素质的培养。其次，在课程的具体分类与教学过程中，均加大了研讨内容。同时，部分院校在培养方案中将"本—硕""硕—博"课程衔接作为课程设置原则之一。而某些院校则将学术学位研究生与博士学位研究生培养方案合并，并在课程体系上整体构建。

此外，因院校背景不同，学术学位研究生课程设置上也表现出一定的特征性差别。各类院校均能发挥学科优势，构建多学科交叉融合的课程体系。

3）风景园林学博士学位研究生课程体系

根据 2011 年国务院学位委员会办公室印发的《一级学科博士、硕士学位基本要求》，风景园林学博士学位研究生旨在针对国土、区域、城镇和社区等不同尺度户外境域，培养具有创造精神和能力的应用性、复合型、高层次的风景园林规划设计、研究和管理人才。2017 年国务院学位委员会发布的《学位授权审核申请基本条件（试行）》规定，博士课程体系设置能够满足风景园林学一级学科博士研究生培养目标和学位要求，覆盖学科各主要研究方向、强调学科发展前沿，并根据本校学科发展特色进行课程构建和创新。此外，应建立完整的课程教学管理、考核和评价体系，全面提升博士研究生的获取知识能力、学术鉴别能力、科学研究能力、学术创新能力和学术交流能力。

各院校博士培养课程体系与学硕课程体系相近。目前开设风景园林学博士学位点的院校中，课程设置一般主要包含必修课和选修课两个部分，其中必修课包括公共学位课、专业学位课和其他学术环节，选修课主要包括全校性公共选修课和专业选修课。各院校公共学位课一般都包含思想政治课程模块和英语课程体系两大部分。必修专业学位课是风景园林学博士培养的基础课程，主要包括风景园林理论前沿、学术研究方法。必修学术环节主要划分为学术活动与学术报告模块以及学术实践模块两个主要的部分。全校性公共选修课主要是指在全校通选的人文素质类课程，种类丰富庞杂。专业选修课在各院校博士培养中主要作为知识拓展模块，其通常由自然地理与生态类、文化与艺术类、建筑与规划类、社会与心理类等课程模块组成（见图 5-4）。

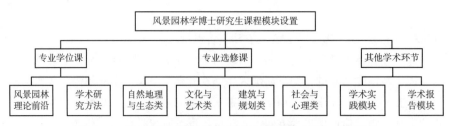

图 5-4　风景园林学博士研究生课程模块设置一般框架
注：各校实际情况在此基础上略有不同

总体而言，博士生专业课程体系具有如下两方面的特点：第一，博士研究生的课程主要以研究性课程为主。在专业学位课中，风景园林历史与理论课程占据较大比重，其中又以学科前沿研究等理论课程和规划设计研究类课程为主。第二，对于必修学术环节，各院校对学术报告、学术交流和学术实践虽然要求程度有所不同，但学术环节普遍在博士培养的课程培养方案中占有较大份额。部分院校甚至规定有境外交流环节和学术创新成果鉴定环节。

目前国内开设风景园林学博士学位的院校主要是建筑类和农林类院校。两类院校呈现特色化发展。建筑类院校更加注重本学科与建筑学、城乡规划学相交叉的课程设置，如人居环境理论、遗产景观保护、城市规划与城市生态可持续发展等理论课程等。农林类院校普遍更为重视生态、植物景观等方面的课程设置。在专业学位课方面，普遍设置了景观生态、植物景观相关课程。在专业选修课方面，往往设置了植物生物学、生态学等专业选修课。此外，建筑类院校依据所处地域不同，往往开设具有地域特色的专业选修课程。

三、学生竞赛与评奖

风景园林教育成果评奖包含国际和国内竞赛评奖两大部分。

1. 国际竞赛

1）IFLA 大学生风景园林设计竞赛

国际风景园林师联合会（IFLA）大学生风景园林设计竞赛是每年国际风景园林师联合会（IFLA）召开世界大会之际开展的针对大学生的风景园林设计竞赛，是国际风景园林行业最具权威、也是水平最高的专业学生设计竞赛，其目的为激发学生创造力、选拔优秀青年人才以及推动风景园林教育的交流与发展。此外，国际风景园林师联合会亚太区（IFLA APR）是亚太地区最权威的大学生设计竞赛活动，每年举办一次。中国高校常年参与 IFLA 学生竞赛，在2011—2018 年之间，共获得一等奖 4 项、二等奖 6 项、三等奖 6 项、四等奖 1 项以及评委奖6 项，推动了该项竞赛水平的提高和影响力的扩大。

2）ASLA 学生奖

ASLA 学生奖（ASLA STUDENT AWARDS）是由 ASLA（美国风景园林师协会）主办的一个国际范围的学生竞赛，始于 2004 年，以奖励在风景园林设计领域有探索和创新精神的在校学生（包括本科生和研究生）。在美国本土以及世界各地，ASLA 学生奖已经作为专业判定的一个标准而被广泛关注并得到一致的认可。在 2011—2018 年之间，中国高校先后获得综合设计类荣誉奖 1 项、分析与规划类荣誉奖 2 项、住宅设计类杰出奖 1 项、住宅设计类荣誉奖 2 项。

3）中日韩大学生风景园林设计竞赛

中日韩大学生风景园林设计竞赛是由中国风景园林学会、日本造园学会、韩国造景学会在中日韩风景园林学术研讨会召开之际共同主办的竞赛，由中日韩三国轮流作为主办方，旨在加强中日韩三国在校大学生相互间的学习交流。在 2011—2018 年之间，中国高校共获得金奖 1 项、银奖 1 项、铜奖 1 项、入围奖 10 项。

2. 国内竞赛与评奖

1）中国风景园林学会大学生设计竞赛

中国风景园林学会大学生设计竞赛是每年为配合中国风景园林学会年会，由中国风景园林学会所举办的大学生设计竞赛，旨在鼓励和激发风景园林及相关学科专业大学生的创造性思维，引导大学生对风景园林学科和行业发展前沿性问题的思考，竞赛分为本科生组与研究生组，主题与年会主题契合。

2）全国高等学校风景园林专业学生毕业设计作品评优

此项评优活动是全国高等学校风景园林学科专业指导委员会、中国风景园林学会教育工作委员会针对全国高等学校风景园林专业学生毕业设计作品开展的评优活动，于2015年首次举办。

3）全国风景园林专业学位研究生优秀学位论文评选与先进教育工作者评选

全国风景园林专业学位研究生优秀学位论文和先进教育工作者由全国风景园林专业学位研究生教育指导委员会评选，目的是提高风景园林专业学位研究生创新能力培养，加强师资队伍建设，引导广大风景园林专业学位教育工作者和研究生共同推动风景园林专业学位研究生教育领域的改革和创新而开展的活动。

第三节　学术研究

2011—2018年之间，我国风景园林学科学术研究与国际学术研究热点、我国社会经济发展需求，以及风景园林学科自身的理论和方法探索紧密相关。在研究对象上，随着国家社会经济发展趋势的变化，从以城市和风景名胜区为主体，扩展到美丽乡村、新型城镇化、特色小镇、田园综合体、国家公园、城市精细化等与城乡规划和风景园林相关的理论、方法、政策和措施的研究。近年来，在风景园林学术研究方面取得了较大的发展，具体表现在：研究性课题和论文增长迅速，国际设计获奖大幅增加，青年学者国际活跃度提高，研究与实践结合密切。

一、风景园林历史与理论

风景园林历史与理论二级学科包括历史及理论两个研究方向。风景园林历史的研究属于风景园林学的基础性研究。其主要目的是探明园林的历史样貌、揭示园林历史演变的动因、总结阶段性的发展规律，明确历史园林在保护及开发中的价值等。该方向的基础工作是史料考证、遗址发掘、遗存调查，核心是研究风景园林的思想史、艺术史、技术史和比较史，侧重于风景园林思想意识与风格的演变过程研究、传统风景园林理论研究和艺术遗产的继承与发展研究。

作为多学科交叉的综合性、应用型学科，风景园林学理论研究的首要目标是确立本学科的认知体系、价值体系和方法论体系。理论研究成果中，围绕当代中国风景园林规划设计理论与方法的探究比较集中。2013年中国风景园林学会成立了理论与历史专业委员会，为风景园林理论与历史研究提供了交流平台。

自2011年以来，风景园林历史研究呈现快速上升趋势。与过去相比，在国家自然科学基金资助研究项目、学术专著和论文数量等方面均有较快增长。研究的广度与深度不断在发展，新史料和遗存的发现、旧史料和遗存的重新挖掘丰富了研究素材，跨学科的研究越来越多，新的研究方法和技术手段被引入风景园林历史研究之中。古代园林史研究依然是风景园林历史研究的主体，根据研究对象的时空尺度，古代园林研究主要领域有中外风景园林通史、风景园林地域史和断代史、古园形制和案例研究三个方面。2011 年以后，随着国际性交流的增加，有的学者开始从全球的视角解读中国园林所处的位置，探索中国对欧洲、日本等国家园林发展的影响。近现代园林史作为园林史新的研究领域发展迅速，除了园林、公园、乡村风景案例研究，近现代园林史的研究开始关注城市环境问题产生的根源及其对园林发展的影响，并深入探讨不同类型的园林发展或衰落的原因，以及从设计上所反映出的时代特征及局限性。

风景园林学理论研究方面，随着国际交流与互联网的蓬勃发展，国外的相关理论、理念可以快速传播到中国，使国内的研究进展与国外接近同步。对外来理论并非一味地接受，而是开展了很多基于中国实际情况的研究，进行了辨证的思考。

1. 中国风景园林理论基础研究

从孙筱祥先生的"三境说"（生境、画境、意境），到吴良镛先生的"人居环境学"理论、孟兆祯先生的"景面文心"理论，再到"三元论""境其地""营境说"等，中国传统园林的文化思想和审美观念精髓，被逐步发展融汇到现代风景园林学科理论体系之中，传统园林的文化与审美理论研究也逐步实现了从传统到现代，从精英到大众、从杂糅到专门、从中国到世界、从古典园林到风景园林的转型与过渡。与此同时，学术界在历史园林文化遗产和文化景观的发掘、评价与保护等方面，也实现了从案例实践分析到理论体系建构的发展。

2. 中外风景园林通史研究

中外风景园林通史方面，寻找过去不被关注的园林类型进行通史研究成为新兴的研究热点，如对城市水系的研究。另外，中西园林文化交流和比较方面的研究较多，如对中国建筑、园林影像在西方的传播和影响的研究，对中国园林在 18 世纪对欧洲园林的影响的研究等。

3. 风景园林地域史和断代史研究

从研究对象的地域来看，江南园林和北方皇家园林依然是不变的重点，而岭南正成为新的研究热点，出现了专著《闽南传统园林营造史研究》（2014）、《岭南私家园林》（2013）等成果。一些过去没有被关注的地域也开始了相应的研究，如巴蜀园林、徽州园林、江西园林等。古园的地域特色及其保护引起了很大的关注，如对巴蜀园林、扬州园林地域特征、造园意匠的研究，对北方私家园林的保护研究。特别是《中国风景园林史》研究的启动，再一次掀起了对园林史研究的热潮。尤其值得期待的是首次进行的西南卷和西北卷，将推动中国的风景园林史的系统性研究。

在研究时代上看，魏晋、唐宋和明清仍是主要研究对象。魏晋园林偏重于哲学、美学、文学思想对园林的影响，宋代园林的研究具有较强的地域集聚性，明清园林研究则更多地偏向于以前关注不多的古园遗存和造园机制。

从晚清到民国的过渡是传统园林现代化的重要转型期，传统园林的现代化转变是一个研究重点。针对城市园林的研究以上海为重点，还有无锡、宁波、重庆等地的近代园林与绿地系统建设也得到关注。针对单一类型绿地的研究涵盖公园、私园、校园、行商园林、广场、滨水空间、娱乐性园林、乡村园林；还有更小尺度的行道树、石材的历史研究等。除了园林单体之外，中山公园作为一个遍及海内外的园林现象也被研究。

针对中国现当代园林的历史研究相对较少，有针对 1949—1979 年绿化祖国运动及其所反映的社会主义思想的研究，还有基于园林景观类型的当代风景园林历史研究。

4. 古园形制和案例研究

古园形制和案例研究一直是中国园林史研究的主要类型之一。总结近年来的各类基金项目、学术论文和专著，研究对象依然主要集中在江南园林和北方皇家园林，说明研究关注的地域依然存在不平衡，但是广东、重庆、江西、福建、安徽等地的古代园林研究呈增长趋势。在研究技术和方法上，普遍采用了一些新技术和新方法，如对圆明园的虚拟复原和对乾隆花园的数字化测绘。基于图像研究古代园林形制和案例的内容不断增多，为古代园林的历史样貌提供了直观的参考。结合考古资料进行的园林研究也有少量出现，这些工作对过去以文字文献解读为主的园林史研究是一个有益的补充。当然，传统的以文献考证结合实地调研测绘为主的研究仍然占据主要位置。

在古园形制研究方面呈现出越来越深入的现象，比如对营建活动和营造技艺的关注，如对江南园林叠山历史与技艺的研究。在研究主题中，"变迁"一词出现频率比较高，说明这一现象被广泛关注，古代园林发生发展变化的内在机制正在引起研究者的注意。

风景园林理论研究拓展了中国风景园林学科的研究格局和实践领域，但学科理论整体框架的搭建还有待进一步整合完善；从学科名称到概念释义，从对传统园林的价值判断到对一些新生理念的批判论争，学科理论研究领域还存在不少争议性的议题。

风景园林历史的研究使得中国园林历史的面貌越来越清晰。通过对各历史时期、各地域的古园遗存的研究，中国园林历史正在变得越来越具象和具体。中国园林发生发展演变的机制正在被逐渐揭示。通过对具体案例史料的深入挖掘和整理，园林形式背后的营造技法、制度规范、经济文化等影响因素越来越清楚。

园林历史研究的对象越来越丰富，技术手段和方法越来越多样。园林历史的研究对象从私家园林、皇家园林到公共园林、乡村园林，从有形的要素到无形的要素。技术手段和方法包括数字技术、图像分析等，揭示了更多的中国古代造园规律。研究对象方面，在继续对传统研究对象进一步深入研究的基础上，也对过去较少关注的地域和园林类型做出了一定研究工作。从社会实践的角度而言，园林历史的研究对城市历史性景观遗产的保护规划及政策的制定奠定了基础。以突破历史研究视角及传统方法局限的创新研究方法，则从更广泛意义上对园林空间演变的解读具有借鉴意义。园林史的研究依然受到研究视角、研究资料、语言等方面的限制，研究国际化水平有望进一步提升。

二、园林与景观设计

园林与景观设计对城乡空间优化提升和人们的身心健康发展有着重要作用。园林与景观设计主要解决如何为人类提供美好的户外空间环境的基本问题，以资源和环境保护为优先目标，关注地域和文脉，直面城市发展中暴露的城乡问题，连接生态经济和绿色产业，强调公众参与和公众环境教育，为人类营造兼具"生产性""生活性""生态性"和"精神性"的风景园林设计作品。

自风景园林学科建立以来，园林与景观设计领域不断解决人居环境和地域风景在功能、生态和社会等方面的难题，在继承中国古典园林理念精髓的基础上，融入人居环境建设的时代要求，吸收国外风景园林先进理念，在城市更新、城乡发展、景观特质保护与传承等社会发展问题的挑战下蓬勃发展。

自2011年以来，该领域的国家自然科学基金项目近100项。景观设计的研究视角不断丰富，按类型主要可分为：①区域景观规划，包括棕地生态恢复、城市蓝线绿线专项规划、景观都市主义等；②城市园林与景观设计，包括立体绿化、海绵城市、社区微改造、老旧公园的改造提升、都市农业等；③乡村景观设计。

1. 区域景观规划

1）景观都市主义与棕地改造

为了解决城市发展对自然生态环境造成的问题，景观都市主义通过吸收生态学、景观生态学思想对现代主义城市设计方法进行修正，强调自然过程是决定城市形态的关键因素。对于经过人工破坏的自然场所遗存，通过梳理现场现状，在已经被破坏的自然碎片基础上形成丰富的体验场所以及配套的功能空间，带来废弃场地所在区域的整体复苏和振兴。近十年来，棕地改造成为景观设计解决环境问题的积极响应，我国涌现了一批优秀的棕地改造项目，如上海辰山植物园矿坑花园、河北唐山南湖中央公园等，力求用景观的手段低成本、高效率地治理棕地污染，保留原有的工业遗址及文化，使其成为新的景观要素。

2）城市蓝线、绿线专项规划

随着城市人口不断增加和城市规模的不断扩大，城市用地紧张的问题日益凸显，建设用地指标的减少使得填埋水域和占用绿地的现象较为突出，水面面积和绿地面积日益减少。2014年10月发布的《海绵城市建设技术指南》中提出的首要原则是规划引领，包括低影响开发雨水系统构建内容与城市总体规划的衔接、各涉水专项规划的修编以及城市绿线、蓝线、红线等规划的调整与补充等内容。

2. 城市园林与景观设计

1）立体绿化

在高密度城市中，为了改善人居环境质量，需要扩大绿色空间，如何拓展绿化发展思路，从地面绿化延展到垂直空间，成为高密度城市改善生态环境质量的必然选择，因此，立体绿化以其所能发挥的生态、景观、经济等多方面效益，逐渐成为绿化整体发展的重要组成部分，并纳入城市绿化系统规划。目前研究和实践集中在屋顶绿化、墙面绿化等方面的理论和设计，研究内容涵盖植物选择、植物配置、建筑能耗计算与评价、保温隔热性能提升等。

2）海绵城市与雨水花园

近些年中国城市迅速发展，形成了大面积的城市负荷表面。在城市负荷表面构建景观并进行雨洪管理设计是景观规划设计的重要议题。与国际其他领先国家相比，中国目前的海绵城市建设理念和技术还不够成熟，但在试点城市已经取得了一定的成效，通过雨水花园汇聚并吸收来自屋顶或地面的雨水，通过植物、沙土的综合作用使雨水得到净化，并使之逐渐渗入土壤，涵养地下水，或使之补给景观用水、厕所用水等城市用水，既节省了经济，又减少了人力、物力的投入。

当前的研究和实践也存在有待完善的问题，如：对于构建海绵城市的法律法规建设不足；现阶段技术有限，导致对雨水的收集率仍然不高，渗透效果欠佳；相关人才欠缺等问题。

3）老旧公园更新

城市公园是城市建设的主要内容之一，是城市生态系统、城市景观的重要组成部分。随着城市的发展出现一大批老旧公园。为了解决这些问题，对老旧公园进行园林与景观设计改造成了必然。随着人们审美观念的变化，对公园的整体定位、精神文化风貌也提出了新的要求。针对老旧公园出现的问题有更新措施，包括修缮基础设施、提升绿化环境、完善道路结构、整合功能空间、增强开放性以及丰富精神文化内涵。

4）社区微改造

在城市规划建设面临转型发展的背景下，如何满足可持续发展、满足人民对美好生活的向往，对社区的建设改造模式提出了迫切要求。高密度城市中的老旧社区是与居民生活关系最为密切的地方，社区微改造不仅重视居民对空间的使用需求，还将居民的广泛参与纳入改造计划之中。在社区微改造的理论研究中，从宏观的城市社区空间结构，到中观的城市社区扩散及边缘区研究，再到微观的城市社区空间环境质量评价，近年来研究成果丰硕。在改造实践过程中，积极探索设计团队、居民、政府、社区居委会等多元角色在社区更新改造过程中的参与形式与可持续运营管理模式，发现社区微改造过程中的现存问题并提出解决途径，为后续改造提供借鉴与思考。

5）都市农业

农业与"花园"的联姻，从风景园林领域的视角来看，是将生产性景观作为工作对象，使人们可以积极地参与到景观之中，拓展景观领域的研究范围；从都市农业的角度来看，能够使都市农业呈现出更具观赏性的形态特征，通过艺术化的手段，避免收获后的萧条景象。目前都市农园出现在大型公园、纪念性绿地、城市街头绿地和办公楼内部等地方，它们作为都市农业实践的同时，也是城市开放空间的有机组成部分。

我国对于都市农业的研究仍停留在起源、定义、内涵及与各地相结合的实证研究等方面，主要包括都市农业的兴起、都市农业的概念、都市农业的内涵、功能与特征、都市农业的实证、都市农业与城市发展、生态建设的关系等方面。对都市农业理论的深化、都市农业与城市发展的关系等方面的研究较少。

3. 乡村景观设计

乡村景观一直是规划设计研究的主要类型之一。自 2011 年学科建立以来，乡村景观设计在传统村落保护、乡土景观地域性研究、乡村景观更新与适应性研究、乡村景观历史文化价值研究、乡村景观的风貌与特征、乡村景观的格局与空间形态、城乡景观统筹及空间发展规划等方面不断探索和实践，积累了丰富的学科经验。随着乡村振兴战略的提出，近年更是规划设计研究的主要热点之一。

总结近年来的各类基金项目、学术论文和专著，研究对象主要集中在乡村绿化美化、乡村公共空间设计、生态修复方面的应用研究等。在研究技术和方法上，普遍采用了一些新技术和新方法，如应用遥感和 GIS 技术进行乡村景观系统进行分析和规划。同时，针对乡村景观规划的原理、原则、方法、内容、景观评价等多个方面，对国外最新的研究成果持续跟进和引介。

风景园林使城乡人居环境变得更加优美，是城市绿色的"裙衣"。园林与景观设计重点关注本土性和地域性、人及其体验、理论到实践的一体化、设计的全生命周期等相关问题。目前，园林与景观设计的研究和实践正在朝着低影响开发、绿色基础设施构建、数字化景观等方向发展。随着大数据时代到来，基于互联网生态圈的风景园林在"互联网＋"国家宏观战略背景下拥有巨大的发展潜力与机遇，在以往的风景园林规划设计体系上，嵌入信息科学技术，扩展园林与景观设计的边界，让风景园林更广泛、深入地与其他学科领域合作共赢，融入当代甚至未来人们的生活之中，也可为建立符合我国国情的风景园林公众参与机制提供新的思路与突破口。

以往的园林与景观设计主要聚焦于城市，现在则转向乡村、旷野等，风景园林与人居三大环境（城市、乡村、旷野）的关系越来越密切。园林与景观设计的研究理论及实践成果将在人口增长、资源紧缺和高速发展的多重挑战下不断应用到城市的更新之中。

三、地景规划与生态修复

中国生态规划的历史仅起步于20世纪90年代，经历了近30年的快速发展，成为风景园林大地景观规划的重要理论与方法途径。理论研究和工程实践紧密结合，理论研究包括景观空间格局与功能研究、地域文化与人文生态系统规划研究、景观与生态景观融合性研究、社会生态系统与生态实践智慧等，在规划设计实践研究方面包括：区域景观规划、城乡绿地系统规划与绿色基础设施规划、乡村景观规划/乡土景观规划、生态网络规划和海绵城市相关规划等。

生态修复即是地景规划的一部分，同时又是对所有风景园林规划设计中生态过程管控和生态系统构建非常必要的技术支撑。随着风景园林学科研究范畴的拓展，生态修复相关的理论研究对象由园林、绿地系统延展到城市、区域和国家尺度。理论体系包含生态园林城市、绿道、绿色基础设施、海绵城市、城市双修、生态文明、美丽中国等诸多内容。生态修复的理论和技术在风景园林领域主要应用在工业废弃地修复及景观恢复、景观水体生态修复、园林植物群落生态修复、绿色基础设施及海绵城市建设等4个主要方面。

据不完全统计，自2011年以来，地景规划和生态修复方面国家自然科学基金立项50余项，国家科技支持计划、水专项、国家"863"计划、国家重点研发计划等项目立项10余项，省部级项目立项100余项。

1. 大地景观规划研究

与景观生态和景观格局相关的研究主要是将生态学原则与景观规划相结合，从而产生生态规划方法。在景观生态学指导下的生态规划模式与方法演变一直是大地景观理论的研究重点，主要研究生态规划的发展历程、生态途径和景观实现整合、城市及乡村景观规划理论更新，重点体现在通过斑块、廊道、基质的空间关系来优化风景园林空间布局和开展生态廊道的规划设计。

与地域文化和整体人文生态系统规划相关的研究具体体现在地域特征与景观形态的交融结合、展现地域自然景观特征的地景文化、自然景观结合人类活动生产形成的乡村景观特征与形式等多个方面。在理论研究上更多关注了传统地域文化景观的空间特征与规划机理、地域文脉的空间传承、人文生态与空间耦合关系规划，和由此衍生出的"三生空间"耦合与优化的研究。景观图式语言提出了景观生态规划中景观表达与空间逻辑关系的新范式，大地景观生态规划图式化呈现出多元多层次的研究发展趋势。

与城乡绿地系统和绿色基础设施规划相关的研究包括：城乡绿地系统规划方面响应城镇化的时代要求，聚焦绿地系统规划转向城乡一体化的协同视角、维护区域生态安全的市域绿地系统规划研究、改变城乡二元对立格局的绿地系统规划、重构地域生活网络的绿地系统规划，以及我国乡村实际发展需求的绿地系统规划体系，探索规划分类标准下的村镇绿地系统规划空间等。自珠三角地区的绿道建设开始，绿道成为短期内迅速发展的研究对象。

在社会生态系统与生态实践智慧方面：大地景观作为社会生态系统的具体体现，从系统论的角度出发，分析系统论与区域、城市、乡村的关联性，关注解决社会生态系统发展中复杂问题的理论、方法和途径。生态智慧与生态实践研究成为风景园林与城乡规划跨学科建立的综合研究新范式。

2. 生态修复研究

1）棕地生态修复和景观恢复

棕地生态修复和景观恢复的相关研究实践主要致力于土壤改良、植物多样性、空间优化、雨洪管理和生态效益评价等多个方面。其中，宏观层面的研究和实践包括利用软件和模型等空间分析技术研究废弃地再利用空间优化配置，以实现废弃地再利用中数量结构和空间结构的协同优化，以及各类废弃地景观更新设计的内容和方法、废弃地景观改造与海绵城市技术相结合的设计手法和废弃地生态修复的生态效益及评价研究等。微观层面的研究和实践包括土壤改良、植物种类选择和配置、提高植被覆盖率、恢复废弃地景观中植被的生物多样性、植物在棕地生态修复过程中的机理和效应等亟待解决的问题。

2）湖泊、河道、湿地等水体生态修复

河流、湖泊、湿地等景观水体的生态修复是风景园林师研究和实践最多的领域。研究和实践的主要内容包括动植物栖息地保护、生态护岸修复技术、滨水植物材料选择、群落生态修复模式及机制、水环境保护以及生态修复过程中一些元素的去向、湿地的相关生态修复技术、湿地资源及其生态环境效益的综合调查、生态湿地的规划设计原则和方法，以及基于绿色基础设施理论的河道生态景观规划方法、城市河道水系生态网络与滨水开敞空间的游憩功能和景观水体生态修复效益评估方法，主要包括遥感地图、问卷调查法、成果参照、类比以及计算模型等。

3）城市生态环境修复与综合服务功能

风景园林领域的城市生态修复主要针对城市化过程中出现的环境问题进行生态改善技术研究，相关课题研究方向有城市化进程中的土壤修复（重金属污染地区、垃圾渗沥液污染等）、景观生态修复技术、海绵城市建设、传统村落的地域建造与生态修复、居住区低影响开发与环境改善、景观格局规划、生态效益评价（方法包括：精确计算、模拟技术、景观格局变化、遥感信息等）、综合服务功能提升等。

随着我国城市化的提高，人地矛盾凸显，如何协调人与自然环境关系，缓和人地矛盾，构建可持续发展的人居生态系统，成为大地景观规划和生态修复研究实践的主要目标。对于风景园林学科而言，大地景观规划如何将科学性与艺术性有机结合，充分利用相关学科的技术成果，在实现景观生态系统健康发展的基础上，充分体现人文价值和美学特性，并将生态修复的工程技术措施系统地融合到规划设计中去，是风景园林学科未来学术研究和项目实施的方向之一。同时，在理论创新上，需要融合生态学、哲学、社会学等相关内容，学科交叉，从生态文明、生态文化、生态美学、生态科学、生态技术等多维度凝练整合，在风景园林领域形成系统的生态文明发展体系。

四、风景园林遗产保护

风景园林遗产保护包括国家公园与自然保护地、乡村景观遗产和传统园林遗产共三类研究对象。其中，国家公园与自然保护地包括国家公园、风景名胜区、其他各类自然保护地等研究对象，在2011年之后取得全面进展，并系统支撑了国家生态文明战略实施，也在国际社会引起了关注；乡村景观遗产研究聚焦于乡村景观遗产各要素的保护和可持续利用，和"园林与景观设计"的某些研究方向相结合，在"美丽乡村""美丽中国"建设中发挥了重要作用；传统园林遗产研究与"风景园林历史"研究关系密切，将遗产保护的路径与技术手段与历史研究相结合，为我国传统文化传承和创新发展提供了基石。

国家公园与自然保护地研究在经历了过去30余年的积累后，呈现出全面发展的态势。研究领域与研究深度得到大幅拓展，在我国生态文明建设、美丽中国建设和增进人民福祉方面，发挥了日益重要的作用。从单一类型的自然保护地研究逐渐拓展到自然保护体系构建研究；从以往的自然保护地规划研究，拓展到不仅涉及国土空间规划，还涉及规划制度、自然资源资产管理制度等深层次制度研究；从以往更关注风景价值，拓展到更关注生物多样性价值、国土生态安全等生态系统服务价值；从以往更关注自然保护地内部空间规划，拓展到关注自然保护地内外社会性规划、关注自然保护的全国乃至全球格局。

乡村景观遗产被认为是人类与自然环境之间交互作用最直观的表现形式，并且通过交互方式的不同，演变出了不同的尺度与形态。随着我国遗产文化景观价值特别是农业景观价值逐渐被世界所认知，乡村景观遗产研究也逐渐聚焦于两条主线，其一是乡村景观遗产各要素的保护，其二是乡村景观遗产的可持续利用与发展。

2011年以来传统园林遗产出现了一定数量的研究及其成果，与以往基于建筑史、园林史的园林保护相比，传统园林遗产的研究强调了保护的体系性与技术性，凸显了永续利用的活态性。当代对传统园林的研究蕴含了两条主线，其一是将遗产保护的理念与技术引入传统园林，其二是传统园林遗产的可持续利用。

2011年后，以风景园林遗产为研究对象共获批国家自然科学基金10余项，涉及遗产价值认知与监测、风景遗产社区规划、风景遗产边界和资源评价模型、国家公园分区规划、国家公园调控、国家公园价值认知等研究。自然保护地相关的社科重大项目、重点基金项目、一般项目各1项。从该领域研究获得的资助跨越自然科学基金与社会科学基金两大分支，也可窥见该领域研究的广度和深度；涉及乡村遗产的自然科学基金8项。涉及乡村遗产旅游可持续发展、整体保护方法、景观营造、风貌演变及规划技术、景观生成机制等。

2017年，同济大学召集成立中国风景园林学会文化景观专业委员会，全面推动对文化景观理论与保护的研究。专委会对接国际前沿重要议题，立足中国的国情和历史，对于风景名胜、自然的文化性、古典园林、乡村遗产等重要专题展开研究。

2018年，清华大学国家公园研究院由国家发改委和清华大学共同发起成立。融通风景园林学、生态学、地学、法学、环境工程与科学、城乡规划学等领域的专家学者。研究院定位为国家公园和自然保护地领域的高端专业智库，以前瞻性、思想性、独立性为特征，以"学科融贯、多方合作"为途径，开展重大理论、技术和实践案例研究，提供决策咨询和规划设计服务，建设高层次人才培养基地，打造多学科交流和国际合作平台。

1. 国家公园与自然保护地研究

国家公园与自然保护地领域的研究内容主要涉及国家公园体制建设研究、国家公园与自然保护地规划研究、自然保护地体系建设、我国自然保护远景规模与荒野研究、传承我国独特的风景名胜价值等方面。

国家公园体制建设研究方面，由于党的十八届三中全会提出了"建立国家公园体制"的明确要求，并将其作为生态文明制度建设的重要内容，学界开展了对美国、加拿大、英国、德国、澳大利亚、新西兰、日本、印度、南非、巴西等诸国，以及世界自然保护联盟、生物多样性保护公约等诸多组织关于国家公园的研究内容的借鉴，也对我国各类自然保护地的分布、数量、规模等基本信息进行了系统梳理，对建设成就与存在问题进行了深入剖析。国家公园体制建设内容得到丰富，包含体制建设、立法保障、规划编制、科学研究、特许经营、社区协调与公众参与等，从宏观层面提出了对我国国家公园体制建设的全面建议，有力推动了我国国家公园体制顶层设计与制度落地。

在国家公园与自然保护地规划研究方面，在系统梳理国际经验的基础上，厘清了我国国家公园规划的目的与原则、层级与内容、方法与技术、制度保障等内容，出版了教材《国家公园规划》、技术指南《中国国家公园规划编制指南研究》等重要著作，为国家公园规划确立了基本框架，提供了技术支持。相关研究也逐渐深入，涉及价值认知、分区规划技术方法、声景与暗夜价值保护框架、游憩行为管理、解说教育规划等内容。

在自然保护地体系建设方面，系统梳理了我国风景名胜区、自然保护区，以及各类自然保护地的管理目标、法定地位、现状问题等内容，从多角度论证了自然保护地体系建设的重要性与可能途径。形成了省域和区域层面自然保护地体系优化的技术路径，在生态系统完整性保护、提高自然保护地保护质量与统筹城乡和谐发展等方面做出了探索。《内蒙古自治区国家公园与自然保护地体系战略研究》是最早开展的省域自然保护地体系建设研究之一，揭示了内蒙古自治区自然保护与城乡发展难以协调的症结，阐释了自然保护的系统性、全局性问题，明确了内蒙古自治区自然保护与社会经济发展的定位，制定了战略与行动计划。该研究为内蒙古自治区"十四五规划"奠定了基础。

在自然保护远景规模与荒野研究方面，首次探索了我国自然保护地在全国尺度上的可能性，并以荒野地制图为途径，落实自然保护的可能空间范围，为我国在生物多样性保护层面的国际对话提供了充分例证，在促进中国成为生态文明和人类命运共同体建设的全球引领方面具有重要意义。

在传承我国独特的风景名胜价值方面，学者致力于阐释和保护人与自然"天人合一"的哲学思想在我国名山大川形成的认识与实践，聚焦于基于价值的保护和管理，为世界文化景观做出理论贡献，这一方面最新实践研究如武陵源世界自然遗产总体规划评估及修编工作。世界遗产价值评价及其真实性、完整性也逐渐影响我国风景遗产的评价方法，学界探讨了我国遗产的文化景观价值、审美价值、多元价值和综合价值等，基于价值的保护管理方法逐渐成为共识。自2011年起，我国学界围绕遗产价值及其保护的研究逐渐增多，并逐步指导实践，形成了一批具有创新性的学术研究与实践成果。在以遗产价值为基础的保护管理导向下，西湖风景名胜区、庐山风景名胜区和瘦西湖与扬州历史城区的价值阐释及其相应的保护策略，向世界充分展示了中国文化景观价值识别及其保护的特殊对策。基于九寨沟多类型多层次复合价值及载体的识别，形成了对风景遗产空间和保护管理方法新的认知。这些有益的理论研究指导实践的尝试，为分析和解决我国风景区保护管理中存在的问题提供了有益的借鉴。此外，基于价值评价的遗产监测研究，在遗产影响预测、资源管理和动态变化方面大大提升了风景遗产保护的科学性和有效性。多学科视角的遗产数字化研究也提升了风景遗产识别与数字化管理的能力，确保遗产保护与展示更为高效准确。

2. 乡村景观遗产研究

随着文化景观理论的研究与认知加深，以及世界遗产文化景观对亚太地区乡村景观的关注度越来越高，我国乡村景观遗产价值研究的案例逐渐增多。近十年的研究可概括为：乡村景观遗产与文化景观的概念、历史文化名村遗产保护与发展、传统村落保护、乡村景观保护与规划研究。截至2018年年底，我国登录世界遗产文化景观的乡村景观遗产为1处，即红河哈尼梯田文化景观。此外，以茶文化为代表的乡村遗产景观价值正在被认知与挖掘。多数文献从乡村景观遗产的特征切入，并从文化传承的角度梳理分析中国传统村落景观遗产的重要性，探讨可持续发展。研究逐渐认识到乡村遗产景观活化、动态变化的价值。随着认识的加深，研究地域也逐渐拓展。2016年起，学界以贵州的鲍家屯为对象，通过数字遗产技术探讨了乡村保护与记录的途径。

经济转型特别是旅游业发展为风景园林遗产保护研究提出了新的要求。学界以遗产价值为核心，展开了可持续旅游、目的地感知研究等，为乡村遗产可持续旅游与保护的平衡探索了路径。基于中国风景遗产人与自然交融的特殊性，对遗产地社区协调和共赢发展也进行了一定程度的探索。

3. 传统园林遗产保护研究

传统园林遗产保护的真实性原则得到了关注与讨论，从遗产保护中汲取的保护监测、保护预警等方法理论与传统园林研究有效结合，提升了园林保护的系统性与科学性。

自20世纪80年代发端并持续至今的关于圆明园这一特殊园林的保护与研究，影响范围大、程度深远，也逐步走向了遗产保护的规范化道路。针对传统园林遗产历史变迁过程复杂、易受外部环境干扰的特点，尤其针对保护监测的技术手段不足等问题，借鉴了遗产保护、监测和预警机制，加强了对空间信息技术的运用，运用新的技术方法将苏州园林遗产与西湖进行了对比分析。对于传统园林遗产旅游及其与保护的关系是活态性与可持续性的这一问题，学者开展了如意象空间扩散、媒介传播、地方感影响关系等相关研究，力图达到既满足园林保护需求又促进当代发展的目标。遗产价值研究的导向促进了我国多处传统园林遗产的价值识别与管理策略。

我国生态文明建设、美丽中国建设等宏观背景，为风景园林遗产的研究带来了新的发展契机和挑战。

对于国家公园与自然保护地研究，仍有很大发展空间，是风景园林学科可以不断持续的学科增长点。研究方向包括：国家公园与自然保护地规划如何有效纳入国土空间规划体系、如何形成有效的廊道以形成网络化、体系化；如何在充分性、代表性和平衡性方面寻求更为理想的保护地体系；如何探索和揭示自然保护与城乡发展的竞合关系，在提升保护质量的同时满足城乡发展需求等。同时，进一步深入认识和探索反映我国人与自然高度融合的风景遗产价值，探索适合我国风景遗产的保护理论和管理方法，仍将是未来的研究热点；基于对文化景观的已有认识与积淀，如何在国际视野的文化景观研究中充分融入本土地域文化、族群文化以及与社会关联密切的多元文化元素，进一步系统性探索因地制宜的文化景观保护管理方法，同样具有迫切需求。

对于传统园林遗产，如何从对传统园林尤其是园林史的研究转化为对园林遗产的真实性、完整性的研究和保护，如何提升传统园林遗产保护的科学性，不断革新保护管理技术手段，是未来需要探索的方向。

对于乡村遗产而言，进一步挖掘和探索乡村景观遗产在自然、历史、文化、社会等多方面的价值，在遗产价值内涵、保护理论、管理方法和操作路径方面仍有很大探索空间。

五、风景园林植物应用

围绕园林植物与应用开展的大量研究主要可分为园林植物资源、园林植物应用与园林植物生态效益三方面。自 2011 年以来，该领域研究力度增长迅速，由国家自然科学基金资助的研究领域逐渐扩宽，学术专著和论文数量等方面均有较快增长；共申请国家自然基金项目 260 余项，涌现了近百项相关专利技术，体现了该领域理论研究与实践的密切结合。

风景园林成为一级学科后，园林植物种质资源的开发与创新成为研究焦点之一，主要聚焦于野生植物资源调查评价、园林植物种质资源创新、园林植物繁殖栽培等方面，为后续园林植物种质资源的应用奠定了基础。此外，针对城市园林绿地建设发展中遇到的突出问题，研究者围绕植物对低温、高温、干旱等外界环境因子胁迫进行重点研究，反映了从园林植物与观赏园艺学科领域对风景园林发展的思考。

针对植物景观理论与营建技术的研究更为切合社会发展的需求，主要集中在植物景观理法和技术上，涉及不同类型绿地、不同尺度植物景观营造手法的研究与评价体系构建；此外，传统园林植物造景艺术手法及在近自然性理论与潜在植被理论指导下的景观植物规划设计方法研究也备受关注，反映出了研究中传承与创新的探索。

由于城市生态环境问题日益突出，园林植物生态效益的研究热度持续攀升，从不同种类植物个体、植物群落、城市绿地及绿地系统等不同尺度研究植物的环境功能与生态效益。

1. 园林植物资源的研究

园林植物资源的研究重点主要集中在园林植物新优品种开发及引种适应性研究、外界环境条件胁迫下植物生理生化反应及园林植物分子生物学研究三个方面。自 2011 年以来，植物新品种培育是园林植物资源开发与创新的重中之重。研究人员通过杂交、诱变等育种手段获得了大量园林植物新品种，太空微重力和辐射诱变育种方法也得以应用；引种工作则主要以丰富花色、叶色、延长花期、绿期等优良性状为目标，引进了一批表现优异的植物资源，从材料层面为植物景观规划设计拓展了基础。另有大量研究通过植物分子标记等分子生物学方法，对园林植物遗传多样性及亲缘关系、优良性状基因克隆和转基因技术进行摸索；在分子育种领域重点关注于园林植物的花色、花型、花香以及株型等方面的改良研究，该研究方向累计开展了 200 余项以分子生物学为研究手段的国家自然科学基金课题。

风景园林一级学科成立以来共申请了近 30 余项相关专利技术成果，主要包括园林植物栽培管理设施（育种装置、扦插装置、修剪装置、喷灌设施、施肥、杀虫、光照补偿装置等）、园林植物的种植方法、土壤改良方法、生长调节剂与栽培基质、抗冻抗热剂制备和落叶回收装置等，体现了在园林植物种植、养护技术实践领域的深厚研究基础。

2. 园林植物景观的研究

园林植物景观的相关研究主要聚焦特定用途的植物应用方式、方法研究以及基于生态学原理的园林植物景观规划应用研究。研究以呼应社会关切为导向，以健康为主导的不同类型康复性植物景观构建、低养护型植物景观营建、节约型园林植物群落配植、自生草本植物等都是极具潜力的研究方向；在城市生态问题突出区域的植物生态修复技术亦为研究热点。随着风景园林成为一级学科，园林植物及城市绿地植物景观的重要性也愈发受到重视，植物景观营造的理论与方法在更为系统的研究以及大量的实践中不断成熟。2012 年出版的《植物景观规划设计》一书系统全面地阐述了我国植物景观的历史发展及其规划设计理论与方法，厘清了植物景观规划与设计的内涵，拓展了其外延，对于城市乃至区域的植物景观规划设计具有重要的指导意义。

2011 年以来，植物景观设计方向共有近 40 项相关专利技术成果，除了屋顶花园、垂直绿化和可移动植物景观装置外，65% 的专利以群落构建方法技术为主，包括乡土植物景观群落、节水型植物群落、保健型植物群落、耐盐碱植物群落、驳岸植物群落、坡地植物群落、景观草坪建植以及模拟自然植物群落等，体现了学科对于植物景观营建技术的专业化细分与深厚积淀。随着近年国家对生态文明建设的日益关注，在植物适应气候变化、节水型园林、野态景观等研究领域方面获批多项国家自然科学基金研究课题，具有一定前瞻性。

3. 园林植物生态效益的研究

伴随城市化进程不断推进，城市环境日益恶化。自风景园林学科成为一级学科以来，充分发挥中国风景园林学科优势，以建设和谐宜居和生态平衡的可持续人居环境为核心目标，回应国家生态文明建设需求，积极应对城市生态环境。通过合理的规划设计促使城市绿地最大限度地发挥其生态效益，改善城市生态环境，保障人类健康，进而调节城市生态平衡、维护城市生态系统的稳定正日益成为学科关注与研究的重点领域，跨学科多领域合作的研究日益增多。

2011 年以来，城市绿地中的植物群落在固碳释氧、调节城市气候、减滞空气颗粒物、净化有害气体、提升空气负离子、抑菌、降噪、支撑生物多样性、生态修复等多方面的生态效益研究呈现爆发式增长。相关研究不仅关注了绿地内各类环境因子的时空变化规律，还分别从植物物种材料、植物群落、绿地斑块等不同研究尺度下，探讨了影响绿地中的植物发挥生态效益的影响因子。在绿地调节碳氧平衡方面，重点探究了不同物种间固碳释氧能力的差异、影响植物群落碳交换能力的驱动因子，以及绿地固碳释氧物理与价值量的评估等方面；在绿地调节城市气候方面，研究重点聚焦于不同植物种类和群落结构的降温增湿效应，以及绿地形态、结构、组成与格局等特征对植物降温增湿效益的影响等方面。在绿地减滞空气颗粒物方面，针对不同园林植物滞尘能力强弱的比较和筛选，群落冠层特征、结构、构成比例等对群落滞尘能力的影响以及影响绿地滞尘效益发挥的结构与格局因子等均开展了大量研究。在植物净化有害气体方面，植物对二氧化硫、氟化氢等有害气体的净化机制及城市绿地净化量的估算等备受关注。在植物提升空气负离子与抑菌方面，研究重点内容包括不同群落结构与冠层特征，及绿地结构等对提升空气负离子与抑菌效应的影响。研究还关注了绿地与园林植物在降低噪音污染方面的重要功能，主要聚焦在不同群落结构与配置方式的降噪效果等方面。

针对园林绿地支撑生物多样性的研究主要集中在功能性植物的选择及影响生物多样性水平的影响因子及针对目标物种的微生境构建等方面。在园林植物的生态修复功能方面，针对不同类型的生态污染与破损地，如何利用植物修复和重建场地生态系统平衡是重点关注的问题，这其中功能性植物种类的筛选以及生境群落的构建是当前学科关注的热点。绿地生态服务功能与效益的丰富性与复杂性引发了强烈的学术关注，城市绿地综合生态效益的评价、基于生态服务功能权衡的绿地建设模拟以及以植物生态效益为重点的绿地使用后评价（POE）等方面也有大量的研究进展，不少研究者对绿地及园林植物的生态效益进行了长期的监测、研究，持续性的研究推动了相关理论著作与高水平研究论文的出版，不仅是对绿地植物景观生态效益成果的有效转化，也为城市绿地的规划设计实践提供了科学的理论参考依据，为支持政府在园林建设过程中科学决策以及向民众普及生态文明的理念奠定了坚实基础。

2011 年以来，共有近 40 项园林植物生态效益专利技术成果，主要集中在植物滞尘效益、植物降温增湿效益、植物修复技术等方面，大量专利技术聚焦园林植物与微生物修复污染土壤及修复石漠化的方法，也在一定程度上体现了我国城市生态问题的复杂性。围绕园林植物的生态效益累计申请 30 余项国家自然基金项目，随着风景园林一级学科建立，多项城市绿地与园林植物的生态效益研究在风景园林学科的大背景下开展，成为未来的热点研究领域。

园林植物与应用的相关研究成果极大地促进了我国园林绿地建设的发展。但同时应指出，相关研究仍存在着诸多不足，理论基础薄弱，研究方法与技术缺乏系统性等问题亟待解决。

具体而言，植物种质资源创新应更具有风景园林学科的特色，应加强种质创新的基础研究，加强对乡土植物资源的开发与利用，选育出我国自主知识产权、呼应社会关切及实现良好人居环境的优良观赏植物种类。植物景观规划设计的理论体系性较弱，缺乏以我国在城市化过程中出现诸多问题为导向的系统、科学的理论体系，应加强对应用理论体系、营造技术及养护管理体系的深化和拓展。园林植物生态效益备受重视，但机理与原理层面研究欠缺或尚不深入；应加强多尺度植物生态效益研究，构建建成绿地生态效益监测体系，通过科学分析反馈规划设计，提升实践水平。

六、风景园林技术

自 2011 年以来，风景园林技术科学研究主要集中对规划设计方法的改进，相关研究聚焦在以下若干方面：数字技术、信息技术的应用为规划设计分析、方案构建提供了新的工具体系；循证设计、景观评价、生命周期设计等成为规划设计过程所强调的技术内涵；对规划设计客体的研究走向科学化，科学研究方法开始影响规划设计过程。

2011 年以后，工程建造和运营管理也有不少创新。其与大数据、信息通信、物联网等信息技术结合催生了智慧景区等智能化管理。传统做法向强调低影响开发、低碳发展、生态友好的生态工法发展；环境治理、生态修复等非传统风景园林工程领域的实践内容越来越多地成为风景园林工程项目中的常见内容。工程管理水平显著提升，质量、成本、时间控制水平在日益成熟的市场条件下得到明显提升；园林工程新技术、新工艺、新材料的研究有新进展，材料、工艺的产品化、精细化程度提升；行业规范、技术标准有所发展。

2011 年以来，技术科学相关的国家自然科学基金课题数量显著增加。相关课题数量随着学科整体发展，呈现振荡式稳定增长趋势。2011—2012 年技术科学相关的获批课题均为 7 项；

2013—2016 年，相关课题数量在 10—17 项之间振荡变化；2017—2018 年，课题数量明显增加，分别为 21 项和 24 项。

1. 数字景观设计技术

在数字景观领域下，地理设计理论与方法的应用、参数化风景园林设计、形态发生设计技术、编程技术辅助规划设计方法、虚拟现实技术在风景园林规划设计中的应用、计算机辅助建造技术在规划设计中的应用研究快速发展，推动设计方法和理论的丰富与完善；在空间尺度较大的规划研究方面，应用气象观测资料统计分析、现场观测、气象卫星遥感反演、气象数值模拟等技术，从城市通风廊道规划与构建、城市热岛应对、生态绩效评估、生态修复与大气污染管控等方面支撑生态空间规划的技术与理论愈发成熟。

2. 风景园林信息技术及其应用

自 2011 年以来，先进测绘技术，如无人机倾斜摄影测量、数字近景摄影测量、激光雷达技术等，在中小尺度上对 3S 技术产生了有益的补充，正在快速与风景园林规划设计结合。风景园林信息模型技术将 BIM 与 GIS 的技术特点结合，形成了贯通全尺度、融合多专业、覆盖全生命周期的设计工具体系。推动了信息技术在风景园林设计和工程实施层面的应用。

3. 视觉评价及环境综合感受信息量化模拟

①视觉影响评价从干扰性角度评价建设活动对视觉的影响，如：风景资源管理系统 VRM、视觉污染评价 VIA、视觉管理系统 VMS、视觉环境评价 LRM 等。②视觉偏好评价一方面涉及如何准确获取主观感受，涵盖心理学、心理物理学层面的技术；另一方面涉及如何建立量化的客体景观特征描述方法，如公众评估法、整体量化法、主客观结合法、旷奥理论、层次分析法 AHP、语义差异法 SD 等。③视觉质量评价主要探讨比较客体视觉景观质量，方法最为丰富，如专家评估法、得分值和法、得分值平均法、美景度评判法 SBE、比较评判法 LCJ、景观特征评价法 LCA、场所特征评价法 LIA 等。

4. 风景园林小气候适宜性

风景园林规划设计对微气候调节的量化绩效及其循证设计研究，涉及城市三类九种风景园林小气候空间单元，通过实测、模拟、访谈、生理测试等方法，从风景园林小气候系统功效形成要素、风景园林小气候适应性空间要素与空间形态结构和风景园林小气候适宜性物理评价与感受评价三个方面开展研究，其目的在于为创造城市宜居风景园林空间提供设计理论与方法。

5. 新技术应用

新技术的应用随着新问题和新需求的出现而发展。生态水处理技术、土壤改良技术随着环境问题凸显和工程质量标准要求提高而成为研究成果较为集中的新技术应用研究问题。可持续发展理念在工程实践中的落实推动地源热泵、太阳能光伏等减排节能技术在风景园林中的研究。大型工程项目、城市开发建设等推动了传统园林技术在新的社会经济条件下向更为精细、高效的方向发展，如新型城市树木栽植技术呈现产品化的新特点。

6. 新工艺实施

新工艺研究的成果呈现散点状的分布态势，体系化特点不明显，与政策导向相关，预制装配技术和生态工法方向的研究显现度较高。例如：结合参数化设计的预制装配技术在多个工程案例中取得成功经验；传统的园林古建领域也发展了标准化装配式仿古建筑技术。

随着风景园林越来越多地参与环境治理、生态修复工作，植物护坡、坡岸生态绿化技术、锚杆挂钢丝网喷播生态复绿技术等植被生态修复技术和生态工法在风景园林工程项目中得到应用实施。

7. 新材料研究

随着我国制造业水平的整体提升，新型材料的研发和制造为风景园林工程提供了更为丰富的选择和更具创新性应用材料的可能，例如混凝土材料具有了创造性表达的作用，发泡混凝土材料应用于人工构筑的植物种植区域，预制混凝土材料增添特殊的景观肌理等。在海绵城市、低影响开发、绿色建筑等理论的推动下，铺装材料、立体绿化、屋顶绿化材料等研究取得明显进展。玻璃材料、城市家具面层材料等新材料的研究为满足城市景观品质提升与使用者体验改善提供了更为丰富的选择。

8. 基于大数据的智能运营管理

2011 年后，运营管理也涌现出许多技术创新。主要与大数据、信息通信、物联网等信息技术的结合有关。随着电子设备、互联网、移动通信和物联网的推进和普及，手机数据、传感器数据、网络及社交媒体数据等一系列新型数据大大拓展了时空间行为和偏好数据获取方式。这类新型数据进一步结合文本挖掘、计算机视觉、深度学习等算法，可以实现一定程度的智能响应和智能管控。风景园林运行管理技术呈现与大数据、物联网等信息通信技术结合的明显趋势。智慧城市、智慧景区等内容高速发展。相关研究反映了网络信息技术应用于病虫害防治、古树名木养护管理、城市道路绿化、公园养护管理、数字园林建设，以及城市公园全生命周期智慧管理、应用无人机遥感进行智慧苗圃数据采集等成果。

近十余年新数据和新技术的涌现，为风景园林提供了全新的视角和途径。比如在风景园林运行管理方面，新数据提供了实时精细化的使用行为追踪和个体化描述，对风景园林研究在时空覆盖和考察力度等方面产生了重大推进，为从精细化的人本尺度刻画城市空间提供了可能。

在新数据的支持下，参数化设计、智能建造、智慧景区等正在开始重新定义规划决策优化的方法、技术和标准。在可预见的未来，机器学习、人机交互等新技术将为风景园林的规划设计、建造和管理提供更强大的实证支持，形成从规划设计到建造管理的全方位闭环系统，更好地服务于风景园林学科。

风景园林技术科学领域的研究仍然存在学术研究与行业实践明显脱节的问题。学术研究在规划设计技术方向过于集中，工程建造技术的研究在系统性和深入程度上明显不足，在新工艺、新材料、新技术的框架下，存在风景园林工程设备研究的明显缺项，运行管理技术成为一个被忽视的领域。这些发展不充分的研究方向具有广阔的研究前景。

第四节　工程实践

自 2011 年以来，随着我国城镇化进程的加快，城市园林绿化建设滞后与改善人民生活环境的矛盾日见突出，党中央、国务院对城市生态环境建设和人居环境的改善提出了一系列新要求。2013 年 12 月在北京举行的中央城镇化会议中提出"要依托现有山水脉络等独特风光，让城市融入大自然，让居民望得见山、看得见水、记得住乡愁；要尽快把每个城市特别是特大城市开发边界划定，把城市放在大自然中，把绿水青山留给城市居民。"2015 年中央城市工作会议提出"城市发展要把握好生产空间、生活空间、生态空间的内在联系，实现生产空间集约高效、生活空间宜居适度、生态空间山清水秀。城市工作要把创造优良人居环境作为中心目标，努力把城市建设成为人与人、人与自然和谐共处的美丽家园。""城市建设要以自然为美，把好山好水好风光融入城市。要大力开展生态修复，让城市再现绿水青山。"《国家新型城镇化规划》与十三五规划纲要提出要"让城市融入大自然"，要"实施城市园林绿化工程，建设示范性绿色城市、生态园林城市。"

中共十九大报告中指出："中国特色社会主义进入新时代，我国社会主要矛盾已经转化为人民日益增长的美好生活需要和不平衡不充分的发展之间的矛盾。""我们要建设的现代化是人与自然和谐共生的现代化，既要创造更多物质财富和精神财富以满足人民日益增长的美好生活需要，也要提供更多优质生态产品以满足人民日益增长的优美生态环境需要。"为我国风景园林事业的发展指明了新方向，提出了新战略，布置了新任务。

住房和城乡建设部近些年发布了一系列的政策、文件，开展了多方面的工作。风景园林绿化建设作为唯一有生命的绿色基础设施，是实现我国生态文明战略的重要支撑，风景园林规划建设工作走进了新时代。

2011 年以来，我国风景园林规划设计事业进入新的历史发展时期，除了传统的风景名胜区规划、城市园林绿地系统规划、城市公园规划设计、各类附属绿地设计等主导类型外，还新增了其他园林绿地规划内容和类型，主要包括自然与文化遗产地规划、自然保护区规划、各类型园林博览会规划设计、各类型景区规划设计、城市绿道系统规划设计、海绵城市规划设计、生态修复规划设计等。新时代下风景园林绿地规划设计表现出以下 3 个主要特点：一是生态文明建设助推风景园林规划设计健康发展，风景园林师自觉践行生态文明和以人为本理念，探索生态修复、生态设计、生态建设以及生态园林城市、海绵城市建设等创新实践；二是规划项目类型明显增加，需要解决的问题日渐复杂，规划设计项目的复杂性、综合性、多样性和多专业协作性明显增加；三是各城市对绿地的供给加强，公园绿地单个设计项目的规模逐渐增大，几十公顷成为常见项目，各省市普遍出现若干平方千米以上的项目；四是各规划设计机构积极探索新理念、新方法、新技术、新材料和新工艺等在设计实践中的应用，带动风景园林行业创新发展。

为推进我国生态绿地建设，住建部先后出台了"国家园林城市""国家生态园林城市"新的评选办法，各地在创建过程中，积极保护和新建各类绿地，对于加强我国城市生态建设，创造良好人居环境，弘扬城市绿色文明，提升城市品位具有重要的促进作用。

一、风景名胜区规划和建设

党的十八大以来，党中央、国务院作出一系列战略决策部署，对风景名胜区事业发展提出了新的更高的要求。2011—2015 年，共完成 58 处风景名胜区总体规划编制报批、80 余处详细规划审批、135 处国家级风景名胜区重大建设工程项目选址方案核准。加强风景名胜区和世界遗产申报工作，将一批珍贵的自然文化遗产资源纳入国家法定保护体系。2012 年，国务院发布第八批 17 处国家级风景名胜区。2017 年 3 月，国务院发布第九批 19 处国家级风景名胜区名单。

进入 21 世纪以来，以风景名胜区、自然遗产、文化景观、自然与文化遗产、传统文化和历史景观地区等为代表的自然与文化资源保护规划得到了长足进展。截至 2019 年年底，全国共有国家级风景名胜区 244 处、世界遗产 55 项。其中，2011 年以来，澄江化石遗址、新疆天山、湖北神农架、青海可可西里、梵净山被列入世界自然遗产。

为保障风景名胜区规划与保护工作，住建部陆续出台《国家级风景名胜区规划编制审批办法》（住房和城乡建设部令第 26 号）、《国家级风景名胜区管理评估和监督检查办法》《世界自然遗产、自然与文化双遗产申报和保护管理办法》及《国家级风景名胜区总体规划大纲和编制要求》，完善了风景名胜区和世界遗产的保护管理制度。出台《风景名胜区游览解说系统标准》《风景名胜区监管信息系统建设技术规范》等行业标准，开展《风景名胜区规划规范》修订和《风景名胜区详细规划规范》制定工作，启动国家标准《风景名胜区管理技术要求》《风景名胜区资源分类与评价标准》及行业标准《风景名胜区术语标准》的制定。

2011—2015 年，我国国家级风景名胜区共接待国内外游客约 36 亿余人次，约占全国游客总量的 20% 左右，成为名副其实的"国家名片"和公众旅游休闲的主要目的地。很多地方依托国家级风景名胜区发展旅游，增加了就业机会，拉动了相关产业，带动了居民脱贫致富，为调结构、稳增长、扩内需提供了重要支撑，推动了地方社会经济发展。以 39 处涉及世界遗产的国家级风景名胜区为例，仅 2015 年就接待游客 1.8 亿人次，提供就业岗位 9 万余个，推动了所在地经济转型和绿色发展。

2011 年以来，住建部大力推进国家级风景名胜区总体规划的编制工作，先后出台相关文件进行安排和督导，加快审批力度。各风景名胜区普遍开始详细规划的编制工作。2018 年，《风景名胜区详细规划规范》完成编写并发布实施。

二、绿地系统与城市绿地体系规划和建设

坚持规划建绿，完善城市园林绿地系统规划编制，加强规划落实与实施。推动城市绿线划定和管理制度建设，严格控制开发强度，保护城乡园林绿地用地空间。2011 年以来，全国各地市普遍开展了城市绿地系统规划的编制工作，一些城市开展了绿道体系的规划。经住建部审批，2011—2017 年全国共有 162 个城市获得"国家园林城市"称号；2016 年住建部首次命名地级市徐州、苏州、珠海、南宁、宝鸡，以及县级市昆山、寿光等 7 个城市为"国家生态园林城市"；2017 年住建部命名地级市杭州、许昌，以及县级市常熟、张家港等 4 个城市为"国家生态园林城市"。

进入生态文明时代，城市绿地系统规划对于城市发展的支撑作用被赋予新的内容，各城市逐步认识绿地对于城市空间布局的重要性，多个城市先期进行绿地规划的研究，或与城市总体规划同时编制，绿地系统规划对城市规划给予指导并对生态空间进行控制。如 2013 年在编制贵阳市贵安新区城市总体规划的同时编制了贵安新区城市绿地系统规划，贵安新区绿地系统研究范围在全区域 2000 余平方千米范围内，在对区域自然和文化资源、土地资源以及村镇建设等进行充分调研和编制绿地系统规划，并且特别从贵安新区全域到城市建设核心区提出了保护范围与内容、城市及村镇建设空间范围及其规划建议内容等，对贵安新区城市总体规划布局结构的形成起到了重要的支撑作用。北京市新一版的总规划充分吸收了前期开展的

城市绿地系统规划的研究成果，并在各城区分区规划中进行绿地用地的落实。

为贯彻生态文明建设理念，单一的城市绿地系统规划已无法解决城市环境改善提升遇到的难题。各地绿地建设中日益重视区域生态格局的保护和完善，各地城市总体规划编制中，注重对绿心、绿带、绿楔、绿环等绿色生态空间的保护预留和结构优化。涵盖绿道体系、景观体系、生态体系、游憩体系等内容的综合绿地体系规划逐渐增多。近几年来，北京、上海、深圳、武汉、成都等特大城市在城乡大型绿色生态空间的规划管控方面进行了大量的专业规划探索实践。城郊生态资源保护利用和郊野公园建设全面兴起，为构建"城乡一体"的绿地生态系统保存了稳定的生态源区。部分城市先后开展了本地区的绿地体系规划，城市绿地、绿道与其他绿色空间统筹考虑，发挥绿地的综合效益。

绿道作为联系各类绿地的生态廊道，被越来越多的城市重视，规划建设了各城市之间或城市内部的绿道。绿道设计类型逐渐增多，如健身型、教育型、文化型、运动型、远足型、郊野型、混合型等，风景园林师在设计绿道时强调崇尚自然和因地制宜的理念，研究了绿道布局原理及其服务设施配置机制，成功探索了滨海、滨河（湖）、山地、森林、生态、湿地、田园等不同条件下的绿道设计技术方法和工艺手段，绿道体验正在成为城乡居民出行活动的新时尚。

三、城市公园规划设计和建设

2016 年年末，全国城市建成区绿化覆盖面积 22040 平方千米，建成区绿化覆盖率 40.30%；建成区绿地面积 19926 平方千米，建成区绿地率 36.43%；公园绿地面积 6536 平方千米，人均公园绿地面积 13.70 平方米。

2011 年后，全国城市各类公园、街头游园数量快速增加，园林绿地综合服务能力不断加强，城市公园绿地 500 米服务半径覆盖率不断提高，中心城区人均公园绿地面积逐步提升。作为城市绿色基础设施，园林绿化在改善城市人居环境、提高居民生活品质、美化城市形象、维护城市生态安全、促进城市生态文明建设等方面发挥着十分重要的作用。通过园林城市创建工作，各地逐步确立了以园林绿化促进城市发展的理念，推动了城乡结构与布局的优化调整，彰显地域特色，城市面貌焕然一新。全国城市园林绿地建设总量大幅度增长，满足了城市生态环保、休闲游憩、景观营造、文化传承、科普教育、防灾避险多方面需求，改善了城市人居环境，促进了社会和谐发展。

优化城市绿地结构和布局，提高园林绿地空间分布系统性、合理性与均衡性。按照城市居民出行"300 米见绿，500 米见园"要求，加强了城市综合公园、社区公园建设，建设了植物科普公园、体育健身公园等专类公园。拓展城市中心区、老城区绿色公共空间；围绕老百姓需求，建设"小、多、匀"公园绿地体系，逐步推进老旧社区附属绿地改造升级工作。扩大园林绿地规模，在巩固现有园林绿化建设成果基础上，结合新区建设、综合整治、旧城更新、拆违还绿等持续加大城市各类绿地建设，推动城市土地综合利用，稳步提升人均公园绿地指标。完善园林绿地功能，推进城市园林绿化从单一功能向复合功能转变，全面提升存量绿地品质，实现城市园林绿化生态、景观、游憩、文化传承、科教、防灾等多种功能的协调发展。结合老旧公园改造、专类公园建设，完善公园绿地配套设施，提高园林绿地管理水平和服务质量。

四、城市公共空间与城市景观

中共中央国务院关于进一步加强城市规划建设管理工作的若干意见（中发〔2016〕6号）提出要"健全公共服务设施。……合理规划建设广场、公园、步行道等公共活动空间，方便居民文体活动，促进居民交流"。城市公共空间在城市实体空间中有重要意义和作用，既是城市景观展示的重要空间，更是为广大公众服务的场所。

城市公共空间既包括集中布局的开敞绿地和广场，也包括线型的绿道、步行街、步行通道以及慢行系统道路中的步行空间部分等。城市公共空间的重点在于以人为核心，研究人的需求和行为，构建多类型、多层次的城市公共空间，满足居民不同类型、不同空间层次的公共活动需求。

近年来，对城市公共空间和城市景观进行工程实践的探索逐步走热。街道作为与城市居民关系最密切的公共活动场所，越来越受到关注。上海市编制了《上海街道设计导则》，完善慢行系统，提升街道空间的环境品质，如黄浦区慢行系统规划、徐汇区风貌保护道路规划等，并开展了大量街道品质提升的工作，在历史风貌道路整治、新区道路高质量建设方面取得了一定成果。

城市商业的巨大发展，大大影响了城市的空间形态，围绕商业设施建设的城市公共空间，往往成为城市最具活力的区域之一。如北京的三里屯和成都的太古里商业区，这类公共空间与场所营造将城市的人文情怀与情感记忆保留其中，与这座城市的文化空间与生活空间平行对接，在塑造新的商业核心的过程中，借用多元化的历史人文场域，注入了国际化、宽画幅的艺术人文视野，实现了城中心的文化再生。

公共空间和场所为周边社区和使用者提供了舒适的活动空间、交流空间，并且营造健康的环境、创造积极社会活动氛围和可能的经济机会。

五、各类附属绿地规划设计和建设

城市各类附属绿地是城市绿地的重要组成部分，随着各地对城市绿地的重视，包括居住绿地、公共设施绿地、工业绿地、道路绿地在内的各类绿地得到了较大发展。

居住绿地方面，近年来越来越多地产开发商力争在社区环境景观方面寻求突破，进而提升社区楼盘的品质。因此，广大开发商对社区绿化的单位投资不断增加，由此也进一步带动地产园林市场继续保持较快的发展速度。各种新的居住绿地的设计风格、形式不断涌现，一些新的探索也取得了成就和经验。各社区普遍重视生态造景、植物景观、水景设施以及儿童设施的设计，更加人性化、生态化。

各地的公共设施绿地强化植物景观的设计，突出生态性和公共艺术的结合，绿地景观与公共建筑的融合更加紧密，重视无障碍和人性化设计；一些与城市历史文脉相结合的作品纷纷涌现，形成了特色的城市景观作品。

工业绿地普遍重视植物的选择和应用，尤其注重植物的防护作用，海绵设施开始广泛应用。但也存在各企业管护标准不一的现象，绿地质量参差不齐。

道路绿地作为城市景观形象的重要组成，受到了各地的高度重视，大量的道路绿地规划设计和建设项目普遍开展。迎宾景观大道、交通景观大道、生态景观大道、公园大道等纷纷出现，促进了城市道路绿地的建设。一些城市和规划设计单位也进行了积极探索，包括突出植物造景、建设海绵道路以及研究绿道与道路绿地的结合等。北京副中心的道路绿化要求达到 100% 林荫路的指标，为道路绿化工作提出了新的研究方向。

其他各类附属绿地情况普遍较好，与我国社会经济的发展同步保持了较好的增长态势，新的技术、材料得到广泛应用。

六、国家公园规划工作的推行

2013 年 11 月中共中央召开十八届三中全会，发布了《中共中央关于全面深化改革若干重大问题的决定》，明确提出要"加快生态文明制度建设"。"建设生态文明，必须建立系统完整的生态文明制度体系，实行最严格的源头保护制度、损害赔偿制度、责任追究制度，完善环境治理和生态修复制度，用制度保护生态环境"。作为落实生态文明制度建设的抓手，《决定》还首次提出要"建立国家公园体制"。这是党中央关于我国保护地管理思路的重大创新，对于按照主体功能区定位分类保护国土，提高保护地管理质量，发挥自然文化遗产资源在建设生态文明和美丽中国中的作用，满足人民群众精神文化需求有着深远意义。

十九大报告中指出："构建国土空间开发保护制度，完善主体功能区配套政策，建立以国家公园为主体的自然保护地体系。"为我国国家公园体系的构建指明了方向。

建立国家公园体制，其目的是要整合和优化我国现有保护地体系，解决深层次矛盾和问题，探索自然文化资源保护管理新模式，推动建立严格生态保护监管制度和国土空间开发保护制度。

三江源国家公园体制试点是全国首个国家公园体制试点，范围包括青海可可西里国家级自然保护区，以及三江源国家级自然保护区的扎陵湖、鄂陵湖、星星海等地，园区总面积12.31 万平方千米，是中国面积最大的国家公园。2018 年 1 月 26 日，国家发改委公布《三江源国家公园总体规划》，明确至 2020 年正式设立三江源国家公园。三江源国家公园体制试点的建立，将整合各部门、各地区职能资源实施生态整体系统修复，以理顺三江源保护机制、提升保护科学性。同时更加注重相关农牧民生活的改善，通过合理利用现有生态资源打造一批可吸纳就业的旅游、有机农牧等绿色产业，让群众共享生态保护红利。《三江源国家公园生态体验与环境教育专项规划》是我国首个国家公园相关领域的专项规划，具有很强的研究、探索和先行性质，为生态保护优先前提下的国家公园生态体验和环境教育探索了技术方法；为三江源国家公园开展生态体验和环境教育明确了基本原则、提供了政策框架、确立了基本要求、形成了整体安排；为三江源国家公园探索如何通过生态体验和环境教育促进和提升全民对国家公园生态保护第一的认识和行动提供了技术路径。

七、生态修复与城市修补

2015 年年底，中央城市工作会议提出，"要加强城市设计，提倡城市修补"和"要大力开展生态修复，让城市再现绿水青山"。《中共中央国务院关于进一步加强城市规划建设管理工作的若干意见》提出，要有序实施城市修补和有机更新，解决老城区环境品质下降、空间秩序混乱、历史文化遗产损毁等问题；制订并实施生态修复工作方案，有计划有步骤地修复被破坏的山体、河流、湿地、植被。

按照中央决策部署和有关要求，住建部将"城市双修"作为治理城市病、转变城市发展方式的重要抓手，推动供给侧结构性改革的重要任务，全面部署，全力推进。相继印发《关于加强生态修复城市修补工作的指导意见》《三亚市生态修复城市修补工作经验》等文件。

"城市双修"是指生态修复和城市修补，是新时期下我国城市转型发展的标志。我国城市发展需要由速度型向质量型转变、由粗放型的二维管理走向精细化的三维管治，综合考虑生态环境与可持续发展、文化特色与城市品质等多个方面；以人为本，城镇化与城市功能完善、综合服务能力同步推进。

在城市生态修复方面，要更重视整体性和系统性，注重城市与生态的共生关系，建设和保护的协调关系，自然与人的亲近关系，生态环境自身的生长循环规律，要防止因对景观的喜好而破坏生态的现象。在城市修补方面，一要把对城市空间和环境的修补与完善城市功能相结合；二要把对物质空间和设施的修补与社会、社区的共建共治共享相结合；三要把城市街区的修补与城市文化传承和重构相结合；四要把营造健康和活力的城市公共场所和改善民生相结合；五要注重城市发展和基础设施建设相同步，集中资源补齐短板。

住建部将海南省三亚市列为首个"生态修复、城市修补"试点城市，探索我国城市发展的新方式。目前，三亚的双修试点工作取得了较好的成绩，住建部将三亚"城市双修"经验总结概括为"领导亲自推动、坚持统筹协调、扎实推进工作、完善保障措施"4方面共12条，特别是加大治理违法建设力度，多种方式筹措资金，注重公众参与和舆论引导。继三亚市成为首个试点城市后，住建部又将福州等19个城市和保定等38个城市列为第二批和第三批"城市双修"试点城市，同时部署了在全国开展生态修复、城市修补工作，推动城市转型发展。

"城市双修"工作是一个长期和常态性工作，既需要近期集中力量开展"战役式"行动，也需要科学合理的长远规划和持续的行动计划。在这个新兴领域和拓展方向，有大量的生态修复和城市修补工作均需要风景园林专业开展工作，是我们在人居环境建设中实现伟大的中国梦的责任与使命。

八、雨洪管理与海绵城市

2012年4月，在《2012低碳城市与区域发展科技论坛》中，"海绵城市"概念首次提出。2013年12月，习近平总书记在中央城镇化工作会议上提出：建设自然积存、自然渗透、自然净化的"海绵城市"。2014年11月，住建部对外印发《海绵城市建设技术指南》，为各地新型城镇化建设提供指导。

《海绵城市建设技术指南——低影响开发雨水系统构建（试行）》以及仇保兴发表的《海绵城市（LID）的内涵、途径与展望》则对"海绵城市"的概念给出了明确的定义，"海绵城市"即城市能够像海绵一样，在适应环境变化和应对自然灾害等方面具有良好的"弹性"，下雨时吸水、蓄水、渗水、净水，需要时将蓄存的水"释放"并加以利用。提升城市生态系统功能和减少城市洪涝灾害的发生。旨在解决城市内涝频发、径流污染、雨水资源大量流失、生态环境破坏等诸多雨水问题。因地制宜建设海绵型绿地，充分发挥城市绿地雨水渗透、蓄滞和净化功能，缓解城市内涝，绿地充分体现出作为城市绿色基础设施的重要作用。

在海绵城市的建设中，关于城市"海绵体"的建设主要包括了绿地、花园、可渗透地面等城市配套设施，这些设施包括了河、湖、池塘等水系，将雨水等水资源滞蓄、净化、回收利用，从而提高水资源的利用率，减轻城市内涝的可能性，而这些设施正是风景园林设计中的重要组成部分，故而风景园林的建造与海绵城市的建设相辅相成。

在城市设施问题频发的当下，河流水系和黑臭水体的治理在一定程度上促进了各城市河道的园林绿化工作，尤其穿越城市的河流均作为城市绿化的重点，而风景园林的工作又能够在解决问题的同时，优化此类设施的存在形式。近年来，通过滨河绿地的建设、生态河岸的治理、水质的净化、水环境的改善，多地呈现出蓝绿交织的河流景象。如河北省迁安市三里河生态廊道工程、北京朝阳区萧太后河景观提升工程等，都使用景观设计手段大力改善了河道的水质和河岸的景致，为城市增加了健康、带状的绿色空间。

对于海绵城市的建设必不可少的需要风景园林建设的支持，因此对于海绵城市和风景园林的联合运用建设是极为重要的一件事情，在两者协调发展过程中，探索出的构建联动机制能够直接促进海绵城市与风景园林建设的共同工作效率，以及整体城市的协调建设，在雨洪管理与海绵城市的建设发展过程中，风景园林从宏观到微观不同尺度的实践也随之愈加定位清晰与发展完善。

九、园林博览会与事件型景观

各类园林博览会作为促进行业交流、带动城市发展的大型绿色空间受到全国各地的重视。由住建部主办的"中国国际园林博览会"先后在重庆（2011）、北京（2013）、武汉（2015）、郑州（2017）、南宁（2018）举办；"世界园艺博览会"先后在西安（2011）、青岛（2014）、唐山（2016）、北京（2019）、扬州（2021）举办；中国绿博会先后在郑州（2010）、天津（2015）举办；中国花博会先后在常州（2013）、银川（2017）、上海（2021）举办；辽宁锦州在 2013 年举办了世界园林博览会。各省的园博会纷纷举办，包括江苏、山东、广西、河北等省、区的园博会大力促进了园林事业的发展。

风景园林是城市重要的基础设施，对改善城市人居环境、营造城市空间特色、发展旅游产业具有重要作用，各类运动盛会带动了园林绿地的规划设计和建设，继 2008 年北京奥运会和 2010 年广州亚运会后，我国先后举办了 2011 年深圳大运会、2013 年沈阳全运会、2017 年天津全运会。各城市以运动会的体育场馆、体育比赛场地为核心，对城市的园林绿地进行了全面的提升，尤其在体育公园、体育主题文化、绿地中体育运动场所设置等方面进行了深入的探索，丰富了绿地内容。

各类大型国际性会议从国际展示角度出发，促进了国际化的景观设计理念的发展。2014年 APEC 峰会在北京雁栖湖召开，雁栖湖将中国山水园林和国际会议功能有机结合，对大型公建的山水园林空间进行了较好的探索。G20 杭州峰会、厦门金砖国家峰会、上海合作组织青岛峰会等国际会议为各举办城市的园林绿化优化提供了新的契机，也提出了更高的要求，各城市都按照国际标准、中国特质、地方特色开展了园林绿地的规划设计和建设工作，出现了一批优秀的园林景观作品。

各类事件型的景观无论举办时间长短或是规模大小，其共性为机制相对灵活、展示形式多样，时间地域特色突出，能够为现代景观设计的更新型展示提供许多的平台，此类景观均赋予了风景园林的探索实践行为，在园林设计建设的理念指导下，结合科学技术的创新、地域文化的传承、市民生活的丰富以及人居环境的改善理念，越来越多的园林精品呈现世人眼前，同时配合博览会或事件型会议所推出的新理念、新技术、新材料、新工艺等主题，将园林景观设计推向一个新的高度。

十、乡村景观规划设计和建设

2012 年在党的十八大报告提出了努力建设"美丽中国"的任务和目标，而美丽中国的建设重点和难点在于农村。国务院农村综合改革工作小组于 2012 年发布了《关于开展农村综合改革示范试点工作的通知》（国农改〔2012〕12 号），开展了以美丽乡村建设等十项主要改革为重点的示范试点。2013 年中央 1 号文件明确提出要推进农村生态文明建设，努力建设美丽宜居乡村。自此，我国正式推出了"美丽乡村"建设理念并开展行动，对乡村的生产、生活、文化、村容等方面提出了具体的建设要求。2015 年国家标准《美丽乡村建设指南》（GB/T 32000-2015）出台，从村庄规划、村庄建设、生态环境、经济发展、公共服务、乡风文明、基层组织、长效管理等方面规范了美丽乡村的建设。

为落实党中央和国务院的决策部署，住建部等部门逐步开展了全国特色景观旅游名镇名村示范、美丽宜居小镇和美丽宜居村庄示范、改善农村人居环境示范村创建、特色小镇培育等工作。

乡村景观规划设计工作以建设美丽宜居乡村为出发点，以整体带动提升农村人居环境质量为核心。加强对村域的规划管理，保持村庄整体风貌与自然环境相协调。结合水土保持等工程，保护和修复自然景观与田园景观。开展农房及院落风貌整治和村庄绿化美化，保护和修复水塘、沟渠等乡村设施。发展休闲农业、乡村旅游、文化创意等产业。制定传统村落保护发展规划，完善历史文化名村、传统村落和民居名录，建立健全保护和监管机制。

近年来，随着美丽乡村建设的不断推进，涌现出了浙江安吉、福建长泰、贵州余庆等美丽乡村建设先进典型，农村公共服务水平不断提高、农民生产生活条件不断改善，农村面貌发生了很大的变化。乡村人居环境的提升使乡村景观得到前所未有的重视，乡村的园林绿化和景观营造也为风景园林行业提供了新的探索和实践。

十一、旅游游憩地规划设计和建设

2011 年之后，随着我国人均 GDP 突破 5000 美元大关，国民休闲时代到来，旅游业态逐渐从观光转化为观光与度假业态并重，逐渐向多元化发展，新概念与新产品大量涌现，如低空旅游、邮轮游艇、房车自驾、旅游特色小镇、田园综合体等。2011 年开始实施的《旅游度假区等级划分》国家标准，推动了度假业态蓬勃发展，使旅游度假区的发展从主动探索阶段进入到标准化转型期阶段，空间规划与设计在旅游规划中的重要性更加凸显。2016 年，随着全域旅游的提出和推广，将"处处成景"作为旅游目的地的全域发展目标之一，使风景园林学科在大尺度旅游规划中获得了更大的舞台。2018 年文化和旅游部的成立则进一步推动了文化和旅游的深度融合，人工营造的景观环境成为文化表达的重要载体之一，风景园林学科将有机会更加深度地参与到旅游规划中。

这一阶段，旅游作为绿色产业承担了生态文明建设和经济增长点的双重责任，同时国民休闲需求也普遍增长，旅游游憩的理念深度融入各种类型的风景园林场所中，涉及了从城市到乡村、从自然到人文的各种场景。风景园林学科相关高校和规划设计机构越来越多地参与到旅游游憩规划设计中，并从政策制定层面到落地实践层面都发挥了不可或缺的作用。

第五节　学术组织与期刊

一、学术组织

中国风景园林学会等相关学术组织，以风景园林学一级学科设立为契机，面向国家和社会对学科和行业的新要求，努力加强学术交流、行业实践和学科理论体系建设，协助政府进行行业管理决策，促进专业教育发展和人才培养，科技研发和创新等，对学科发展发挥了新的作用，学术组织自身也不断壮大。

2016 年，中国风景园林学会向中国科学技术协会申请并获立项资助，开展了"中国风景园林学学科史"研究。受全国科学技术名词审定委员会委托，中国风景园林学会承担了"风景园林学名词审定"工作，对规范学科名词发挥了作用。

在设立风景园林学为一级学科的过程中，中国风景园林学会发挥了重要的组织和协调作用。风景园林学一级学科设立以后，中国风景园林学会继续以学术交流工作为中心，持续构建年会、专题会议和专业会议组成的学术会议体系和多层次交流平台，先后围绕"城镇化""风景园林本土化""城市生态建设""城市双修""新时代风景园林"等议题召开年会，并依托分支机构举办各专业学术年会。先后举办陈俊愉、孙筱祥、余树勋、孟兆祯、汪菊渊等老专家学术思想专题研讨会，继承老专家的学术思想，弘扬老专家的学术精神。举办了纪念计成诞辰 400 周年暨《园冶》国际研讨会，带动了学科理论研究的开展。中国风景名胜区协会围绕就"信息宣传""遗产申报""遗产日宣传"等主题，举办研讨，构建了风景名胜区间交流的重要平台。中国公园协会围绕"历史名园保护""老公园提升改造""公园管理和服务""公园文化建设和传播""园林博览园建设与运营""公园配套服务项目特许经营"等进行研讨。中国城市规划学会风景环境规划设计学术委员会、中国勘察设计协会园林和景观设计分会等也持续开展学术交流，丰富了风景园林学科内容。这些学术交流活动，大大促进了相关专业领域的学术研究，丰富了学科内容。

学术组织积极承担政府委托工作，开展调研和研讨，协助政府决策，服务行业建设和管理。受住房和城乡建设部委托，中国风景园林学会着力推进风景园林师职业制度建设，促进行业人才的认证和评价。完成了人力资源和社会保障部部署的 1999 版《国家职业分类大典》（风景园林部分）修订工作，为完善风景园林职业体系奠定了基础。调研和撰写《国家生态园林城市创建工作调研报告》和《关于尽快启动"国家生态园林城市"审核命名工作的建议报告》，供主管部门参考。围绕"营改增"和园林施工企业适用税率问题，对园林施工企业进行调研和走访，并向住房城乡建设、财政部、国税总局等进行反馈。积极调研论证风景园林设计专项资质和城市园林绿化施工资质取消对行业的影响，发挥并积极向主管部门反馈。这些工作对促进行业改革和健康发展发挥了一定作用。中国风景名胜区协会积极承担世界遗产申报技术咨询工作，配合政府主管部门完成世界遗产项目申报。中国公园协会组织专家参与了《城市公园配套服务设施特许经营指导意见》《国家重点公园管理办法》和《城市公园条例》等政策文件的编制和修订。

学术组织通过展示、评优等活动，推动行业单位拓展实践领域，促进科技创新，服务地方产业发展。通过参与和支持举办世界园艺博览会、中国国际园林花卉博览会、花卉博览会、绿化博览会等，促进造园艺术展示和技术创新。中国风景园林学会持续举办全国性菊花展、盆景展和赏石展等，弘扬传统文化，促进地方菊花种植和盆景制作等产业发展，丰富群众文化生活。中国风景园林学会坚持以优秀规划设计、优秀工程项目、科技成果评选为抓手，推动开展研究和创新，促进规划设计水平、工程管理和质量提升。同时，积极开展科普和风景园林文化宣传，扩大行业影响，营造全社会共同关心、共同参与的风景园林建设氛围。中国风景园林学会持续举办"风景园林月"学术科普活动，通过科普报告会、科普展览、技术咨询等，传播专业知识、展示发展成果、弘扬园林文化等，提升了学科和行业的社会影响。举办大学生职场沙龙，帮助大学生了解行业和职业，促进大学生快速成长。中国风景名胜区协会通过举办"文化和自然遗产日"系列活动，推动遗产价值宣传和文化普及，促进遗产保护。中国公园协会通过组织"5·22国际生物多样性日""全国公园行业优秀活动评选""中国历史名园摄影作品展"等，持续开展园林生态和公园文化宣传。

在服务学科和行业的同时，学术组织以规范管理、提升能力、改善服务为导向，不断加强自身建设。坚持依法办会、民主办会，在党组织的领导和监督下，推动学会工作规范、有序开展。根据业务发展需要，中国风景园林学会新设立园林公共艺术专业委员会（2012）、理论与历史专业委员会（2013）、园林生态保护专业委员会（2014）、女风景园林师分会（2014）、教育工作委员会（2014）、文化景观专业委员会（2016）和标准化技术委员会（2018）7个分支机构。中国风景名胜区协会成立了文化和旅游专家委员会（2018）。中国公园协会新成立了中山公园分会（2015）、公园文化与园林艺术专业委员会（2015）、园林与园艺博览园分会（2016）和公园管理专业委员会（2017）。为扩大信息宣传，相关学术组织均对网站进行了升级改版，逐步建立了官方微信公众号，并持续加强刊物建设。

随着学科和行业的快速发展，新的学术组织也逐步成立起来。2009年9月18日，"风景园林新青年"（Youth Landscape Architecture）成立，它的重要工作载体是一个非营利性网站，为青年设计师和风景园林学子提供学习、交流的平台。它由一批具有风景园林背景的青年设计师自发创办，并采用兼职的形式进行网站的管理维护和组织学术活动。成立以来，风景园林新青年通过访谈行业优秀人物，报道先进事迹，寻找和展示行业榜样；举办或报道行业学术和行业交流活动，提供学术资讯和交流平台；推广可持续的设计理念，引导公正的风景园林评论；传播风景园林知识，提供相关的设计服务等，为风景园林学科发展注入了新的动力。

2013年，中国园林博物馆建成并正式开放，它是目前一座全面展示中国和世界园林的国家级博物馆，成立以来，中国园林博物馆在保存园林历史文物、弘扬中国传统文化、展示园林艺术魅力、研究园林价值、普及园林知识等方面发挥了重要作用。

中国风景园林学科教育管理的机构部门主要包括全国风景园林专业学位研究生教育指导委员会、教育部高等学校建筑类教学指导委员会风景园林专业教学指导分委员会、中国风景园林学会教育工作委员会、国务院风景园林学科评议组、教育部建筑类教学指导委员会等，各机构在管理内容和职能上各有侧重，这些教育机构为学科建设、专业发展、人才培养、教

育质量、国际交流、开放办学、学校和相关管理部门的联系、和用人单位之间的协同等方面
发挥了重要的作用。

教育管理机构先后在北京、南京、武汉、重庆、哈尔滨等地举办教育大会，围绕"风景
园林教育研究与实践""风景园林教育规范化""风景园林教育可持续发展""新时代风景园林
教育"等主题展开研讨和交流，为促进中国风景园林教育事业的发展，建立健全科学合理的
风景园林教育体系，促进风景园林专业人才的培养，提升整个行业的人才质量等作出了积极
的贡献。

二、学术期刊

这一阶段，风景园林学科相关期刊类型不断丰富，形成以风景园林学科期刊为主体，各
相关专业期刊为支撑的期刊结构。业内重要期刊，如《中国园林》《风景园林》等，依旧保持
着在专业领域内的重要地位，同时响应我国政策、社会现状和风景园林学科特征，不断容纳
了建筑学、城乡规划学、园艺学、生态学等多学科的相关期刊。

新增的各相关专业期刊，不断丰富了我国风景园林期刊的内容，形成了多种学术专业、
研究专一的子研究领域，促进了风景园林学科的点面结合，弥补了风景园林学科因期刊品种
少、数量少，而难以涵盖所有研究领域的不足。目前越来越多相关专业的学者加入风景园林
行列，推动了我国风景园林学科向着更加全面、综合的方向发展。

这一阶段的风景园林刊物总体上具有如下三个特征：

（1）风景园林学科期刊分类完善，学会、地方、高校、企业等多类型期刊相辅相成，发
挥各期刊的优势。目前，期刊包括学会期刊、地方学会期刊、高校期刊、企业期刊、无正式
刊号内部期刊、其他相关期刊等主要类别。中国风景园林学会期刊，如《中国园林》《园林》
等；地方学会期刊，如《广东园林》《重庆园林》等；高校期刊，如《风景园林》《景观设计
学》《西部人居环境学刊》《园林》等；企业期刊，如《人文园林》《古建园林技术》等；无正
式刊号内部期刊，如《北京园林》《苏州园林》等；其他相关期刊，如《园艺学报》《生态学
杂志》等。

期刊分类的完善，明确了各专业领域的研究重点与研究特色，促进各领域间的相互学习
借鉴，发挥各自领域的学科优势，形成学会、地方、高校、企业促进互通，各领域合作共建
平台，互利共赢的风景园林学科发展模式。

（2）风景园林学科期刊论文内容丰富，反映风景园林行业热点，响应时代政策，推动科
研成果传播，聚焦行业优秀实践作品，传承中国园林文化。

风景园林学科作为一级学科，如今在社会中发挥着越来越重要的作用。期刊作为风景园
林学科成果的载体之一，涉及的内容也聚焦风景园林学科在当今社会环境中的热点话题。在
风景园林学科期刊全面发展时期，期刊文章内容丰富，主题各异，包含了规划设计理论、规
划实践设计、风景园林管理、风景园林工程技术、风景园林历史等方面，为风景园林学科发
展打下坚实的基础。

另外，风景园林期刊内容契合了新时代的主题，涵盖遗产保护、低碳节能、文化传承等
国内外热点，聚焦风景园林研究新思潮，如《中国园林》着眼于户外人居境域建设，以维护
人类生态环境为核心，以风景园林规划设计和风景园林植物应用为重点，以传承和发扬中国

优秀园林文化为己任。

风景园林学科期刊内容的不断丰富，主题不断鲜明，引领了风景园林近期以及未来的发展方向，真正地发挥风景园林学科在社会中的重要作用。

（3）风景园林学科期刊影响力不断增大，地域性日渐广泛，不断扩大全国以及国际的研究视野。

在风景园林学科期刊全面发展时期，风景园林期刊的读者不断增长。期刊作为专业人士接触前沿学术研究、国内外动态的工具之一，风景园林学科期刊的影响力在这一时期日渐壮大，期刊论文的地区分布也广布全国各个区域，国外的论文总数逐步提高，期刊的论文被引次数也在不断增加，成为学术交流的重要途径之一。

据统计，1985年全年《中国园林》刊登55篇文章，到2018年全年刊登300篇，年载文量在30余年间增长迅速，为我国风景园林的学术交流提供了广阔的平台。国外论文的数量逐年增加，尤其从2002年的8篇增加到2014年的22篇，数量最高时为2012年的43篇。由此可见，我国风景园林学科期刊正在向全面化、国际化方向不断发展，为我国风景园林学者提供了重要的学术交流平台。

风景园林学科发展与风景园林学科期刊发展相辅相成，互相促进。期刊是我国风景园林学科学术传承和累积的重要载体，也是我国风景园林学科发展的重要历史见证。

第六节　国际交流与学科影响

中国风景园林的国际影响力在近10年显著提升，已成为相关国际组织的重要成员。中国风景园林学会及重要专业机构在推进与国际组织间的交流合作中起到强有力的作用。学科教育国际交流与合作更为深化与多样化，不断拓宽了学科教育的视野，促进学科建设，推进国内高校师生进入到国际舞台。在学术交流方面，从早期参加国际学术会议的个体活动发展为主办重要国际学术会议的活跃地，就学科前沿问题开展合作研究并取得丰硕成果。

一、行业学会的国际交流

继2010年IFLA第47届世界大会于苏州成功举办以来，中国风景园林学会与IFLA及IFLA亚太区建立了更为紧密的合作关系，积极推进重要国际会议在中国的举办，包括2012年于上海举办的IFLA亚太区会议，及与日本造园学会、韩国造景学会共同主办的中日韩风景园林学术研讨会等。

这些重要国际会议为中国广大的风景园林学者与从业人员提供前沿的国际视野与交流平台，也积极将中国的优秀风景园林传统、实践与代表性人物推介到国际风景园林的舞台上。2014年，北京林业大学的孙筱祥教授获得由IFLA颁发的杰弗里·杰里科爵士金质奖，成为获此荣耀的亚洲第一人。中国风景园林学会领导亦更多地在IFLA重要奖项的评选中担任评委，如2018年IFLAAAPME奖评委，在国际专业评价中有了更大的话语权。

二、专业组织在国际交流中发挥重要作用

2011 年风景园林学成为国家一级学科以后，开设风景园林专业的高校迅速增加，已有的学位项目亦迫切需要以一级学科的标准进行建设与提升，国际经验的学习成为重要的参考途径，核心专业机构组织在国际交流的过程中发挥了组织、引领的重要作用，包括教育部高等学校建筑类风景园林学科专业教学指导分委员会（原住建部风景园林学科专业指导委员会）、全国风景园林专业学位研究生教育指导委员会、中国风景园林学会教育工作者委员会、国务院学位委员会风景园林学科评议组。

2017 年 5 月，上述机构与（国际）风景园林教育工作者委员会（Council of Educators in Landscape Architecture，CELA）共同于北京成功举办"国际风景园林教育大会——2017 中国风景园林教育大会暨（国际）CELA 教育大会"。会场分设在清华大学、北京林业大学和北京大学三所承办单位内，来自中国、美国、欧洲及其他地区的近 800 名风景园林行业人员参加了此次盛会。此次大会是国际、国内两大风景园林教育年会首次联合召开。大会以"沟通（Bridging）"为主题，旨在突出风景园林学科中思想的交汇与碰撞、不同学科与文化之间的理念交流，以及知识与经验的分享。

三、高等院校之间开展了形式多样的国际交流与合作

高等院校的国际交流一直是最为活跃、多样与具有探索性的。2011 年风景园林学成为一级学科以来，高校国际化交流进入到平稳深化的发展阶段，范围更广泛，主题更多元，形式更丰富。不仅在数量上继续扩展，而且更深入地嵌入到人才培养、学科队伍等方面的建设工作之中。

师生互访作为国际教学交流的基本形式在数量、频次与互访国家类型等方面均大幅提升。部分高校中，本科阶段出国学习交流的学生数量已超过 50%。中国学者的出访也从短期访学扩展到受邀进行学术报告、课程教学、答辩评委等多种形式。与美国、欧洲、日本等国高校开设联合课程亦得到广泛开展，包括短期工作坊、联合设计课、联合毕业设计等多种形式。

外籍教师的引入取得了制度性的突破，明确了境外教授到中国高校任职的途径和方式，促进国际教学从短期走向长期，境外教授可以独立完成课程，并授予学分。随着联合办学的快速推进，国内多所高校与国外高校签订合作协议，在本科、硕士、博士等不同层面进行联合人才培养，同时接收并培养国外留学生。学科建设上，国际合作在课程体系建设、效果评估等方面均发挥出关键作用，包括邀请国际知名教授在建系初期担任首位系主任、组建国际讲席教授组、开展专业学位国际评估、进行国际学生竞赛与花园建造等。

与教学交流同步，国内外高校进一步建立了联合学术平台以推进科研领域的深度国际合作，包括联合开展研究课题、联合成立研究中心等。高校也已经成为举办国际学术会议的重要平台，办会方式和延续模式日趋多元，既有自主举办的国际会议，也有承办、协办国际学术组织的相关会议。主要呈现以下 4 个特征：一是举办会议的频次增加，从几年一次到一年多次；二是会议举办单位与地点涉及范围广；三是会议主题多样化，聚焦于国际前沿研究议题，如"地理设计""国家公园与自然保护地""文化景观""棕地再生""数字技术""生态修复""雨洪管理""康复景观"等；四是国内设计师联合国际设计力量在国际园博会等大型展

会上参与组织、运营、宣传和设计等方面的工作。

小结　发展特征与学科影响

一、一级学科应运而生

1978 年改革开放在释放中国能量，推动社会发展的同时，也强化了风景园林在城乡建设领域的作用与地位。现代化与资源保护之间的矛盾逐渐凸显，人民对健康优美环境和美好生活的需要日益增长，已成为风景园林学科必须响应和承担的社会使命，以往局限于城市建设中的"园林规划设计"专业人才，已经不能适应新时期我国社会发展的需要，风景园林学一级学科终于应运而生。

风景园林一级学科的设立亦符合学科自然发展的规律。自 1952 年造园组经历了 50 年的持续发展后，风景园林学学科主线及核心问题逐渐清晰，学科独立发展已经基本成熟。风景园林学已发展成为一门以户外空间营造为核心内容，交叉融合多学科知识和技能，以保护、规划、设计、管理等手段，在不同尺度的大地上，有智慧地、创造性地处理人和自然之间关系的新学科。

风景园林一级学科的设立，表明风景园林行业从国家层面得到了充分的重视和认可，其设立对我国未来风景园林人才培养和事业发展起到了极大的推动作用，标志着我国风景园林教育与事业发展进入了一个崭新的阶段。

二、风景园林教育体系完善

自 2011 年风景园林学一级学科确立后，风景园林学科的教育与课程建设取得了长足的进步。中国风景园林教育通过对生态、建筑、地理、社会和艺术等多种理论的整合、提升、创新与发展，形成了以规划与设计、工程与技术、植物与生态修复等知识为核心的完整体系。基于风景园林学科丰富的内涵，不同背景的院校逐步规范化教育培养体系。

在这一阶段，风景园林教育发展迅速，授权点数量快速发展。随着风景园林学科内涵的不断明确，各类院校在培养目标上逐渐达成了共识，认同风景园林教育应当面向整个国土的城乡生态保护与人居环境建设、园林规划设计等方向，培养具有综合素质、实践能力和创新精神的优秀风景园林规划设计、管理人才，以满足社会各类专业相关领域的需要。

在课程体系方面，《一级学科博士、硕士学位基本要求》（2011 年）、《全日制风景园林硕士专业学位研究生培养方案的指导意见》（2016 年修订）、《学位授权审核申请基本条件（试行）》（2017 年）等重要指导文件的出台，大幅度提升了风景园林专业本硕博课程体系的规范化建设，形成了以空间规划专业设计课为核心，以植物、工程、生态、社会、人文等模块化的理论课程为辅助的课程体系。

三、学术研究广度与深度拓展

在学术研究发展上，风景园林历史与理论、园林与景观设计、大地景观规划与生态修复、风景园林遗产保护、风景园林植物应用、风景园林技术科学6个二级学科的研究广度和深度进一步拓展。

（1）在风景园林历史与理论研究方面，注重中国园林文化传统挖掘与当代社会发展应用需求的结合研究，基于研究对象的拓宽和研究方法的交叉，已取得了一系列有关我国风景园林文化本源、园林史料挖掘与分析的诸多创新研究。

（2）在园林与景观设计研究方面，在风景园林的设计形态演绎、国际性与地域性、艺术表达等传统领域持续深化的同时，生态城市设计、城市公共空间微更新、乡村景观等方向方兴未艾。

（3）在大地景观规划与生态修复研究方面，基于人与自然环境关系协调，人地矛盾缓和的可持续人居生态系统构建，成为其主要研究目标，并通过景观生态规划、人文生态系统规划、绿色基础设施规划、棕地修复等方向开展了相关理论、技术和规划方法研究，取得了较大进展。

（4）在风景园林遗产保护研究方面，逐渐形成了以传统园林遗产、乡村景观遗产与风景遗产三种类型为主的研究对象体系，且在遗产价值及评价方法研究、遗产保护管理方法研究等重点领域的研究日趋深入。

（5）在风景园林植物应用研究方面，在园林植物资源、园林植物景观与园林植物生态效益三方面取得了丰富的成果，极大地促进了我国园林绿地建设的发展。

（6）风景园林技术科学方面的研究主要集中在对规划设计方法的改进，包括数字景观设计技术、风景园林信息技术及其应用、视觉评价及环境综合感受信息量化模拟等诸多方面。另外，工程建造技术和运营管理的精细化、规范化程度明显提升。

相关学术成果不仅在专著、论文及各类科研项目立项上取得了丰硕的成果，也引起了各类政策关注，为推动城乡生态文明建设、历史遗产保护以及国家公园等重大社会发展策略，提供了科学决策依据。

四、风景园林事业蓬勃发展

随着人民对城市生态环境建设和人居环境改善的需求日趋强烈，以及国家新型城镇化、绿色发展、生态文明建设、海绵城市等系列政策的出台，中国风景园林事业得到了空前的发展。

在传统的风景名胜区规划、城市园林绿地系统规划、城市公园规划设计、各类附属绿地设计等领域持续推进，取得了辉煌的历史成就。此外，自然与文化遗产地规划、国家公园规划、城市绿道系统规划设计、园林博览会规划设计、海绵城市规划设计、生态修复规划设计等创新实践类型不断涌现，有力地推动了国家生态文明建设。

除了实践类型的丰富化，风景园林规划设计实践中需要解决的问题越来越具有综合性与复杂性，设计项目规模亦逐渐增大或逐渐关注微空间。在此背景下，各规划设计机构积极探索新理念、新方法、新技术、新材料和新工艺等在设计实践中的应用，以适应风景园林事业发展的新需求。

五、学术组织及交流机制渐趋成熟

一方面，风景园林教育及管理组织架构渐趋完善，形成了由中国风景园林学会教育工作委员会、教育部高等学校建筑类教学指导委员会风景园林专业教学指导分委员会、全国风景园林专业学位研究生教育指导委员会组成的学科教育管理组织，和中国风景园林学会、中国风景名胜区协会、中国花卉协会等行业组织一起，共同推动了风景园林学科的期刊建设、学术交流与学术影响。以《中国园林》《风景园林》等杂志为主体的风景园林学术期刊，为广大学术研究及工程实践工作者，提供了良好的交流平台。

另一方面，国际化交流进入到平稳深化的发展阶段，在学科教育国际交流、学术研究交流合作、学科组织国际化三方面取得重要进展。与国际知名高校和组织的交流，拓宽了学科教育的视野。中国风景园林学会年会及其各二级学会年会与各高校组织的国际学术会议交相辉映，不仅强化了学科研究的共识和创新凝练，也显著提升了中国风景园林的影响力。

风景园林一级学科的确立，有力地推动了中国风景园林教学、研究、实践的全面互动，促进了风景园林学科建设的规范化、科学性，开创了风景园林学科专业教学、学术研究、社会实践、国际交流的新局面。风景园林学科也愈来愈成为中国社会经济发展中的重要力量，服务于国家生态文明建设，为人民群众的美好生活而贡献自己的力量。

撰稿人：杜春兰　杨　锐　刘　晖　傅　凡　贾建中　金荷仙　郑晓笛　曹　磊　郑　曦　王　欣　王磐岩　付彦荣　刘　骏　彭　琳　罗　丹　王　云　郭明友　莫　非　胡一可　王云才　车生泉　于冰沁　韩　锋　周宏俊　许晓青　董　丽　郝培尧　郭　湧　陈　筝　韩炳越　张同升　邬东璠　林广思　余　洋

附　录

1. 世界风景园林学学科发展大事记

公元前约 2550 年，古埃及石墓壁画记载了园林图像，这是世界最早的园林史料。

公元前约 2000 年，古巴比伦帝国时期叙事诗《吉尔伽麦什史诗》(*Epic of Gilgamesh*) 对猎苑进行了描述。

公元前 1000 年左右，古希腊贵族开始营造花园，当时的文学作品中也有关于园林的描写。

公元前 600 年左右，古巴比伦建"空中花园"。

公元前 200—前 100 年，古罗马别墅花园出现。

公元 6 世纪左右，意大利修道院中出现菜圃、果园、药草园等生产性园林以及少量装饰性的花园。

公元 7 世纪，阿拉伯人在波斯园林的基础上形成了统一的伊斯兰园林样式。

11 世纪，诺曼人开始在城堡内修建实用性庭园，这是城堡庭园的萌芽。

11 世纪末，日本《作庭记》一书著成，作者不详。这是世界上第一部造园书籍。

13—14 世纪，西班牙的摩尔人修建阿尔罕布拉宫 (Alhambra)，这是西班牙伊斯兰建筑和园林最具有代表性的作品。

13 世纪—15 世纪末，城堡庭园得到发展。中世纪城堡庭园的代表作品是法国比里城堡 (Château de Bury)、蒙达尔纪城堡 (Château Montargis)。

14 世纪初期，意大利以佛罗伦萨为中心兴起文艺复兴运动，形成了台地园为主的园林形式。文艺复兴初期最负盛名的庄园都出自美第奇家族，如卡雷吉奥庄园 (Villa Careggio)、卡法吉奥罗庄园 (Villa Cafaggiolo)、菲耶索勒美第奇庄园 (Villa Medici, Fiesole) 等。

16 世纪，文艺复兴运动中心转移到罗马，罗马文艺复兴园林代表作品包括望景楼园 (Belvedere Garden)、罗马美第奇庄园 (Villa Medici, Roma)、法尔奈斯庄园 (Villa Palazzina Farnese)、埃斯特庄园 (Villa d'Este)、兰特庄园 (Villa Lante) 等。

16 世纪末—17 世纪，意大利园林进入巴洛克风格时期，代表作品包括阿尔多布兰迪尼庄园 (Villa Aldobrandini)、伊索拉·贝拉庄园 (Villa Isola Bella)、冈贝里亚庄园 (Villa Gamberaia，Settignano) 等。

1485 年，著名建筑师和建筑理论家阿尔贝蒂 (Leon Battisita Alberti, 1404—1472) 著

《论建筑》（*De Re Aedificatoria*）出版。该书第九篇论述了园地、花木、岩穴、园路布置等。

1545 年，帕多瓦大学建成欧洲第一个植物园——帕多瓦植物园。

1580 年，德国萨克索里的选帝侯在莱比锡（Leipzig）创建了德国第一个公共植物园。

1600 年，奥利维埃·德·赛尔（Olivier de Serre，1530—1619）著《农业的舞台》（*Le Théâtre d'Agriculture*）出版，书中强调以花卉作为花园的主体。

1613 年，德国药剂师巴希尔·贝司雷（Basil Besler，1561—1629）著《园艺图谱》（*Hortus Eystettensis*）出版。这是德国最早的植物学方面专著。

1621 年，英国牛津植物园（Harcourt Arboretum）兴建，这是英国第一个植物园。

1638 年，法国雅克·布瓦索（Jacques Boyceau de la Barauderie，1560—1633）著《依据自然和艺术的原则造园》（*Traité du Jardinage Selon les Raisons de la Nature et de l'art*）出版。这是西方最早的园林专著。

17 世纪下半叶，法国古典主义园林传入德国。德国勒诺特尔式园林的代表作品包括海伦赫森宫苑（Gardens of Herrenhausen，Castle Hanowe）、宁芬堡宫苑（Gardens of Nymphenburg Castle Munchen）等。

1651 年，安德烈·莫莱（André Mollet）著《愉快的花园》（*Le Jardin de Plaisir*）出版。

1652 年，克洛德·莫莱（Claude Mollet，1563—1650）著《植物与园艺的舞台》（*Le Théâtre des Plantes et du Jardinage*）出版。

1661 年，法国造园家安德烈·勒诺特尔（André Le Nôtre，1613—1700）的作品沃勒维贡特庄园（Le Jardin du Château de Vaux le Vicomte）建成，标志着法国园林艺术的真正成熟和古典主义造园时代到来。勒诺特尔是这一时期代表性的造园家，其代表作包括凡尔赛宫苑（Le Jardin du Château de Versailles）、尚蒂伊庄园（Le Jardin du Château de Chantilly）、索园（Parc de Sceaux）等。

1670 年，荷兰范·德·格伦（Jan van der Groen，1635—1672）著《荷兰造园家》（*Den Nederlantsen Hovenier*）出版。

1676 年，荷兰亨德里克·高斯（Hendrik Cause，1648—1699）著《宫廷造园家》（*De Koninglycke Hovenier*）出版。

18 世纪初期，英国自然风景式园林产生。18 世纪英国最有代表性的三位造园家是威廉·肯特（William Kent，1685—1748）、朗斯洛特·布朗（Lancelot Brown，1715—1783）和胡弗莱·雷普顿（Humphry Repton，1752—1818）。自然风景式园林的代表作品包括斯陀园（Stowe Landscape Gardens）、斯图海德园（Stourhead Park）、查兹沃斯园（Chatsworth House）、布伦海姆宫苑（Blenheim Palace Park）、邱园（Kew Gardens）等。

1709 年，法国绘画与雕塑皇家院士让·勒布隆（Jean Le Blond，1635—1709）与阿尔让韦尔（Antoine-Joseph Dezallier d'Argenville，1732—1769）出版《造园理论与实践》（*La théorie et la Pratique du Jardinage*），被看作是"造园艺术的圣经"，标志着法国古典主义园林艺术理论的完全建立。

18 世纪中期，圣彼得堡出现了园林技术学校，为皇室培养造园和花园管理人才。

18 世纪中期，德国出现风景园林。18 世纪 70 年代后，风景式园林在德国盛行。代表作品包括无忧宫（Gardens of Sans Souci Palace）、沃尔利兹园（Worlitz Park，Dessau）等。

1711—1751 年，斯陀园经历了一系列改造工程，从规则式园林变成自然风景式园林的代表。这一改造工程先后由查理·布里奇曼（Charles Bridgeman，1690—1738）、威廉·肯特和朗斯洛特·布朗负责。

1764 年，英国威廉·申斯通（William Shenstone，1714—1763）著《造园艺术断想》（*Unconnected Thoughts on Gardening*）出版。该书对 18 世纪上半叶的英国园林艺术进行了总结，并首次使用风景造园学（Landscape Gardening）一词。

18 世纪 70 年代以后，法国浪漫主义园林（又称"感伤主义园林"）出现并逐渐兴起，其中不少作品体现了中国园林的影响，故又称为"英中式园林"，代表作品包括艾尔姆农维尔园（Ermenonville）、莱兹荒漠园（Désert de Retz）、麦莱维尔园（Méréville）等。

1772 年，钱伯斯（William Chambers，1723—1796）著有的《东方造园论》（*Dissertation on Oriental Gardening*）出版。

1773—1782 年，德国著名造园理论家、美学教授赫希菲尔德（Christian Cajus Laurenz Hirschfeld，1742—1792）著有的《风景与造园之考察》（*Anmerkunger über landhäuser und Gartenkunst*）、《造园理论》（*Theorie der Gartenkunst*）出版。

1776 年，莫莱尔（Jean-Marie Morel，1728—1810）出版《园林理论》一书。

1776 年，法国侯爵吉拉丹（Marquis Louis-Rene de Girardin，Vicomte d'Ermenonville，1735—1808）完成了克拉伦爱丽舍园的建设，标志着法国浪漫主义风景式造园时代的到来。

1803 年，胡弗莱·雷普敦（Humphry Repton）著《风景造园的理论与实践考查》（*Observation on the Theory and Practice of Landscape Gardening*）出版。此书是雷普顿毕生造园理论的结晶。

1804 年，英国皇家园艺协会成立。随后，协会兴建英国皇家植物园（Royal Botanic Gardens，即邱园）。

1804 年，斯开尔（Friedrich Ludwig von Sckell，1750—1823）完成了德国慕尼黑"英国园"（Englischer Garten）的设计。这是欧洲大陆上的第一个公园，也是欧洲面积最大的园林之一，面积达 370 公顷。

1809 年，欧洲第一次大型园艺展在比利时举办。

1822 年，苏格兰植物学家和造园家卢顿（John Claudius Loudon，1783—1843）著有的《造园百科全书》（*Encyclopedia of Gardening*）出版。

1828 年，伦敦动物园兴建。这是历史上第一个现代动物园。

1835 年，英国议会通过了"私人法令"，允许动用税收来兴建城市公园。利物浦伯肯海德公园（Birkenhead Park，Liverpool，建于 1844 年）是依据该法令兴建的第一座公园，也是世界上第一座真正意义上的城市公园。

19 世纪 40 年代，英国出现城市公园建设热潮。

1841 年，美国园艺师唐宁（Andrew Jackson Downing，1815—1852）著有的《论适应北美的风景式造园的理论与实践》（*Treatise on the Theory and Practice of Landscape Gardening，Adapted to North America*）出版。

1847 年，加拿大新斯克舍省园艺学会的园圃被改造为哈利法克斯公园（Halifax Public Park）。

1851 年，纽约州议会通过了《公园法》。

1853 年，巴黎改扩建规划开始实施。

1858 年，沃克斯（Calvert Vaux，1824—1895）和奥姆斯特德（Frederick Law Olmsted，1822—1903）合作的纽约中央公园设计方案被选中实施。

1863 年，奥姆斯特德率先提出用"风景园林"（Landscape Architecture）来代替"造园"（Landscape Gardening）作为行业名称，并用"风景园林师"（Landscape Architect）代替"造园师"（Landscape Gardener）作为从业人员的名称。风景园林工作领域从庭院设计拓展到城市公园系统设计乃至区域范围的土地规划。

1863 年，美国密西根州立大学设立 Landscape Gardening 专业，可能是美国高校最早提供的园林课程。

1868 年，沃克斯与奥姆斯特德在特拉华公园（Delaware Park，Buffalo）的设计方案中首次提出"公园式道路"（parkways）系统的概念。

1870 年，爱尔兰园艺师和园艺作家威廉·罗宾逊著有的《英国园林中的高山花卉》（*Alpine Flowers for English Gardens*）和《野生花园》（*The Wild Garden or Our Own Groves and Shrubbery's Made Beautiful*）出版。

1872 年，美国第一个国家公园——黄石国家公园（Yellow Stone National Park）正式建立。

1873 年，日本国立公园制度颁布实施。

1893 年，奥姆斯特德完成波士顿的公园系统规划，被称为"翡翠项链"（Emerald Necklace）。

1893 年，芝加哥世界博览会举办。会场由奥姆斯特德规划设计，展会结束后被改造为公园，称为"杰克逊公园"。

1898 年，英国埃比尼泽·霍华德（Ebenezer Howard，1850—1928）著成《明天的园林城市》（*Garden Cities of Tomorrow*），提出"田园城市"的设想。

1899 年，美国风景园林师协会（the American Society of Landscape Architects，简称 ASLA）成立。

1900 年，小奥姆斯特德（F. L. Olmsted，Jr，1870—1957）在哈佛大学开设世界第一个风景园林专业。

1904 年，德国赫尔曼·穆特休斯（Hermann Muthesius，1861—1927）著《英格兰的住宅》（*Das englische Haus*）出版，书中提倡规则式园林思想，反对自然式园林。

1907 年，德国曼海姆市举办大型国际艺术与园林展览，以纪念建城 300 周年。

1907 年，德意志制造联盟（Deutscher Werkbund）成立。联盟的主要人物包括穆特休斯、贝伦斯（Peter Behrens，1868—1940）、莱乌格（Max Laeuger，1864—1952）、霍夫曼（Josef Hoffmann，1870—1956）、奥尔布里希（Joseph Maria Olbrich，1867—1908）等。

1913 年，德国园林建筑师协会（Bund Deutscher Gartenarchitekten）成立。该组织于 1972 年改名为德国风景园林师协会（Bund Deutscher Landschaftsarchitekten，简称 BDLA）。

1918 年，日本设立日本庭园协会。

1920年，美国风景园林教育工作者委员会（Council of Educators in Landscape Architecture，简称 CELA）成立。

1924 年，东京高等造园学校（现东京农业大学造园学科）设立，标志着日本的造园教育与造园学科基本形成。

1925 年，"国际现代工艺美术展"（Exposition des Arts Décoratifs et Industriels Modernes）在巴黎举办，展览中展出了一些具有现代特征的园林。

1925 年，日本造园学会（Japanese Institute of Landscape Architecture，简称 JILA）成立。

1929 年，英国风景园林学会（Landscape Institute，简称 LI）成立。

1933 年，塔季扬娜·鲍里索夫娜·杜比亚戈（Tatyana Borisovna Dubyago，1899—1959）在列宁格勒学院创立了苏联第一个城市及居民区绿化专业。这是俄罗斯第一个完善的城市及居民区绿化专业。1945 年该专业组建为城市绿化建设系（后改称为城市及居民区绿化系）。

1934 年，加拿大风景园林和城镇规划设计师协会成立，后来更名为加拿大风景园林师协会（The Canadian Society of Landscape Architects，简称 CSLA）。

1938 年，唐纳德（Christopher Tunnard，1910—1979）著《现代景观中的园林》（*Gardens in the Modern Landscape*）出版。

1948 年，国际风景园林师联合会（The International Federation of Landscape，简称 IFLA）成立。

1951 年，联邦德国在汉诺威举办第一届联邦园林展。

1957 年，国际公园与康乐管理协会（International Federation of Park and Recreation Administration，简称 IFPRA）成立。

1960 年，荷兰举办第一届鹿特丹国际园林展。

1963 年，苏联建筑科学院院士将塔季扬娜·鲍里索夫娜·杜比亚戈一生中的风景园林研究成果编成《俄罗斯的规则式园林》出版。该书是杜比亚戈一生中最重要的著作，被誉为俄罗斯园林史学界传世之作。

1964 年，加拿大圭尔夫大学（University of Guelph）开设风景园林专业。这是加拿大第一个风景园林学士学位教育课程。

1966 年，澳大利亚风景园林师协会（The Australian Institute of Landscape Architects，简称 AILA）成立。

1967 年，韩国的《公园法》成为一部独立的法律，"公园"概念扩大，包括城市以外自然状态的风景名胜地。

1969 年，伊恩·麦克哈格（Ian McHarg，1920—2001）著《设计结合自然》（*Design with Nature*）一书出版。

1971 年，诺曼·牛顿（Norman Thomas Newton，1898—1992）著《土地的设计：风景园林的发展》（*Design on the Land：the Development of Landscape Architecture*）出版。

1972 年，联合国教科文组织提出《保护世界文化和自然遗产公约》（*Convention Concerning the Protection of the World Cultural and Natural Heritage*）。

1972 年，马尼托巴大学（University of Manitoba）开设了加拿大第一个研究生教育课程。

1972 年，韩国造景学会（Korean Institute of Landscape Architecture，简称 KILA）成立。

1973 年，乔治·托比（George B. Tobey）著《风景园林史：人与环境的关系》（*A history of landscape architecture：the relationship of people to environment*）出版。

1973 年，新西兰风景园林师协会（New Zealand Insurance Law Association，简称 NZILA）成立。

1975 年，杰弗瑞·杰里科（Geoffrey Alan Jellicoe，1900—1996）和苏珊·杰里科（Susan Jellicoe，1907—1986）著《图解人类景观：环境塑造史论》（*The Landscape of Man*：*Shaping the Environment from Prehistory to the Present Day*）出版。

1977 年，菲律宾风景园林师协会（the Philippine Association of Landscape Architects，简称 PALA）成立。

1977 年，英国建筑理论家查尔斯·詹克斯（Charles Jencks，1939—）著《后现代主义建筑语言》（*The Language of Post-Modern Architecture*）出版。

1978 年，美国风景园林师协会主席西蒙兹（John Ormsbee Simonds，1913—2005）发表《大地景观——环境规划指南》（*Earthscape*：*A Manual of Environmental Planning*）。

1986 年，国际风景园林规划教育学术会议（World Conference on Education for Landscape Planning）在哈佛大学举办。

1987 年，加拿大风景园林基金会（The Landscape Architecture Canada Foundation，简称 LACF）成立。

1978 年，中国香港成立"园境组"作为英国风景园林师学会的中国香港分会。这是香港园境师学会的前身。

20 世纪 80 年代，德国对于国内大量的工业废弃地开展了一系列保护、改造和再利用工作。代表作品有杜伊斯堡风景公园（Landschaftspark Duisburg Nord）等。

1980 年，韩国公布了《城市公园法》《公园法》被分别制定为《城市公园法》和《自然公园法》，旧的《公园法》被废止。《城市公园法》的制定真正明确了城市公园的概念与范围。

1980 年，联合国向世界各国正式提出"可持续发展"的基本概念："必须研究自然地、社会的、生态的、经济的以及利用自然资源过程中的基本关系，确保全球的持续发展（可持续发展）。"

1981 年，马来西亚风景园林师协会（the Institute of Landscape Architects Malaysia，简称 ILAM）成立。

1986 年，在美国哈佛大学设计研究生院举办的国际大地规划教育学术会议（World Conference on Education For Landscape Planning）明确阐述了关于大地规划学科的含义。

1987 年，世界环境与发展委员会（WCED）出版《我们共同的未来》（*Our Common Future*）一书，提出"可持续发展是满足当代人的需要而又不损害子孙后代满足其自身需要的能力的发展"的定义。

1987 年，美国建筑师查尔斯·摩尔（Charles Moore，1925—1993）与他人合著《花园的诗意》一书出版。该书介绍了东西方各国园林文化，后来译成多国文字出版，产生了广泛影响。

1988 年，泰国风景园林师协会（Thai Association of Landscape Architects，简称 TALA）成立。

1990 年，肯尼亚内罗毕大学开设风景园林相关课程。

1991 年，新西兰通过了《资源管理法案》（Resource Management Act）。

1992 年，联合国环境与发展大会通过了《21 世纪议程》。这是一份世界范围内可持续发展的行动计划，首次将可持续发展由理论转变为具体行动。

1993 年，中国香港大学开设园境学硕士课程。

1993 年，美国风景园林师协会（ASLA）发表了《环境与发展宣言》（*ASLA Declaration on Environment and Development*），提出了风景园林学视角下的可持续环境发展理念。

1996 年，马来西亚政府设立国家风景园林部（National Landscape Department）。

2000 年，欧洲理事会（Council of Europe）拟定了《欧洲景观公约》（*European Landscape Convention*）。

2003 年 3 月 1 日，《欧洲景观公约》通过欧洲理事会审议。2004 年 3 月 1 日，该公约正式生效。

2003 年，印度风景园林师协会（Indian Society of Landscape Architecture，简称 ISOLA）成立。

2003 年，马来西亚成立风景园林局。

2004 年，日本《景观绿三法》颁布。

2005 年，IFLA 制定《风景园林教育宪章》（*IFLA Charter for Landscape Architectural Education*）。

2005 年，乔莫·肯雅塔农业技术大学（Jomo Kenyatta University of Agriculture and Technology）开设肯尼亚国内第一个风景园林硕士课程。

2006 年，IFLA 东区（the Eastern Region）更名为 IFLA 亚太地区分区（IFLA Asia Pacific Region，简称 IFLA APR）。

2007 年，新加坡城市绿化与生态中心（The Centre for Urban Greenery and Ecology，简称 CUGE）成立，该机构提供针对新加坡国内各级风景园林专业人才培训和职业认证服务。

2008 年，新加坡国立大学开设了国内第一个风景园林硕士课程。

2009 年，IFLA 制定《全球风景园林公约》（*Global Landscape Convention*）。

2011 年，IFLA 非洲区域组织成立。

撰稿人：张晋石

2. 中国风景园林学学科发展大事记（1950 年以来）

1951 年 10 月 9 日，中央人民政府教育部回函批准北京农业大学园艺系成立造园组以及该系与清华大学营建系的合作计划，并抄送函件至北京市人民政府建设局和清华大学。

1952 年 7 月，高等教育部召开了全国农学院院长会议。面向首都城市建设需要而试办的北京农业大学园艺系造园组被正式批准为全国唯一开设的造园专业。

1952 年 8 月 7 日，中央人民政府成立建筑工程部，下设城市建设局，主管全国城市建设工作。

1952 年，第一次城市建设会议召开，会议划定了城市建设的范围，包括 11 种项目，在这些项目中，第五项就是城市的公园、绿地建设。至此，主管全国城市绿化事业的中央部门进一步明确，为园林绿化事业提供了组织上的保障。

1953 年，开始建设北京紫竹院公园，总面积 58 公顷，它是由中国传统园林手法规划和设计的。

1956 年 5 月，中华人民共和国城市建设部成立，主管包括城市绿化在内的各项城市建设业务。

1956 年 11 月，城市建设部召开全国城市建设工作会议，指出在国家对城市绿化投资不多的情况下，城市绿化工作应首先发展苗圃，普遍植树，在城市普遍绿化的基础上逐步考虑公园的建设。

1956 年，杭州植物园基本建成开放，它是我国大城市中最早的一个园林植物园。

1956 年，北京植物园开始建设，规划面积 4 平方千米。随后，我国多个城市植物园展开建设。

1956 年，大学院系调整，高等教育部将 1951 年北京农业大学园艺系造园专业转至北京林学院（现北京林业大学），将"造园专业"改名为"城市及居民区绿化专业"。

1957 年，北京林学院设立"城市及居民区绿化系"。

1958 年 2 月 11 日，中华人民共和国城市建设部被取消，其业务合并入建筑工程部，由建筑工程部主管全国城市园林绿化工作。

1958 年 2 月 25—27 日，建筑工程部在北京召开第一次全国城市园林绿化工作会议，会议是在"大跃进"背景下召开的，提出要掀起城市绿化的高潮，在此推动下，全国城市绿化工作取得不少成绩。

1958 年 11 月 28 日—12 月 10 日，中国共产党第八届中央委员会第六次全体会议通过《关于人民公社若干问题的决议》，《决议》提出"大地园林化"的号召，对当时城市园林绿化起到了推动作用。

1959 年 12 月 24—26 日，建筑工程部在无锡市召开第二次全国城市园林绿化工作会议，在继续保持"大跃进"干劲的基础上，会议也比较全面地论述了园林绿化中应注意的问题。

1960 年，全国处于"调整、巩固、充实、提高"时期，绿化资金减少，为度过困难，片面、过分地强调"园林结合生产""以园养园"，致使绿化工作受到不少影响。

1962 年 10 月 6 日，中共中央、国务院召开第一次全国城市工作会议，财政部与建工部（建筑工程部）进一步明确了园林绿化作为城市基础设施的地位，城市园林绿化建设与养护获得相对稳定并逐渐增加的资金支持。

1962 年 12 月，广东园林学会成立。

1963 年 3 月 26 日，建筑工程部发布《关于城市园林绿化工作的若干规定》，提出园林绿化的方针、作用、根本任务和范围，这是中华人民共和国成立以来，城市园林绿化方面最完整、最全面的政策性文件。另外，《规定》首次提出在全国设立风景区。

1963 年 6 月，教育部颁布《理工农医各科研究生专业目录》，林科下设有城市及居民区绿化，该专业类下设园林树木栽培学和园林艺术及设计两个专业。

1963 年 10 月，中共中央、国务院召开第二次全国城市工作会议。

1964 年，北京林学院"城市及居民区绿化专业"和"城市及居民区绿化系"改称为"园林专业"和"园林系"。

1964 年 9 月，国务院转发机关事务管理局《关于取消机关、企事业单位摆放盆花的报告》。

1964 年 9 月 30 日，林业部下达指示在北京林学院园林系进行"园林教育革命"运动，园林专业受到批判。

1964 年，北京园林学会成立。

1965 年 3 月 22 日及 4 月 20 日，林业部先后下达〔65〕28 号和〔65〕50 号文件，北京林学院园林专业停办。

1965 年 7 月 1 日，北京林学院园林专业停办，撤销园林系建制，园林系教师并入林业系，成立园林教研组，基本保存了园林系的教师队伍。

1970 年 6 月，建筑工程部、建材工业部被取消，并入国家基本建设委员会。北京市园林局也被撤销。

1974 年，北京林学院（时名云南林业学院）恢复园林系设置，招收三年制的工农兵学员。

1978 年 3 月 6—8 日，国务院在北京召开第三次全国城市工作会议，会议制定了《关于加强城市建设工作的意见》。《意见》明确提出，各城市都要搞好园林绿化工作，提出一系列绿化的积极措施，这是"文革"后，对园林绿化事业极为重要的一次会议。

1978 年 7 月，国家建委城市建设局在昆明召开全国动物园工作会议，会议提出动物园需要统一规划，有步骤有计划的发展，这是新中国成立后动物园工作的第一次会议，对全国动物园发展有指导意义。

1978 年 12 月 4—10 日，国家建委在济南市召开第三次全国城市园林绿化工作会议，批判了"四人帮"的极"左"路线，通过了《关于加强城市园林绿化工作的意见》，并首次提出城市园林绿地的规划指标。另外，此次会议中国务院首次正式提出风景区的保护管理问题。

1978 年 12 月，在山东济南召开全国城市园林绿化工作会议期间召开了"中国建筑学会园林绿化学术委员会"成立大会，宣布了园林绿化学术委员会委员名单。

1979 年 3 月 12 日，国务院宣布成立国家城市建设总局，总局的业务范围就包括"城市园林绿化和自然风景区的建设和维护"，这项业务的具体工作由总局下设的园林绿化局负责。

1979 年 3 月 12 日，国务院正式把自然风景区的建设与维护职责，赋予国家城市建设总局。

1979 年 9 月，国家城市建设总局园林绿化局在北京举办首届全国盆景艺术展览。

1979 年 10 月，在德国第 15 届园艺展览会上，中国第一次在国外展出 500 盆盆景，共获金牌 8 枚。其后，中国盆景在国际上屡获大奖。

1980 年 1 月 21 日，国家城市建设总局发出《关于大力开展城市绿化植树的通知》，要求各城市动员群众、普遍绿化。

1980 年 5 月 7—11 日，国家城市建设总局园林绿化局在南京召开园林科研单位座谈会。对园林科研工作情况、任务等做了交流，此后逐年安排实施了重点课题。

1980 年，中国建筑工程总公司园林公司（现名中外园林建设有限公司）成立。该公司先后承担了多项海外园林的营建。

1981 年 2 月 28 日，国家文物局、国家城建总局、公安部发出《关于认真做好游览安全工作的通知》，以确保游人、观众的安全，防止人身事故的发生。

1981 年 3 月 17 日，国务院同意国家城建总局、国务院环境保护领导小组、国家文物局、旅游总局上报的《关于加强风景名胜保护管理工作的报告》，并要求各地采取措施、做好工作。

1981 年 6 月 11 日，国家城市建设总局发布《风景名胜资源调查提纲》，并下发了《申请列为国家重点风景名胜区的有关事项》。

1981 年 6 月 18 日，位于美国纽约大都会艺术博物馆内，仿照网师园殿春簃及其前庭进行设计的阿斯托庭园——明轩正式向公众开放。

1981 年 9 月 2—25 日，由国家建委选派，"中国国家风景、园林专家代表团"考察美国国家公园系统和城市园林绿地。

1981 年 12 月 13 日，全国人大五届四次会议通过了《关于开展全民义务植树运动的决议》，对于推动园林绿化的发展有积极意义。

1981 年 12 月 15—19 日，中国建筑学会园林绿化学术委员会在广西壮族自治区桂林市召开"城市绿化"专题学术讨论会，会议呼吁尽快成立园林学会，创办园林学术刊物。

1981 年 12 月 22—26 日，国家城市建设总局在天津召开了城市园林苗圃工作座谈会，要求各地抓紧苗圃建设和做好全民义务植树的准备。

1982 年 2 月 20—26 日，国家城市建设总局在北京召开第四次全国城市园林绿化工作会议。会议名称为"全国城市绿化工作会议"。会议肯定了 1978 年 12 月第三次大会以来三年多的园林绿化成果，同时明确表明我国城市绿化水平仍然很低，应继续重视园林绿化建设。从此之后，全国城市绿化建设进入了高潮。

1982 年 2 月 27 日，国务院常务会议通过《国务院关于开展全民义务植树运动的实施办法》。该《办法》要求县以上各级人民政府均应成立绿化委员会，统一领导本地区的义务植树运动和整个造林绿化工作。

1982 年 3 月 30 日，国家城市建设总局发出了《关于加强城市和风景名胜区古树名木保护管理的意见》，对古树名木的范围进行了界定，并提出了保护管理的具体意见。

1982 年 3 月 30 日，国家城市建设总局向各地城建园林部门发出了《关于加强城市园林苗圃建设的意见》，就如何加强城市园林苗圃建设提出了要求。

1982 年 4 月 23 日，国务院办公厅转发了国家城建总局《关于全国城市绿化工作会议的报告》，要求各地参照执行。

1982 年 5 月 4 日，国家城市建设总局被撤销，与国家建工总局等其他机构合并组建城乡建设环境保护部，下属市容园林局负责城市园林绿化业务。

1982 年 11 月 8 日，国务院正式批准城乡建设环境保护部联合文化部、国家旅游局向国务院提交的《关于审定第一批国家重点风景名胜区的请示》，确定了第一批国家重点风景名胜区 44 处。

1982 年 11 月 1—24 日，第一届中国菊花品种展览会在上海市人民公园举办。

1982 年 12 月 3 日，城乡建设环境保护部颁布《城市园林绿化管理暂行条例》，这是园林绿化的第一个部门规章，也标志着我国城市园林绿化建设正式步入法制管理的轨道。

1983 年 3 月 14—21 日，在北京召开"全国城市环境卫生、园林绿化先进集体、先进个人代表大会"，是新中国园林事业方面的第一次全国性表彰，表彰了园林绿化系统的先进集体 17 个、劳动模范 22 名，这一表彰激发了园林职工的新热情。

1983 年 3 月 16 日，国务院学位委员会颁布《高等学校和科研机构授予博士和硕士学位的学科、专业目录（试行草案）》，工学门类的建筑学一级学科下设城市规划与设计（含：园林规划与设计）二级学科，农学门类的林学一级学科下设园林植物二级学科和园林规划设计二级学科。

1983 年 6 月 10—15 日，中国建筑学会园林绿化、城市规划、建筑设计、建筑历史、建筑经济五个学术委员会在福建武夷山联合召开了"风景名胜区规划与设计学术讨论会"。

1983 年 9 月 15—22 日，国家城乡建设环境保护部在辽宁省鞍山市千山风景名胜区召开《全国风景名胜区工作座谈会》，会议总结交流了风景名胜区规划、建设和管理工作的经验；讨论修改了《风景名胜区管理条例》《风景名胜区规划编制和审批办法》两个文件的草稿；研究提出了开创风景名胜区工作新局面所面临的任务。

1983 年 11 月 15 日，中国建筑学会园林学会（对外称中国园林学会）成立，其前身是 1978 年 12 月成立的"园林绿化学术委员会"。

1983 年，德国慕尼黑第 4 届国际园艺展（IGA 83'Munchen）中，中国作品"芳华园"获德意志联邦共和国大金奖和德国园艺家协会大金奖。

1984 年 3 月 1 日，中共中央、国务院发出《关于深入扎实地开展绿化祖国运动的指示》，强调"把生态系统的恶性循环转化为良性循环，根本出路在于大力植树种草，增加覆盖国土的绿色植被"。

1984 年 10 月 16—20 日，城乡建设环境保护部市容园林局在大连市召开了全国城市草坪及地被植物工作座谈会。提出种草、栽花，以及种植各种地被、攀缘植物是一个完整园林绿化体系不可缺少的一部分。

1984 年 11 月，国家科学技术委员会发布了由城乡建设环境保护部组织起草的《城市建设技术政策》（国家科委蓝皮书第 6 号），是制定、指导、监督、检查我国城乡建设技术发展方向的基本政策依据，对城市园林绿化和风景名胜区提出了具体的技术政策。

1984 年，全国城建系统第二届优秀设计评选出一批园林绿化项目。此后，以历届全国城建系统的园林设计评选项目为契机，出版了 6 本《中国优秀园林设计集》。

1984 年，无锡鹍园、天津海河公园总体规划及秋景园、南京园林药物花园蔓园及药物花径区获 1984 年国家优秀设计奖。

1984 年，武汉城市建设学院成立风景园林系，将园林绿化专业改为以风景园林的名称办学。

1985 年 2 月，中国园林学会学刊《中国园林》杂志创刊。

1985 年 5 月，在成都召开了动物园工作座谈会，进一步明确了动物园的性质、作用和任务。

1985 年 6 月 7 日，国务院发布《风景名胜区管理暂行条例》，标志着我国风景名胜区事业开始走上法制化管理的轨道。

1985 年 10 月 1—30 日，中国花卉盆景协会及上海市园林管理局主办的第一届中国盆景评比展览在上海市虹口公园举行。

1985 年 10 月 24 日，中国动物园协会成立。

1985 年 11 月，全国人大六届三次会议第 13 次常务委员会议，正式批准我国加入《保护世界文化和自然遗产公约》。

1985 年，南京农业大学开设观赏园艺专业。

1986 年 4 月 11 日，城乡建设环境保护部颁发了《动物园动物管理技术规程》，对动物园建设做出了具体的技术规定。

1986 年 10 月 23—28 日，城乡建设环境保护部城市建设管理局在湖南省衡阳市召开了全国城市公园工作会议，会议总结了城市公园的工作经验，调整了"以园养园""园林结合生产"的绿化指导方针，纠正了抓生产不抓绿地本身功能的错误。

1986 年 10 月 23—28 日，全国城市公园工作会议上，提出要以植物造景为主来进行园林建设，绿化用地面积应不少于公园陆地总面积的 70%，建筑占地面积应为公园陆地总面积的 1%—3%。以此避免亭台楼阁过多，减少公园建设成本并发挥更多生态效益。

1987 年 6 月 10 日，城乡建设环境保护部发布《风景名胜区管理暂行条例实施办法》，为条例的具体执行做出了解释。

1988 年 3 月 28 日，城乡建设环境保护部被撤销，设立"建设部"，下属城市建设局负责城市园林绿化业务。

1988 年 5 月，《中国大百科全书——建筑·园林·城市规划》出版，它确立了园林学的独立地位，与建筑学、城市规划同列为人居环境建设的三个各自独立又密切联系的学科。

1988 年 8 月 1 日，国务院批准城乡建设环境保护部呈报的《关于审定第二批国家重点风景名胜区的报告》，公布了第二批 40 处国家重点风景名胜区的名单。

1989 年 3 月 25 日，中国风景名胜区协会成立。

1989 年 11 月 17 日，在杭州市召开"中国风景园林学会成立大会"，中国风景园林学会（一级学会）正式成立，其前身是 1983 年 11 月成立的中国建筑学会园林学会。

1989 年 12 月 26 日，全国人大七届常委会第十一次会议通过了《中华人民共和国城市规划法》，提出应改善城市生态环境，加强城市绿化建设，并规定城市总体规划应当包括城市绿地系统规划。

1990 年 7 月 28 日，建设部发出《关于进一步加强城建管理监察工作的通知》，要求加强执法，城市园林行政主管部门，可根据需要设立监察中队或分队，作为城市绿化管理监察的行政执法队伍。

1990 年 8 月 13—18 日，建设部和辽宁省人民政府共同召开"全国城镇环境综合整治现场会"。从 1988 年开始，辽宁在全省范围内开展了以"赛园林绿化、赛市容面貌、赛环境卫生、赛城镇基础设施管理水平"为主要内容的"绿叶杯"竞赛活动，这对 1990 年全国城市绿化发展起到了巨大的推动作用。

1990 年，林学一级学科下设的园林规划设计二级学科被更名为风景园林规划与设计二级学科（可授工学、农学学位），调整至建筑学一级学科内；林学一级学科下设置了园林植物二级学科；农学一级学科下设置了观赏园艺学二级学科。

1990 年，北京林业大学风景园林系刘晓明提交的作品《蓬莱镇海滨风景规划与设计》获本年度国际风景园林师联合会（IFLA）国际大学生设计竞赛第一名。

1990 年 4 月 1 日起施行的《中华人民共和国城市规划法》和 1992 年 8 月 1 日起施行的《城市绿化条例》提出城市绿地系统（城市绿化规划）纳入城市总体规划。

1990 年 9 月 3 日，建设部公布了"中国国家风景名胜区徽志"。

1990 年，北京陶然亭公园华夏名亭园景区获 1990 年国家优秀设计金质奖。

1991 年 12 月，中国风景园林学会第一届第二次理事会提出"九五"期间城市绿化工作中，除绿地率等指标外，也可提出鼓舞性的目标，如"花园城市""园林城市"等。

1992 年，北京林业大学组建了"园林学院"。

1992 年 4 月 22—25 日，建设部在山东省泰安市召开全国风景名胜区工作会议。要求保护好、管理好、建设好我国的风景名胜，助力风景名胜区事业新发展。

1992 年 5 月 15 日，国务院办公厅转发国家环保局、建设部《关于进一步加强城市环境综合整治工作的若干意见》，《意见》指出，要加强以绿化为主的城市生态环境建设，提高城市绿化覆盖率。

1992 年 5 月 27 日，建设部发布《城市园林绿化当前产业政策实施办法》，提出城市园林绿化当前发展社会序列和重点发展方向。

1992 年 6 月 18 日，建设部发布行业标准《公园设计规范》（CJJ 48-92），自 1993 年 1 月 1 日起施行。

1992 年 6 月 22 日，为巩固绿化事业所取得的成绩，并继续稳步前进，国务院以第 100 号令，发布《城市绿化条例》，定于同年 8 月 1 日起施行。

1992 年 7 月，建设部发布了园林设计资质分级标准。

1992 年 9 月 3 日，国务院批准了建设部提交的《关于加强风景名胜区工作的报告》，并要求各地认真贯彻执行。《报告》对当时风景区建设存在的主要问题提出了新的措施。

1992 年 9 月 10 日，中国风景园林学会正式加入中国科学技术协会。

1992 年 10 月 18—31 日，中国风景园林学会与宜昌市人民政府联合举办首届中国赏石展览。

1992 年 11 月 16 日，建设部发布了《风景名胜区环境卫生管理标准》，对风景区环境卫生、容貌管理等做出要求。

1992 年 12 月 8 日，建设部制定《园林城市评选标准》，并确定了北京市、合肥市、珠海市为第一批"园林城市"，予以表彰。

1993 年 1 月，《风景园林汇刊》创办，作为中国风景园林学会信息网内部交流的双月刊。

1993 年 6 月 30 日,公安部、建设部发出《关于加强公园、风景区游览安全管理工作的通知》,强调游览安全必须落实到位。

1993 年 7 月 16 日,国家教委印发《普通高等学校本科专业目录》,风景园林专业从工科土建类调整至农学环境保护类,可授予农学或工学学士学位。

1993 年 11 月 4 日,建设部印发《城市绿化规划建设指标的规定》,对各类城市绿化规划的指标做出了规定,为编制城市园林绿地规划提供了依据。

1993 年 11 月 19 日,建设部发出《关于加强动物园野生动物移地保护工作的通知》,以进一步搞好动物园的野生动物移地保护。

1993 年 11 月 28—30 日,中国风景园林学会第二次全国会员代表大会在江苏省苏州市举行。

1993 年 12 月 20 日,建设部发布了《风景名胜区建设管理规定》,要求风景名胜区内各项建设必须按规定实行。

1993 年 12 月 30 日,建设部成立风景名胜区管理办公室,负责全国风景名胜区的业务。

1994 年 1 月 10 日,国务院审定同意 1992 年 8 月 2 日建设部向国务院呈报的《关于审定第三批国家重点风景名胜区的报告》,确定了第三批国家重点风景名胜区名单共 35 处。

1994 年 3 月 4 日,建设部发布《中国风景名胜区形势与展望》绿皮书,其回顾了风景名胜区事业 15 年的发展,明确了风景名胜区的性质、作用,以及未来的发展方向与对策。

1994 年 3 月 8 日,建设部在北京举行了加强国家风景名胜资源保护新闻发布会,以此促进我国风景名胜区事业不断发展。

1994 年 3 月 25 日,我国根据 1992 年联合国环境与发展大会的要求,颁布了《中国 21 世纪议程》,提出环境保护、可持续发展等战略,间接提高了园林绿化的社会地位。

1994 年 4 月,建设部命名杭州市、深圳市为第二批"园林城市"。

1994 年 4 月 13 日,国家技术监督局、建设部、国家旅游局、公安部、劳动部、国家工商行政管理局联合发布实施了《游艺机和游乐设施安全监督管理规定》,以确保高空、高速以及可能危及人身安全的游艺机和游乐设施的安全。

1994 年 4 月 22—25 日,第五次全国城市园林绿化工作会议由建设部在合肥市召开。总结了改革开放以来我国城市园林绿化工作取得的成绩和经验,深入研究了如何在社会主义市场经济形势下展开园林绿化事业的改革与管理。会议还对《城市园林条例》《城市动物园管理办法》等 5 个文件进行了讨论修改,表彰了先进园林城市和先进园林工作者。

1994 年 5 月 12 日,建设部向各地发出《关于检查〈城市绿化条例〉执行情况的通知》,以进一步推动《城市绿化条例》的实施。

1994 年 8 月 16 日,建设部以第 37 号令发布了《城市动物园管理规定》,要求从事城市动物园的规划、建设、管理和动物保护必须遵守此规定。

1994 年 11 月 14 日,建设部发布了《风景名胜区管理处罚规定》,确定了进行经济处罚的具体数量。

1994 年 11 月 22 日,中国公园协会成立。

1995 年 3 月 30 日,国务院办公厅发布了《关于加强风景名胜区保护管理工作的通知》,以进一步加强风景名胜区管理和保护工作。

1995 年 5 月 31 日,建设部聘请风景名胜专家顾问 26 名。

1995 年 6 月，汪菊渊当选为中国工程院院士，为我国风景园林学科第一位院士。

1995 年 7 月 4 日，建设部印发《城市园林绿化企业资质管理办法》和《城市园林绿化企业资质标准》，标志着园林绿化企业从建工企业中分离出来，为园林绿化企业资质考核提供了具体依据。

1995 年，中国风景园林学会授予 132 名技术工人"中国园林古建技术名师"荣誉称号。

1995 年，中国公园协会代表参加国际公园与康乐设施管理协会（IFPRA）第 17 届大会，并加入了国际公园与康乐设施管理协会。

1996 年 4 月 18 日，建设部授予马鞍山市、威海市、中山市第三批"园林城市"称号。

1996 年 5 月 7—9 日，建设部在安徽省马鞍山市召开了全国园林城市工作座谈会，制定了"园林城市评选办法"。

1996 年 6 月 27 日—7 月 3 日，"全国风景名胜区展览"在中国革命博物馆展出。

1996 年 11 月 29 日，建设部公布《文明风景名胜区标准》，从思想道德建设、资源保护和规划、景区经营及服务设施、景区环境卫生、景区安全管理 5 个方面提出了明确要求。

1996 年 12 月 11—14 日，国际风景园林师联合会（IFLA）第八届亚太地区学术年会在香港会议展览中心举行，来自 20 多个国家和地区的风景园林师探讨城市园林的发展。

1997 年 2 月 17—18 日，"97 现代风景园林研讨会"召开，会议重点研讨交流了现代风景园林发展状况与趋向。

1997 年 3 月 21 日—24 日，建设部城建司在深圳召开了全国城市绿地系统生物多样性保护行动计划编制会议。会议确定了编写提纲和编写分工。

1997 年 8 月，建设部评选大连市、南京市、厦门市、南宁市为全国第四批"园林城市"。

1997 年 8 月 5 日，江泽民总书记在《关于陕北地区治理水土流失建设生态农业的调查报告》上做出重要批示："再造一个山川秀美的西北地区。"成为激励和动员各级各地各行业加强生态建设的强大推动力。

1997 年 8 月 9 日—11 日，第六次全国城市园林绿化工作会议由建设部在大连市召开。会议名称为"创建园林城市暨城市绿化工作会议"，主要任务是总结创建"园林城市"以来取得的成绩和经验，对下一步城市绿化工作做出全面部署。

1997 年 8 月 10—14 日，建设部在辽宁省大连市星海会展中心举办第一届中国国际园林花卉博览会。

1997 年，《建筑园林城市规划名词》一书出版。

1997 年，风景园林规划与设计二级学科被合并至城市规划与设计（含：风景园林规划与设计）二级学科。同时，园林植物二级学科和观赏园艺学二级学科被合并为园林植物与观赏园艺二级学科，设在林学一级学科内。

1997 年，陈俊愉当选中国工程院院士。

1998 年 9 月，建设部在南京市玄武湖公园举办第二届中国国际园林花卉博览会。

1998 年 10 月 2—6 日，建设部批准派端木岐等 3 位风景园林师赴美国俄勒冈州波特兰市参加"全美风景园林师学术年会及展览会"。

1998 年 10 月 7 日，建设部发出《关于深入学习贯彻中央领导同志生态环境建设的重要指示，切实搞好城市园林绿化工作的通知》，以回应多位中央领导关于生态环境建设的强调。

1998 年 12 月 28—30 日，建设部在佛山市召开全国城市园林绿化工作座谈会。确定了日后园林绿化工作的重点，对创建园林城市活动提出了具体要求。

1999 年，观赏园艺专业和风景园林专业被撤销。

1999 年起，各地园林设计院（所）按照国家有关要求，开始企业化管理体制的改革。

1999 年 1 月，中国公园协会会刊——《中国公园》创刊。

1999 年 5 月 1 日—10 月 31 日，中国政府在云南省举行世界园艺博览会，这是当时由中国政府主办的最高级别的园林园艺博览会。

1999 年 11 月 10 日，《风景名胜区规划规范》（GB 50298—1999）发布，并于 2000 年 1 月 1 日起实施。

1999 年，孟兆祯当选为中国工程院院士。

2000—2008 年，我国共有 19 个城镇被国际公园与康乐设施管理协会评为"国际花园城市"（Nations in Bloom）。

2000 年 2 月 15 日，"首届风景园林规划设计交流会"在北京召开，交流内容包括风景区体系、风景名胜区规划、城市绿地系统规划、公园绿地设计、环境景观设计等，出版了《风景园林设计——中国风景园林规划设计作品集》（第 5 辑起更名为《风景园林师——中国风景园林规划设计集》）。

2000 年 6 月 20 日，中国风景园林学会主办"2000 年大学生'棕榈杯'园林设计竞赛"颁奖仪式举行。这是我国首次举行全国性的大学生园林设计竞赛。

2000 年 9—10 月，由建设部和上海市人民政府联合主办，中国风景园林学会协办，在上海浦东世纪公园举办了第三届中国国际园林花卉博览会。

2001 年起，《风景园林汇刊》更名为《风景园林》。

2001 年 2 月 26—27 日，国务院召开全国城市绿化工作会议。

2001 年 5 月 31 日，国务院发布《国务院关于加强城市绿化建设的通知》（国发〔2001〕20 号），要求各地加强和改进城市绿化规划编制工作。

2002 年 2 月 21 日—3 月 6 日，建设部批准风景园林学会代表团一行 8 人应邀赴南非、肯尼亚进行风景园林规划设计与人居环境园林绿化建设与维护的专业考察和学术交流。

2002 年 3 月 21 日，中国风景园林学会参加"中国知识基础设施（CNKI）工程中国重要会议论文全文数据库（CPCD）"。同时向各分会、专业委员会、各省（区）市风景园林学会征集每年的论文集。

2002 年 4 月，中国风景园林学会秘书处根据科协学发字〔2002〕006 号文的要求，组织有关专家参与《学科发展蓝皮书》的编写工作。这是第一本反映学科发展基本情况的文献资料性大型工具书。

2002 年 6 月 13 日，中国风景园林学会同意南京市人民政府申办的第六届中国赏石展览，定于 2003 年在南京市举办（后因"非典型肺炎"延至 2004 年举办）。

2002 年 6 月 17 日，中国风景园林学会同意上海市绿化管理局申办的第八届中国菊花品种展览，定于 2004 年在上海市举办。

2002 年 6 月 18 日，中国风景园林学会同意泉州市人民政府申办的第六届中国盆景评比展览，定于 2004 年在泉州举办。

2002 年 7 月 31 日，根据中国科协"关于同意成立《中国园林》杂志社的批复"，经建设部同意办理了相关手续，《中国园林》杂志社成立。

2002 年 9 月 5—8 日，中国科协在四川省成都市举行第四届学术年会。中国风景园林学会承办专题分会场："国家自然文化遗产保护和人居环境园林绿化建设"。

2002 年 9 月 20—22 日，中国盆景学术研讨会在岳阳市举行。

2002 年 10 月 11—13 日，由中国风景园林学会、日本造园学会和韩国造景学会主办，北京园林学会承办的第五届中日韩风景园林学术研讨会在北京举行。本次研讨会的主题为"奥运与城市环境建设"。

2002 年 10 月 15—29 日，应加拿大风景园林师学会的邀请，经建设部批准，中国风景园林学会常务副理事长甘伟林率团一行 8 人赴加拿大进行专业考察和学术交流。

2002 年 12 月 18 日，中国风景名胜区协会正式加入世界自然保护联盟（IUCN）。

2003 年，教育部增设景观建筑设计专业，归属于工学门类土建类。

2003 年 1 月 8 日，中国风景园林学会致函国际风景园林师联合会（IFLA），正式提出中国风景园林学会加入 IFLA 的申请，并阐明我会加入该会的条件。

2003 年 3 月 11 日，在《学科发展蓝皮书——2002 卷》中，中国风景园林学会由副理事长王秉洛同志撰写的综合篇《中国风景园林学科领域及其进展》在蓝皮书上发表。

2003 年 6 月 20 日，国际风景园林师联合会（IFLA）正式接受中国风景园林学会的入会申请。

2003 年 10 月 9 日，中国科协发布《关于 2002 年度全国性学会、协会、研究会等单位统计工作评比情况的通报》，中国风景园林学会被评为"优秀单位"。

2003 年，《中国园林》杂志社主办"中国园林滕头杯大学生环境规划设计大奖赛"。

2004 年起，《中国园林》学刊被科技部收录为"中国科技核心期刊"。

2004 年 2 月 11 日，建设部批准山东荣成市桑沟湾城市湿地公园为首家国家城市湿地公园。

2004 年 4 月 28 日—5 月 7 日，中国风景园林学会与南京市政府在南京玄武湖公园举办了"第六届中国赏石展暨国际赏石展"。展览主题是"自然、赏石、文化"，国内 55 个参展团以及美、德、韩等 13 个国家和地区参展。

2004 年 5 月和 7 月，《中国园林》先后发表两期关于"景观设计学"和"风景园林"学科名称的辩论文章，引发行业深入和全面的大讨论。

2004 年 5 月 20—23 日，中国风景园林学会在宁波市召开了"城市绿地系统规划研讨会"。会议目的是全面贯彻《城市绿地系统规划编制纲要（试行）》。

2004 年 6 月 21 日，《中国园林》杂志社在中国科技会堂举行"2004 年中国园林滕头杯"青年风景园林设计竞赛的颁奖大会。

2004 年 9 月 20 日，第五届中国国际园林花卉博览会在深圳举办。展览会的主题是"自然家园美好未来"。在展览的同时，还组织了专业研讨会。

2004 年 9 月 30 日—10 月 10 日，中国风景园林学会和泉州市政府在泉州市东湖公园举办了"第六届中国盆景展览"。

2004 年 10 月 19 日，中国风景园林学会"优质园林工程奖"专家评审会在北京国谊宾馆举行。这是学会首次举办"优质园林工程奖"评选活动。

2004 年 10 月 23 日，中国风景园林学会和上海市绿化管理局、上海浦东新区人民政府在浦东世纪公园举办了"第八届中国菊花展览"。本届菊展创下了参展品种最多、布展规模最大、科技含量最高、参展单位最多的"四项之最"。

2004 年，"第六届中国盆景评比展览"更名为"中国盆景展览"。

2004 年，"中国菊花品种展览会"更名为"中国菊花展览会"。

2005 年 1 月 21 日，国务院学位委员会第二十一次会议审议通过《风景园林硕士专业学位设置方案》。

2005 年 4 月 23—24 日，中国风景园林学会在北京召开"2005 中外著名风景园林专家学术报告会"，主题为"和谐社会与风景园林"。

2005 年 4 月 28 日，中国风景园林学会向国务院学位委员会、建设部、教育部、中国科协分别提交了《关于要求恢复风景园林规划与设计学科并将该学科正名为风景园林学科（Landscape Architecture）作为国家工学类一级学科的报告》。

2005 年 6 月 24 日，应英国皇家风景园林协会邀请，中国风景园林学会组织了 10 人代表团赴英国访问。在英期间，代表团考察了英国风景园林建设和教育情况，走访了谢菲尔德大学，与该校达成了开展教育方面交流的初步意向。

2005 年 6 月 25 日，中国风景园林学会与北京林业大学共同主办的学术刊物《风景园林》正式公开发行。

2005 年 9 月 6 日，中国风景园林学会花卉盆景赏石分会和北京园林学会在北京植物园共同主办"第八届亚太地区盆景赏石会议暨展览会"。

2005 年 10 月 10 日，中国风景园林学会与法国凡尔赛国立高等风景园林学院、北京园林学会在北京共同举办"首届中法园林文化交流会"。

2005 年 12 月 21 日，中国风景园林学会正式加入国际风景园林师联合会（IFLA）。

2005 年，建设部颁布《国家城市湿地公园管理办法（试行）》和《城市湿地公园规划设计导则（试行）》（2005 年）。

2005 年，全国 25 个风景园林硕士专业学位试点院系（机构）招生。

2006 年 1 月 6 日，建设部颁布《国家园林县城标准》。

2006 年 3 月 23 日，教育部公布，风景园林专业作为 2006 年高考新增的 25 个专业之一，恢复本科招生；同时，增设景观学专业。这两个专业属于工学门类土建类。

2006 年 3 月 30 日，建设部决定命名 10 个县城为国家园林县城。

2006 年 4 月 27 日，风景园林学会与云南省建设厅、昆明市人民政府、昆明世博园联合举办"第七届中国赏石展览暨国际赏石展览"。

2006 年 4 月 30 日，中国风景园林学会与国际盆栽协会、佛山市顺德区人民政府在广东省顺德陈村共同举办国际盆景赏石博览会。

2006 年 5 月 1 日—10 月 31 日，中国沈阳世界园艺博览会（A2+B1 级）举办。

2006 年 5 月 23 日，中国科学技术协会召开第七次全国代表大会，孟兆祯院士当选为中国科协七届委员会委员。

2006 年 9 月 19 日，国务院公布《风景名胜区条例》，并自 2006 年 12 月 1 日起施行。

2006 年 9 月 19—20 日，中国风景园林学会在北京林业大学召开"2006 全国风景园林教育大会"。此次会议在完善风景园林教育体系、构筑核心课程、明确培养目标、建立风景园林师执业制度、培养综合性人才、加强学科团结等方面取得了共识。

2006 年 12 月 28 日，建设部确定深圳市为创建"国家生态园林城市"示范城市。

2007 年 3 月 29 日，建设部《工程设计资质标准》修订，风景园林工程从市政公用行业脱离，独立为风景园林工程设计专项。

2007 年 4 月，中国风景园林学会响应 IFLA"世界风景园林月"号召，举办首届"风景园林月"活动。

2007 年 6 月，建设部确定青岛市等 11 个城市为"国家生态园林城市"试点城市。

2007 年 8 月 30 日，建设部发布《关于建设节约型城市园林绿化的意见》，有利于引导和实现城市园林绿化发展模式的转变，促进城市园林绿化的可持续发展。

2007 年 9 月 23 日，第六届中国国际园林花卉博览会在厦门隆重开幕。主题是："和谐共存·传承发展"。

2007 年 11 月 17—18 日，在南京林业大学召开了第二届全国风景园林教育大会。会议主题是"风景园林专业教育体系研究"。

2008 年 2 月 1 日，建设部命名了 10 个镇为首批国家园林城镇。

2008 年 5 月，《风景园林》杂志社主办了"中国五·一二地震纪念景观概念设计国际竞赛"，以纪念在汶川大地震中遇难的同胞。

2008 年 10 月 28 日，全国城市园林绿化工作座谈会在北京召开，强调建设节约型园林和促进城市可持续发展。

2008 年，中国风景园林学会承办第十届中国科协年会（河南郑州）专题分会场："风景园林与城市生态学术讨论会"。

2008 年，全国风景园林教育大会在同济大学召开。

2009 年起，《中国园林》期刊被收录为"中文核心期刊"。

2009 年 5 月，财政部制定《国家级风景名胜区和历史文化名城保护补助资金使用管理办法》（财建〔2009〕195 号），中央财政对国家级风景名胜区保护安排专项补助资金。

2009 年 9 月 11—13 日，中国风景园林学会 2009 年会在清华大学举行，年会主题为"融合与生长"。

2010 年 4 月，《2009—2010 风景园林学科发展报告》出版，该报告为中国科学技术协会委托资助的"风景园林学科发展研究"课题成果，孟兆祯院士为研究首席科学家。

2010 年 4 月 18 日，由中国风景园林学会主办、北京清华城市规划设计研究院承办的"园林与山水城市"——钱学森科学思想研讨会在北京召开。

2010 年 5 月 28—30 日，国际风景园林师联合会（IFLA）第 47 届世界大会在苏州隆重举行，大会主题是"和谐共荣——传统的继承与可持续发展"。来自世界 50 多个国家和地区风景园林行业及相关行业领域的 3000 余位代表参加会议。

2010 年 10 月 18 日，第十届中国菊花展览会暨开封第 28 届菊花花会在开封市举行。

2011 年 3 月 8 日，国务院学位委员会、教育部印发《学位授予和人才培养学科目录（2011年）》的通知，其中，风景园林学增设为工科门类一级学科。

2011 年 9 月 16—18 日，"中国风景园林行业媒体联谊会"在广州广天大夏召开。

2011 年 11 月 26 日，"纪念钱学森诞辰 100 周年暨风景园林与山水城市学术研讨会"在广州召开。

2011 年 10 月 17 日，"终身成就奖评选委员会"在中国风景园林学会秘书处召开评审会议，一致同意授予陈俊愉、余树勋、朱有玠、孙筱祥、程绪珂、吴振千、孟兆祯、谢凝高、甘伟林 9 位候选人"终身成就奖"。

2011 年 10 月 19—20 日，"风景园林执业制度高层研讨会"在北京中国科技会堂举行。会议听取了发达国家和地区的经验介绍，讨论交流了中国风景园林执业制度。这是就开展风景园林执业制度建设工作召开的第一次国际高层研讨会议。

2011 年 10 月 28—30 日，中国风景园林学会 2011 年会在南京林业大学举办，年会主题为"巧于因借，传承创新"。

2011 年 11 月 19 日，第八届中国（重庆）国际园林博览会在重庆开幕。

2011 年 11 月 26 日，"纪念钱学森诞辰 100 周年暨风景园林与山水城市学术研讨会"在广州召开。

2012 年 5 月 18—19 日，"2012 年中国风景园林教育大会暨风景园林院系负责人联席会议"在南京召开，主题为"一级学科背景下的风景园林教育研究与实践"。

2012 年 9 月 13 日，住房和城乡建设部批准"关于推进风景园林职业制度委员会成立的请示及工作领导班子建议名单"。

2012 年 10 月 22—24 日，国际风景园林师联合会（IFLA）亚太区年会暨中国风景园林学会 2012 年会在上海市成功举行。

2012 年 10 月 24 日，中国风景园林学会启动并完成首次"科技奖""优秀管理奖"评选工作。

2012 年 11 月 17—18 日，纪念计成诞辰 430 周年国际学术研讨会在武汉大学举办。

2013 年 4 月 2 日，中国"风景园林月"系列科普活动启动仪式和首场主题报告会在北京林业大学图书馆报告厅成功举行。

2013 年 5 月 10 日，2013 中国·锦州世界园林博览会开幕。

2013 年 5 月 18 日，第九届中国（北京）国际园林博览会在北京市丰台区永定河西岸隆重开幕，并举行第九届中国（北京）国际园林博览会园林师论坛。同日，中国园林博物馆开馆运行。

2013 年 10 月 8—9 日，"明日的风景园林学"国际学术会议在清华大学举办。两院院士吴良镛、工程院院士孟兆祯及国内外风景园林界著名专家学者 400 余人出席了此次会议。

2013 年 10 月 10 日，中国风景园林学会理论与历史专业委员会成立大会暨 2013 年工作会议在清华大学举行。

2013 年 10 月 26—28 日，中国风景园林学会 2013 年会在武汉举办。年会全面总结了近年风景园林的发展成就和成功经验，面向"生态文明""美丽中国"建设和新型城镇化的时代背景，进一步宣扬了风景园林的社会作用，交流了风景园林领域发展新思想。

2014 年 6 月 7 日，为期 2 天的"中国风景园林传承与创新之路暨孟兆祯院士学术思想论坛"在深圳隆重举办。

2014 年 7 月 5 日，中国风景园林学界泰斗孙筱祥教授荣获杰里科奖庆典在北京林业大学学研中心隆重举办。

2014 年 8 月 27 日，"全国科学技术名词审定委员会风景园林学名词审定委员会成立大会暨第一次会议"在中国园林博物馆召开。

2014 年 9 月 11—13 日，中国风景园林学会 2014 年会在辽宁沈阳农业大学召开，本次大会主题为"城镇化与风景园林"。

2014 年 10 月 17—19 日，第十四届中日韩风景园林学术研讨会在四川省成都市召开。本次会议的主题为"风景园林与美丽城乡"。分为三个专题："地域性风景园林""田园风光与文化传承""连接城市和乡村的绿道"。

2014 年 11 月 29 日，"2014 中国风景园林教育大会暨中国风景园林学会教育工作委员会成立大会"在北京林业大学隆重召开。

2015 年 8 月 23 日，全国科学技术名词审定委员会风景园林学名词审定委员会第一次审定会议在北京召开。

2015 年 10 月 31 日—11 月 2 日，中国风景园林学会 2015 年会在北京成功召开。本届年会主题为"全球化背景下的本土风景园林"。

2016 年 5 月 10 日，风景园林职业制度委员会第一次会议在中国园林博物馆召开。

2016 年 9 月 24—26 日，中国风景园林学会 2016 年会在广西南宁市成功举办，主题是"城市·生态·园林·人民"。

2016 年，中国科学技术协会委托中国风景园林学会开展"中国风景园林学学科史研究"。

2017 年 1 月 12 日，风景园林学学科史研究开题会议在北京召开。

2017 年 5 月 26 日，国际风景园林教育大会——2017 中国风景园林教育大会暨（国际）CELA 教育大会开幕式于清华大学大礼堂成功举办。本次大会以"沟通（Bridging）"为主题。

2017 年 10 月 14—15 日，中国第三届数字景观国际研讨会在东南大学顺利召开。

2017 年 10 月 28—29 日，第二届中华民族风景园林传承与创新之路暨孟兆祯院士学术思想论坛在杭州举行。

2017 年 11 月 4—6 日，中国风景园林学会 2017 年会于西安曲江国际会议中心顺利召开。年会主题为"风景园林与'城市双修'"。

撰稿人：林广思　付彦荣　张宝鑫　赵纪军

资料来源：

《北京志·市政卷·园林绿化志》《上海园林志》《北京动物园志》，中国风景园林学会官网大事记，《风景园林》2009 年第 4 期刊登的《1949—2009 风景园林 60 年大事记》。